"101 计划"核心教材
数学领域

数学"101计划"之现代分析

实变函数

程伟　吕勇　尹会成　编著

中国教育出版传媒集团

高等教育出版社·北京

内容提要

本书是针对拔尖创新人才培养编写的实变函数教材，全书共 6 章，分别为预备知识、抽象 Lebesgue 积分、Lebesgue 测度、L^p 空间、微分、$\mathbb{R}$ 上函数的微分等，内容融会贯通，体系完整。本书强调实变函数与泛函分析、偏微分方程、概率论等分析学领域的密切联系，有助于培养学生扎实的理论基础、严谨的逻辑思维和解决实际问题的能力。

本书可作为高等学校数学类专业以及对数学要求较高的理工科专业本科生的实变函数教材，也可作为高校数学教师的教学参考书以及科研工作者的参考用书。

总　序

　　自数学出现以来，世界上不同国家、地区的人们在生产实践中、在思考探索中以不同的节奏推动着数学的不断突破和飞跃，并使之成为一门系统的学科。尤其是进入 21 世纪之后，数学发展的速度、规模、抽象程度及其应用的广泛和深入都远远超过了以往任何时期。数学的发展不仅是在理论知识方面的增加和扩大，更是思维能力的转变和升级，数学深刻地改变了人类认识和改造世界的方式。对于新时代的数学研究和教育工作者而言，有责任将这些知识和能力的发展与革新及时体现到课程和教材改革等工作当中。

　　数学 "101 计划" 核心教材是我国高等教育领域数学教材的大型编写工程。作为教育部基础学科系列 "101 计划" 的一部分，数学 "101 计划" 旨在通过深化课程、教材改革，探索培养具有国际视野的数学拔尖创新人才，教材的编写是其中一项重要工作。教材是学生理解和掌握数学的主要载体，教材质量的高低对数学教育的变革与发展意义重大。优秀的数学教材可以为青年学生打下坚实的数学基础，培养他们的逻辑思维能力和解决问题的能力，激发他们进一步探索数学的兴趣和热情。为此，数学 "101 计划" 工作组统筹协调来自国内 16 所一流高校的师资力量，全面梳理知识点，强化协同创新，陆续编写完成符合数学学科 "教与学"特点，体现学术前沿，具备中国特色的高质量核心教材。此次核心教材的编写者均为具有丰富教学成果和教材编写经验的数学家，他们当中很多人不仅有国际视野，还在各自的研究领域作出杰出的工作成果。在教材的内容方面，几乎是包括了分析学、代数学、几何学、微分方程、概率论、现代分析、数论基础、代数几何基础、拓扑学、微分几何、应用数学基础、统计学基础等现代数学的全部分支方向。考虑到不同层次的学生需要，编写组对个别教材设置了不同难度的版本。同时，还及时结合现代科技的最新动向，特别组织编写《人工智能的数学基础》等相关教材。

　　数学 "101 计划" 核心教材得以顺利完成离不开所有参与教材编写和审订的专家、学者及编辑人员的辛勤付出，在此深表感谢。希望读者们能通过数学 "101计划" 核心教材更好地构建扎实的数学知识基础，锻炼数学思维能力，深化对数学的理解, 进一步生发出自主学习探究的能力。期盼广大青年学生受益于这套核心教材, 有更多的拔尖创新人才脱颖而出!

田 刚

数学 "101 计划" 工作组组长

中国科学院院士

北京大学讲席教授

前　言

　　实变函数是一门从古典分析学到现代分析学承上启下的数学课程，其核心问题是在测度论框架下梳理数学分析课程中的 Riemann 积分和微分内容，并在 Lebesgue 积分意义下重新建立和处理相关分析问题。本书为许多数学理论提供了基础，包括泛函分析、偏微分方程、概率论、微分几何等。本书尤其强调数学的严谨性，训练学生如何运用集合论语言进行精确的数学推理和证明，这对于培养逻辑思维和解决问题能力至关重要。

　　我们知道 $\mathbb{R}^n$ 上支集有界的连续函数空间 $C_c(\mathbb{R}^n)$ 中每一函数都 Riemann 可积。由 Riemann 积分的性质，

$$\Lambda(f) = \int_{\mathbb{R}^n} f(x)\, \mathrm{d}x, \qquad f \in C_c(\mathbb{R}^n)$$

定义了 $C_c(\mathbb{R}^n)$ 上的一个实线性泛函，即函数空间 $C_c(\mathbb{R}^n)$ 到实数域的线性映射。因为 Riemann 积分的局限性，我们试图将 Riemann 积分推广至更一般的函数，或者说将泛函 Λ 扩张至一个更大的空间。本书的核心内容要回答这个问题。为此我们引入一个新积分，称作 Lebesgue 积分

$$\int_E f\, \mathrm{d}\mu.$$

这里 $E \subset \mathbb{R}^n$ 为一**可测集**，$f: \mathbb{R}^n \to \mathbb{R}$ 为一**可测函数**，μ 为 $\mathbb{R}^n$ 上一个**测度**，构成了一个三元组 (E, f, μ)。我们设 $L^1(\mathbb{R}^n, \mu)$ 为所有 $\int_{\mathbb{R}^n} |f|\, \mathrm{d}\mu < \infty$ 的 $\mathbb{R}^n$ 上的可测实函数全体组成的（线性）空间。对于这个新积分，需要注意以下几点：

　　(1) 固定 μ 和 $E = \mathbb{R}^n$，我们可以看出该积分是泛函。由积分的线性性质

$$\bar{\Lambda}(f) = \int_{\mathbb{R}^n} f\, \mathrm{d}\mu, \qquad f \in L^1(\mathbb{R}^n, \mu),$$

同样决定了一个线性泛函。我们可以理解泛函 $\bar{\Lambda}$ 为泛函 Λ 从空间 $C_c(\mathbb{R}^n)$ 到 $L^1(\mathbb{R}^n, \mu)$ 的扩张。但是为了使 $\bar{\Lambda}$ 限制在 $C_c(\mathbb{R}^n)$ 恰为 Λ，测度 μ 必须与几何体的体积相容，同时保持空间的平移不变性。满足这个相容性的测度恰为 Lebesgue 测度。需要指出，泛函扩张需要或者拓扑意义下的连续扩张，或者序结构意义下

的保序扩张，这二者是独立的。另一方面，Riesz 表示定理说明泛函是积分。理解测度、积分、泛函相互关系不仅对于理解本书内容十分重要，对于理解后续泛函分析课程中的对偶空间、弱收敛等也是十分有益的。

(2) 固定 f 和 μ，此时我们得到定义在可测集类上的函数 $\varPhi_{\mu,f}(E) = \int_E f \, \mathrm{d}\mu$。如果 $f \in L^1(\mathbb{R}^n, \mu)$ 或者 f 非负可测，则 $\varPhi_{\mu,f}$ 实质上定义了一个新的测度。此时 f 可以理解成这个测度关于测度 μ 的密度函数。或者说，某种意义下，$\varPhi_{\mu,f}$ 关于 μ 的导数恰为 f。这个积分从测度的角度对于进一步学习测度与参考测度的奇异性和绝对连续性、Radon-Nikodým 导数等知识是极为重要的。

本书的第一部分（第二、三章）分别建立了 Lebesgue 积分理论和验证这个与几何体体积相容的 Lebesgue 测度理论。

作为积分理论的重要应用，我们在第四章讨论了 Lebesgue 空间和 Sobolev 空间理论，以及一些常用的如磨光子和卷积等技术。这对于后续继续学习调和分析等其他分析学科十分有益。这是本书的第二部分。

积分与微分的关系无疑是分析学中最为基本的问题。微分能够提供更多关于函数精细性质的刻画，其核心是十分艰深的几何测度论。本书第三部分着重讨论测度论意义下函数的微分问题。对于多元函数，在第五章我们建立了 Lebesgue 微分定理和密度点定理，以及刻画微分变换下测度变化的 Sard 引理。对于一元函数，在第六章我们建立了可求长曲线或者说有界变差函数的微分理论。借助 Stieltjes 积分，有界变差函数理论建立了前面提到的泛函扩张和测度关系的具体表述。关于更特殊的绝对连续函数，我们建立了一元函数关于 Lebesgue 积分的微积分基本定理。总体来说，微分理论相较积分理论更为精细，也是本书较难的部分。

为了体现本书内容对后续高级课题以及现代数学研究的意义，我们对教材内容做了一些选择，主要有以下特点：

(1) 采用先引入抽象 Lebesgue 积分理论，再引入 Lebesgue 测度的思路。因为抽象积分理论的引入在新积分引入的思想后并不显得突兀，并且 Lebesgue 积分的基本理论大多与具体的测度无关，其中包括重要的各类积分收敛模式及其相互之间的关系。这种方式对于同期学习偏微分方程、概率论和随机过程理论等也大有益处。

(2) Lebesgue 测度的引入我们没有采用 Carathéodory 判据的方法。而是将 Lebesgue 积分看成是 Riemann 积分扩张这一更为自然的方式引入，同时将 Lebesgue 测度看成是几何体体积概念的扩张。整个扩张过程充分体现了 Carathéodory 扩张的思想，这对于充分理解较为公理化的 Carathéodory 外测度扩张理论也极有益处。我们还介绍了 Hausdorff 测度这种更一般的几何积分理论中使用的测度，它也基于这种 Carathéodory 构造。

(3) 微分部分是本书同等重视的内容。避开艰深的几何测度论，我们对一般函数介绍了 Lebesgue 微分定理以及 Hardy-Littlewood 方法，建立 Sard 引理和坐标变换公式。对于一元函数，我们介绍单调函数、有界变差函数及其微分理论，并对绝对连续函数建立了微积分基本定理。另外我们还讨论了如何理解高维有界变差函数。

(4) 强调泛函的思想在测度和积分理论中的重要性。这对于后续泛函分析、偏微分方程、随机分析等课程的学习，以及理解与本课程内在逻辑联系和数学思想的融合富有重要意义。

(5) 为了读者方便，我们撰写了关于 Carathéodory 扩张、Rademacher 定理、凸分析和 Stieltjes 积分的几个附录。

本书主要借鉴了国内外主流实分析教材，尤其是国际上知名大学和研究机构普遍采用的若干经典教程。我们尽可能将课程中的古典内容与近现代分析数学的发展联系起来。作者在南京大学讲授研究生"分析学"和本科生"实变函数"课程过程中，充分实践了本书的理念。教材绝大多数内容适合全日制大学数学类专业本科生。作为周学时为 4 小时的课程，主要内容应可教授完成。本书包含了一定数量的习题，其中一些具有一定的难度。部分带 * 的章节对初学者可以跳过。

教材撰写期间，得到了"101 计划"教材实分析委员会和其他国内兄弟院校专家的关心和指导，以及很多十分中肯和重要的建议和意见，非常感谢。编者诚挚地期望本教材的读者提出更多宝贵意见。同时感谢南京大学数学学院师维学老师在教材编辑期间给予的 LaTeX 技术支持。"问渠那得清如许，为有源头活水来。"我们也希望在教材今后的修订版中将有更多新思想分享给读者。

程　伟　吕　勇　尹会成
2024 年 6 月于南京

目　录

第一章

预备知识

1.1   集合与映射

我们首先回忆集合论中一些基本概念和记号. 假设 A, B, X 为集合, x, y 为集合的元.

- $x \in A$: 若 x 为集合 A 的元;
- $x \notin A$: 若 x 不为集合 A 的元;
- $A \subset B$: 若 A 为 B 的子集, 即 $x \in A \Rightarrow x \in B$;
- $A = B$: 若 $A \subset B$ 且 $B \subset A$, 即 $x \in A \Leftrightarrow x \in B$;
- $A \supset B$: 若 $B \subset A$;
- $A \cap B = \{x : x \in A \text{ 且 } x \in B\}$;
- $A \cup B = \{x : x \in A \text{ 或 } x \in B\}$;
- $A \times B = \{(x, y) : x \in A \text{ 且 } y \in B\}$[①]. 称作$A$ 和 B 的 **Descartes 积**;
- $A \setminus B = \{x : x \in A \text{ 且 } x \notin B\}$;
- 若 $A \subset X$, $\complement_X A = X \setminus A$ (或 $\complement A, A^c$) 称作A 相对于 X 的**补集**;
- $A \triangle B = (A \setminus B) \cup (B \setminus A)$ 称作 A 和 B 的**对称差**;
- $\mathcal{P}(X)$ (或 2^X) 为集合 X 所有子集构成的集合族, 称作 X 的**幂集**.

思考题　(Stone) 设 A, B, C 为集合. 证明 $A \cap (B \triangle C) = (A \cap B) \triangle (A \cap C)$. 若记 $\cap$ 为乘法, $\triangle$ 为加法, 则 $(\mathcal{P}(A), \cap, \triangle)$ 为一结合交换代数[②].

1.1.1   关系

定义 1.1　从 X 到 Y 的一个 (有序) **关系**是指 $X \times Y$ 的一个子集 R. 若 $(x, y) \in R$, 我们记作 xRy. 若 $X = Y$, 则称 R 为 X 上的关系.

例 1.1　设 $X = \{1, 2, 3, 4\}$. 若 R 为 X 上通常的关系 "$<$", 则 R 为序对 $R = \{(1,2), (1,3), (1,4), (2,3), (2,4), (3,4)\}$. 若 xRy 意味着 $x|y$ (即 x 可被 y 整除), 则 $R = \{(1,1), (1,2), (1,3), (1,4), (2,2), (2,4), (3,3), (4,4)\}$.

定义 1.2　设 R 为从 X 到 Y 的关系, $A \subset X$, $B \subset Y$, 则称集合

$$R(A) = \{y \in Y : xRy \text{ 对某 } x \in A\}$$

---

① 注意, 这里我们定义 $A \times B$ 利用了所谓序对的概念. 采用 Kazimierz Kuratowski 的定义, 一个序对 $(a, b) = \{\{a\}, \{a, b\}\}$.

② Marshall Harvey Stone (1903—1989) 是美国数学家, 在实分析、泛函分析和拓扑以及 Boole 代数上有突出贡献. 包括泛函分析中的 Stone-Weierstrass 定理, 拓扑学上的 Stone-Čech 紧化等. 代表性专著有 *Linear transformations in Hilbert space and their applications to analysis* (1932).

为 A 在 R 下的**像**; 称集合

$$R^{-1}(B) = \{x \in X : xRy \text{ 对某 } y \in B\}$$

为 B 在 R 下的**原像**.

> **注 1.1** 设 R 为从 X 到 Y 的关系. 我们引入 R^{-1} 为从 Y 到 X 的关系:
>
> $$yR^{-1}x \Leftrightarrow xRy.$$
>
> R^{-1} 称作关系 R 的**反关系**.

定义 1.3 设 R 为从 X 到 Y 的关系, 我们称集合

$$R^{-1}(Y) = \{x \in X : xRy \text{ 对某 } y \in Y\}$$

为 R 的**定义域**; 称集合

$$R(X) = \{y \in Y : xRy \text{ 对某 } x \in X\}$$

为 R 的**值域**.

例 1.2 设 X, Y 为非空集合, 称 $F : X \to Y$ 为一**映射**, 是指 F 可以看成一个从 X 到 Y 的关系, 满足以下条件:

(1) F 的定义域为 X;

(2) 若 xFy 且 xFz, 则 $y = z$.

我们的定义表明

(1) 任给 $x \in X$, 对至少一个 $y \in Y$ 使得 xFy;

(2) 对至多一个 $y \in Y$ 使得 xFy, 即 $F(\{x\}) := \{y \in Y : (x, y) \in F\}$ 为单点集.

此时这个唯一的使得 $F(\{x\}) = \{y\}$ 的 $y \in Y$ 称作 x 在 F 下的像, 记作 $F(x)$. 关系 F 可以表示成

$$F = \{(x, y) \in X \times Y : y = F(x)\}.$$

若 $f(X) = Y$, f 称作**满射**. 若对 $x_1, x_2 \in X$, $x_1 \neq x_2$, $f(x_1) \neq f(x_2)$, f 称作**单射**. 若 f 既为单射亦为满射, f 称作**双射** (或**一一映射**). 若 f 为双射, 则可定义 f 的**逆映射** $f^{-1} : Y \to X$, 即任给 $y \in Y$, 记 $x = f^{-1}(y)$, 此时 $f(x) = y$. 若映射 $f : X \to Y$, $g : Y \to Z$, 则对于 $x \in X$, $h(x) = g \circ f(x) = g(f(x))$ 定义了 f 与 g 的**复合映射** $h : X \to Z$.

例 1.3 设 X, Y 为非空集合, 若对任意 $x \in X$ 存在 Y 的非空子集 $F(x)$, 则称 $F : X \rightsquigarrow Y$ 为一**集值映射**. 最常见的集值映射包括映射 f 的 "逆" f^{-1}, 凸函数的次导数等. 这里我们将集值映射 F 理解成从 X 到 Y 的关系只需使得其定义域非空即可, 而无须例 1.2 中映射像为单点集的条件, 此时 $F(\{x\})$ 可能是多值的. 从这个角度, 集值映射也可以给出 "关系" 的定义.

例 1.4　集合 X 上的**偏序**是一类重要的关系. 设 X 为非空集合, X 上的关系 "$\leqslant$" 称作偏序, 是指

(1) 任给 $x \in X$, $x \leqslant x$ (自反性);

(2) 若 $x \leqslant y$, $y \leqslant z$, 则 $x \leqslant z$ (传递性);

(3) 若 $x \leqslant y$ 且 $y \leqslant x$, 则 $x = y$ (反对称性).

例 1.5　设 X 为一非空集合, X 上的关系 R 称作**等价关系**, 是指

(1) xRx 对任意 $x \in X$ (自反性);

(2) 若 xRy, 则 yRx (对称性);

(3) 若 xRy 且 yRz, 则 xRz (传递性).

通常我们用 "$\sim$" 表示一个集合上的等价关系. 任一等价关系决定了一个等价类

$$[x] := \{y \in X : x \sim y\}.$$

由选择公理, 我们能保证在每个等价类 $[x]$ 可以选取一个代表元. 我们称集合

$$X/\sim := \{[x] : x \in X\} \subset \mathcal{P}(X)$$

为集合 X 关于等价关系 $\sim$ 的**商集**. $\pi : x \mapsto [x]$ 称作**商映射**.

思考题　非空集合 X 的一个**分划**是指 X 的一个子集族 $\mathcal{A}$ 满足

(1) 任意 $A \in \mathcal{A}$ 均非空;

(2) 任给 $A, B \in \mathcal{A}$, 若 $A \neq B$, 则 $A \cap B = \varnothing$;

(3) $\bigcup\limits_{A \in \mathcal{A}} A = X$.

是否可以说 X 上的等价关系与 X 上的分划是一一对应的?

1.1.2　集合族 (列)

设 $\mathcal{A}$ 为一集合族, 我们通常需要一个公理: *存在一个集合 X 使得所有的 $A \in \mathcal{A}$ 均包含于 X.* 该公理允许定义集合的任意并集. 事实上, 假设 $\mathcal{A} = \{A_i\}_{i \in I}$ 为一集合族 (即一个映射 $I \to \mathcal{P}(X)$), 定义 $\mathcal{A}$ 的并集为

$$\bigcup_{i \in I} A_i = \{x \in X : x \in A_i \text{ 对某 } i \in I\}.$$

换句话说, 集合族 $\mathcal{A}$ 的并集为满足上面公理的集合 X 中最小的集合. 类似可以定义 $\mathcal{A}$ 的交集为

$$\bigcap_{i \in I} A_i = \{x \in X : x \in A_i \text{ 对任意 } i \in I\}.$$

命题 1.1 (de Morgan 法则)　设 $\{A_\alpha\}_{\alpha\in I}$ 为集合族, 则

$$\left(\bigcup_{\alpha\in I} A_\alpha\right)^c = \bigcap_{\alpha\in I} A_\alpha^c, \qquad \left(\bigcap_{\alpha\in I} A_\alpha\right)^c = \bigcup_{\alpha\in I} A_\alpha^c.$$

接下来, 我们来讨论集合族的乘积. 设 $\mathcal{A}$ 为一集合族, $\{X_i\}_{i\in I}$ 包含于 $\mathcal{A}$, 即存在映射 $I \to \mathcal{A}$ 使得任给 $i \in I$ 其像为 X_i. 可以看出, 若设 $U = \bigcup_{i\in I} X_i$, 则 $\{X_i\}_{i\in I}$ 的乘积由元 $(x_i)_{i\in I}$ 组成, 这里 $x_i \in U$ 且以 $i \in I$ 为标签. 换句话说, 它恰恰是由所有这样的映射 $f : I \to U$ 组成: 任给 $i \in I$, $f(i) \in X_i$. 记 $\{X_i\}_{i\in I}$ 的乘积为

$$\prod_{i\in I} X_i.$$

很明显 $\prod_{i\in I} X_i$ 中两个元 (x_i) 和 (y_i) 相同当且仅当任给 $i \in I$, $x_i = y_i$. 称 x_i 为 (x_i) 的第 i 个坐标.

例 1.6　设 f 为 $[a,b]$ 上的实函数, 则

$$[a,b] = \bigcup_{n\geqslant 1} \{x \in [a,b] : |f(x)| < n\},$$

$$\{x \in [a,b] : |f(x)| > 0\} = \bigcup_{n\geqslant 1} \left\{x \in [a,b] : |f(x)| > \frac{1}{n}\right\}.$$

注 1.2　若对某 $j \in I$, $X_j = \varnothing$, 很明显此时 $\prod_{i\in I} X_i = \varnothing$. 由选择公理, 若每一 X_i 均非空, 则 $\prod_{i\in I} X_i \neq \varnothing$. 此时, 映射 $\pi_i : (x_i) \mapsto x_i$, $i \in I$, 称作**从乘积** $\prod_{i\in I} X_i$ **到** X_i **的投影**.

特别地, 如果对所有的 $i \in I$, X_i 是相同的, 记作 X, 则

$$\prod_{i\in I} X = X^I = \{f : I \to X\}.$$

1.1.3　偏序集·格·上、下极限

设 X 为一非空集合, "$\leqslant$" 为 X 上的偏序关系, 则 $(X, \leqslant)$ 称作**偏序集**.

例 1.7　设 X 为非空集合, X 上最自然的偏序结构是由幂集 $\mathcal{P}(X)$ 上集合包含关系所给出的, 即

$$A \leqslant B \iff A \subset B, \quad \forall A, B \in \mathcal{P}(X).$$

设 $\mathcal{X}$ 为 X 上实函数全体组成的集合. 在 $\mathcal{X}$ 上定义偏序关系

$$f \leqslant g \iff f(x) \leqslant g(x), \quad \forall x \in X.$$

对任意 $A \subset X$, 定义 A (相对于 X) 上的**特征函数**为 $\mathbf{1}_A : X \to \mathbb{R}$,

$$\mathbf{1}_A(x) = \begin{cases} 1, & x \in A; \\ 0, & x \notin A. \end{cases}$$

显然我们有

$$\mathbf{1}_A \leqslant \mathbf{1}_B \iff A \leqslant B.$$

定义 1.4　设 $(X, \leqslant)$ 为偏序集, $A \subset X$.

(1) 若对任意 $y \in A$, $y \leqslant x$ 成立, 则 $x \in X$ 称作 A 在 X 中的**上界**.

(2) 若 $x \in A$ 使得任给 $y \in A$, $y \leqslant x$, 则称 x 为 A 的**最大元**.

(3) 若对 A 中元 x, 不存在 $y \in A$ 使得 $x < y$, 则称 x 为**极大**的, 即若 $x \leqslant y, y \in A$, 则 $y = x$.

(4) 对集合 A, 设 S 为所有 A 在 X 的上界的集合. 若 S 非空且存在 S 的最小元 z, 称 z 为 A 的**上确界**, 记作 $\sup A$. 若 A 为有限集, 如 $A = \{x_1, x_2, \cdots, x_n\}$, 则记 $\sup A = x_1 \vee x_2 \vee \cdots \vee x_n$.

(5) 类似地可以定义**下界**、**最小元**、**极小**以及**下确界** $\inf A$. 当 A 为有限集 $\{x_1, x_2, \cdots, x_n\}$ 时, 记 $\inf A = x_1 \wedge x_2 \wedge \cdots \wedge x_n$.

(6) 若任给 $x, y \in X$, $x \vee y$ 和 $x \wedge y$ 均存在, 则称 X 为一**格**. $\vee$ 和 $\wedge$ 称作 X 上的**格运算**. 若任给 $A \subset X$, $\sup A$ 和 $\inf A$ 均存在, 则称 X 为一**完备格**.

例 1.8　回忆例 1.7.

(1) 若 $A, B \in \mathcal{P}(X)$, 则 $\sup\{A, B\} = A \vee B = A \cup B$, $\inf\{A, B\} = A \wedge B = A \cap B$. 特别地, 若考虑 $\{A_n\}_{n \in \mathbb{N}}$[①], 则 $\sup\{A_n\} = \bigcup\limits_{n \in \mathbb{N}} A_n$, $\inf\{A_n\} = \bigcap\limits_{n \in \mathbb{N}} A_n$.

(2) 若 $X = \mathbb{R}$, $x, y \in \mathbb{R}$, 则 $\sup\{x, y\} = x \vee y = \max\{x, y\}$, $\inf\{x, y\} = x \wedge y = \min\{x, y\}$.

(3) 若 $f, g \in \mathcal{X}$, 则 $\sup\{f, g\} = f \vee g$, $\inf\{f, g\} = f \wedge g$. 其中 $f \vee g$ 与 $f \wedge g$ 如下定义:

$$(f \vee g)(x) = \max\{f(x), g(x)\}, \quad (f \wedge g)(x) = \min\{f(x), g(x)\}, \quad x \in X.$$

---

① 本书中自然数集 $\mathbb{N}$ 不包含 0.

注 **1.3** 通过特征函数, 可以将集合的问题与集合上的函数问题联系起来. 设 $\mathcal{X}$ 为所有 X 到 $\mathbb{R}$ 的函数全体构成的向量空间, 对 $f, g \in \mathcal{X}$ 定义格运算

$$f \vee g = \max\{f, g\}, \quad f \wedge g = \min\{f, g\},$$

则 $\mathcal{X}$ 为一 (向量) 格. 不难验证, 对 $A, B \subset X$,

$$\mathbf{1}_{A \cup B} = \mathbf{1}_{A \vee B} = \mathbf{1}_A \vee \mathbf{1}_B, \quad \mathbf{1}_{A \cap B} = \mathbf{1}_{A \wedge B} = \mathbf{1}_A \wedge \mathbf{1}_B,$$

建立了集合上的函数与集合之间的联系.

思考题 设 a, b, a_1, b_1, a_2, b_2 均为实数. 证明

(1) $a + b = (a \vee b) + (a \wedge b)$, $|a - b| = (a \vee b) - (a \wedge b)$. 从而 $a \vee b = [(a+b) + |a-b|]/2$, $a \wedge b = [(a+b) - |a-b|]/2$.

(2) $(a_1 - b_1) \vee (a_2 - b_2) = (a_1 + b_2) \vee (a_2 + b_1) - (b_1 + b_2)$.

思考题 验证以下关于特征函数的基本性质:

(1) $\mathbf{1}_{A \cup B} = \mathbf{1}_A + \mathbf{1}_B - \mathbf{1}_{A \cap B}$;

(2) $\mathbf{1}_{A \cap B} = \mathbf{1}_A \cdot \mathbf{1}_B$;

(3) $\mathbf{1}_{A \setminus B} = \mathbf{1}_A(1 - \mathbf{1}_B)$;

(4) $\mathbf{1}_{A \triangle B} = |\mathbf{1}_A - \mathbf{1}_B|$;

(5) $\mathbf{1}_{\limsup\limits_{k \to \infty} A_k} = \limsup\limits_{k \to \infty} \mathbf{1}_{A_k}$;

(6) $\mathbf{1}_{\liminf\limits_{k \to \infty} A_k} = \liminf\limits_{k \to \infty} \mathbf{1}_{A_k}$.

1.1.4 集合列的极限 (集)

<u>定义 **1.5**</u> 设 $\{A_k\}_{k \in \mathbb{N}}$ 为**单调递增**集合列, 即 $A_1 \subset A_2 \subset \cdots \subset A_k \subset \cdots$, 则称 $\{A_k\}$ 的极限为

$$\lim_{k \to \infty} A_k = \bigcup_{k \geqslant 1} A_k.$$

类似地, 设 $\{A_k\}_{k \in \mathbb{N}}$ 为**单调递减**集合列, 即 $A_1 \supset A_2 \supset \cdots \supset A_k \supset \cdots$, 则称 $\{A_k\}$ 的**极限**为

$$\lim_{k \to \infty} A_k = \bigcap_{k \geqslant 1} A_k.$$

注 **1.4** 我们知道幂集 2^X 上天然地存在由集合包含关系 "$\subset$" 决定的偏序关系, 所谓单调递增或递减的集合列为 2^X 中的全序子集族, 此时定义的 "极限" 实际上分别是该子集族的上确界和下确界. 事实上, 对任意集合族 $\{A_\alpha\}_{\alpha \in I}$,

关于上述偏序,

$$\sup_{\alpha \in I} A_\alpha = \bigcup_{\alpha \in I} A_\alpha, \quad \inf_{\alpha \in I} A_\alpha = \bigcap_{\alpha \in I} A_\alpha.$$

这个角度无论对于理解集合列、数列还是函数列的上下极限概念都有一定帮助.

思考题　证明 $\sup_{\alpha} A_\alpha = \inf\{B : B \supset A_\alpha, \forall \alpha\}$.

定义 1.6　设 $\{A_k\}_{k\in\mathbb{N}}$ 为集合列, 对任给 $k \in \mathbb{N}$, 定义

$$B_k = \bigcup_{i \geqslant k} A_i, \quad C_k = \bigcap_{i \geqslant k} A_i.$$

显然 $\{B_k\}$ 与 $\{C_k\}$ 分别单调递减和单调递增, 其极限均存在. 定义

$$\limsup_{k\to\infty} A_k = \lim_{k\to\infty} B_k = \inf_{k\in\mathbb{N}} B_k = \inf_{k\in\mathbb{N}} \sup_{i \geqslant k} A_k = \bigcap_{k=1}^{\infty} \bigcup_{i \geqslant k} A_i,$$

$$\liminf_{k\to\infty} A_k = \lim_{k\to\infty} C_k = \sup_{k\in\mathbb{N}} C_k = \sup_{k\in\mathbb{N}} \inf_{i \geqslant k} A_k = \bigcup_{k=1}^{\infty} \bigcap_{i \geqslant k} A_i,$$

分别为 $\{A_k\}$ 的**上限集**与**下限集**.

下面的事实很好地刻画了集合列的上、下限集.

定理 1.1　若 $\{A_k\}_{k\in\mathbb{N}}$ 为集合列, 则

$$\limsup_{k\to\infty} A_k = \{x : \text{任给 } k \in \mathbb{N}, \text{ 存在 } i \geqslant k, \text{ 使得 } x \in A_i\}; \tag{1.1}$$

$$\liminf_{k\to\infty} A_k = \{x : \text{存在 } k_0 \in \mathbb{N}, \text{ 使得任给 } i \geqslant k_0, x \in A_i\}. \tag{1.2}$$

证明　我们仅证明第一个等式, 另一个等式类似. 事实上, 可由 $x \in \limsup_{k\to\infty} A_k = \bigcap_{k=1}^{\infty} \bigcup_{i \geqslant k} A_i \Leftrightarrow \forall k \in \mathbb{N}, x \in \bigcup_{i \geqslant k} A_i \Leftrightarrow \forall k \in \mathbb{N}, \exists i \geqslant k, x \in A_i$ 得到. □

例 1.9　设 $f_n : \mathbb{R} \to \mathbb{R}$ 为实函数序列, 我们来刻画 $\{f_n\}$ 的不收敛点集

$$D = \{x \in \mathbb{R} : \text{当 } n \to \infty \text{ 时}, f_n(x) \nrightarrow f(x)\}.$$

为此定义

$$E_{n,k} = \left\{x : |f_n(x) - f(x)| \geqslant \frac{1}{k}\right\}, \quad k, n \in \mathbb{N}.$$

我们知道 $x \in D$, 即 $f_n(x) \nrightarrow f(x)$ 等价于存在 k_0 使得 x 属于无穷多个 E_{n,k_0}, 也就是

说, 存在 k_0 使得 $x \in \limsup\limits_{n\to\infty} E_{n,k_0}$. 这表明

$$D = \bigcup_{k=1}^{\infty} \limsup_{n\to\infty} E_{n,k} = \bigcup_{k=1}^{\infty} \bigcap_{n=1}^{\infty} \bigcup_{i \geqslant n} \left\{ x : |f_i(x) - f(x)| \geqslant \frac{1}{k} \right\}.$$

思考题 假设 $\mathbb{R}$ 上的实函数序列 $\{f_n\}$ 处处收敛于函数 f, 即 $\lim\limits_{n\to\infty} f_n(x) = f(x)$, $\forall x \in \mathbb{R}$. 证明, 对任意 $t \in \mathbb{R}$,

$$\{x \in \mathbb{R} : f(x) \leqslant t\} = \bigcap_{k \geqslant 1} \bigcup_{m \geqslant 1} \bigcap_{n \geqslant m} \left\{ x \in \mathbb{R} : f_n(x) < t + \frac{1}{k} \right\}.$$

1.1.5 对等 · 集合的基数

1. 对等

在集合论中, 集合元素的个数是一个基本问题.

定义 1.7 若存在 $f : A \to B$ 为一双射, 则称集合 A 与 B **对等**, 记作 $A \sim B$.

对任意集合族 $\mathscr{A}$, 上述对等的概念给出了一个等价关系. 后面我们将要引入的所谓集合 A 的基数 (或者势) card A 可以看成 $\mathscr{A}$ 关于上述等价关系 $\sim$ 的一个等价分类. 稍后我们具体讨论这个概念.

例 1.10 我们先来考虑几个简单的例子.

(1) $\mathbb{N} \sim 2\mathbb{N}$, $\mathbb{N} \sim 2\mathbb{N} + 1$.

(2) $\mathbb{N} \times \mathbb{N} \sim \mathbb{N}$.

定义函数 $f : \mathbb{N} \times \mathbb{N} \to \mathbb{N}$:

$$f(i,j) = 2^{i-1}(2j-1), \qquad (i,j) \in \mathbb{N} \times \mathbb{N}.$$

由算术基本定理 (即整数的唯一分解定理), 任给 $n \in \mathbb{N}$, n 有如下表示:

$$n = 2^p \cdot q, \qquad p \in \mathbb{N} \cup \{0\}, q \in 2\mathbb{N} + 1.$$

这表明 f 为满射. f 为单射易证.

(3) $(-1,1) \sim \mathbb{R}$.

定义函数 $f : (-1,1) \to \mathbb{R}$:

$$f(x) = \frac{x}{1-x^2}, \quad x \in (-1,1),$$

则 f 为所需的双射.

思考题 证明 $\mathbb{R} \sim \mathbb{R}^2$.

设 X 和 Y 为非空集合. 存在 X 到 Y 的单射描述了关系 card $X \leqslant$ card Y. 注意, 到这里我们并没有给出 card X 和 card Y 的具体含义, 后面称之为集合 X 和 Y 的基

数. 容易看出, 关系 "$\leqslant$" 满足自反性和传递性. 事实上, 我们将证明这一关系还满足反对称性, 从而给出基数的一个偏序关系.

定理 1.2 (Schröder-Bernstein)   设 X 和 Y 为非空集合. 若 card $X \leqslant$ card Y 且 card $Y \leqslant$ card X, 则存在 X 到 Y 的双射.

Kaplansky (1977)[29] 给出了上面定理的一些历史注记. 作者指出 (第 33 页), 定理 1.2 是 Cantor 错失的 (他渴望证明它), 后来由 Schröder 和 Bernstein 各自独立证明.

证明   我们首先断言: 设 $f : X \to Y$, $g : X \to Y$, 则存在分解

$$X = A \cup \tilde{A}, \quad Y = B \cup \tilde{B},$$

其中 $B = f(A)$, $\tilde{A} = g(\tilde{B})$, $A \cap \tilde{A} = \varnothing$, $B \cap \tilde{B} = \varnothing$.

事实上, 设

$$\mathscr{A} = \{E \subset X : E \cap g(Y \setminus f(E)) = \varnothing\}.$$

注意到至少 $\varnothing \in \mathscr{A}$. 令 $A = \bigcup_{E \in \mathscr{A}} E$, 下面证明 $A \in \mathscr{A}$. 任给 $E \in \mathscr{A}$, $E \subset A$. 由于

$$E \cap g(Y \setminus f(E)) = \varnothing,$$

则 $E \cap g(Y \setminus f(A)) = \varnothing$, 从而

$$A \cap g(Y \setminus f(A)) = \left(\bigcup_{E \in \mathscr{A}} E \right) \cap g(Y \setminus f(A))$$
$$= \bigcup_{E \in \mathscr{A}} (E \cap g(Y \setminus f(A)) = \varnothing.$$

所以 $A \in \mathscr{A}$, 且 A 为 $\mathscr{A}$ 中的最大元.

令 $B = f(A)$, $\tilde{B} = Y \setminus B$, $\tilde{A} = g(\tilde{B})$, 容易验证

$$Y = B \cup \tilde{B}, \quad B \cap \tilde{B} = \varnothing.$$

下面证明余下的结论.

由于 $A \cap \tilde{A} = A \cap g(\tilde{B}) = A \cap g(Y \setminus B) = A \cap g(Y \setminus f(B)) = \varnothing$, 故 $A \cup \tilde{A} = X$. 不然, 存在 $x_0 \in X$, $x_0 \notin A \cup \tilde{A}$. 设 $A_0 = A \cup \{x_0\}$, 则

$$\varnothing = A \cap \tilde{A} = A \cap g(\tilde{B}) = A \cap g(Y \setminus f(A)) \supset A \cap g(Y \setminus f(A_0)),$$

这表明 $A \cap g(Y \setminus f(A_0)) = \varnothing$. 又

$$x_0 \notin A \cup \tilde{A} \Rightarrow x_0 \notin \tilde{A} \Rightarrow x_0 \notin g(Y \setminus f(A_0)),$$

故

$$A_0 \cap g(Y \setminus f(A_0)) = (A \cup \{x_0\}) \cap g(Y \setminus f(A_0))$$

$$= A \cap g(Y \setminus f(A_0)) = \varnothing,$$

即 $A_0 \in \mathscr{A}$, 这与 A 的极大性矛盾.

设 $f : X \to Y$, $g : Y \to X$ 为单射, 则由断言, 存在分解

$$X = A \cup \tilde{A}, \quad Y = B \cup \tilde{B}, \quad B = f(A), \quad \tilde{A} = g(\tilde{B}).$$

注意到 $f|_A$ 及 $g|_{\tilde{B}}$ 均为双射, 因此定义

$$F(x) = \begin{cases} f(x), & x \in A, \\ g^{-1}(x), & x \in \tilde{A}, \end{cases} \quad x \in X,$$

则 $F : X \to Y$ 为双射, 从而 $X \sim Y$. □

推论 1.3　若 $C \subset A \subset B$ 且 $B \sim C$, 则 $B \sim A$.

证明　由 $B \sim C$, 则存在单射 $f : B \to C \subset A$. 而包含映射为 A 到 B 的单射, 因此 $B \sim A$ 是定理 1.2 的直接推论. □

例 1.11　$[-1, 1] \sim \mathbb{R}$. 这是因为

$$(-1, 1) \subset [-1, 1] \subset \mathbb{R},$$

例 1.10 (3) 表明 $(-1, 1) \sim \mathbb{R}$, 故由定理 1.2, $[-1, 1] \sim \mathbb{R}$. 注意, 不可能找到连续函数建立这种对等关系.

2. 集合的基数·可数集

对每一个集合 A, 与之联系的一个概念是 A 的元个数, 记作 card A, 称作 A 的**基数** (或**势**). 例如若 $A = \{1, 2, \cdots, n\}$, 则 card A 为 A 的元素个数, 即此时 card $A = n$. 我们约定 card $\varnothing = 0$.

设 A, B 为集合, 若 $A \sim B$, 则称 A 与 B 具有相同的基数, 即 card $A =$ card B. 若存在 $f : A \to B$ 为单射, 即 A 与 B 的真子集 $f(A)$ 对等, 则称 card A 小于 card B, 记作 card $A <$ card B. 因此, Schröder-Bernstein 定理事实上是说: 若 card $A \leqslant$ card B 且 card $B \leqslant$ card A, 则 card $A =$ card B.

我们先来考虑一个简单情形. 若存在 $n \in \mathbb{N}$ 使得 A 与集合 $\{1, 2, \cdots, n\}$ 对等, 集合 A 称作**有限集**. 此时 card $A = n$.

一个集合称作**无穷集** (或**无限集**), 若它不是有限集. 关于无穷集, 两个重要的例子是自然数集 $\mathbb{N}$ 与实数集 $\mathbb{R}$. 下面我们以这两个集合为基础展开讨论.

将 $\mathbb{N}$ 的基数 card $\mathbb{N}$ 记作 $\aleph_0$, 与 $\mathbb{N}$ 对等的集合称作**可数 (无穷) 集**. 显然若 A 为可数集, 则 card $A = \aleph_0$. 显然, 每一可数集 A 均可以写成如下形式:

$$A = \{a_1, a_2, \cdots, a_n, \cdots\}, \quad a_i \in A,\ i \in \mathbb{N}.$$

命题 1.2 下面是可数集的一些基本性质:

(1) 无穷集中必包含可数集;

(2) 有限集与可数集之并为可数集;

(3) 可数个可数集之并为可数集;

(4) 可数集的有限直积为可数集.

证明 设 A 为任意无穷集, 则由数学归纳法很容易构造 A 的可数子集. 这表明 $\aleph_0$ 为无穷集中的最小的基数. 这就证明了 (1).

设 $A = \{a_1, a_2, \cdots, a_n\}$ 为有限集, $B = \{b_1, b_2, \cdots, b_n, \cdots\}$ 为可数集, 定义 $f: \mathbb{N} \to A \cup B$,

$$F(k) = \begin{cases} a_k, & 1 \leqslant k \leqslant n, \\ b_{k-n}, & k > n, \end{cases} \quad k \in \mathbb{N}.$$

不难验证 F 为一双射. 这就证明了 (2).

设 $\{A_n\}_{n \in \mathbb{N}}$ 为可数集合列, 每一 A_n 均可数, $A = \bigcup_{n \in \mathbb{N}} A_n$. 不失一般性, 假设 A_n 两两互不相交. 设

$$A_n = \{a_{n1}, a_{n2}, \cdots, a_{nm}, \cdots\}, \quad n \in \mathbb{N},$$

则我们可以将 A 中元素排列如下:

$$
\begin{array}{ccccc}
a_{11} & a_{12} & a_{13} & \cdots & a_{1m} & \cdots \\
 & & & & \\
a_{21} & a_{22} & a_{23} & \cdots & a_{2m} & \cdots \\
 & & & & \\
a_{31} & a_{32} & a_{33} & \cdots & a_{3m} & \cdots \\
\vdots & \vdots & \vdots & & \vdots \\
a_{n1} & a_{n2} & a_{n3} & \cdots & a_{nm} & \cdots \\
\vdots & \vdots & \vdots & & \vdots
\end{array}
$$

按照箭头所示, A 为可数集. 从而 (3) 成立.

设 $n \in \mathbb{N}$, 可数集的有限直积等价于 $\mathbb{N}^n$, 按照字典序即可证明 (4). □

例 1.12 我们先来看看几个简单的例子:

(1) 有理数集 $\mathbb{Q}$ 为可数集.

每一有理数均可表示成两个整数之商, 故存在单射 $f : \mathbb{Q} \to \mathbb{Z}^2$, 这表明 $\operatorname{card} \mathbb{Q} \leqslant \operatorname{card} \mathbb{Z}^2 = \aleph_0$, 而 $\mathbb{N} \subset \mathbb{Q}$ 蕴涵了 $\aleph_0 = \operatorname{card} \mathbb{N} \leqslant \operatorname{card} \mathbb{Q}$.

(2) $\mathbb{R}$ 中两两互不相交的开区间族至多可数.

因为这些开区间两两互不相交, 故不同区间中可选取互异的有理数.

(3) $\mathbb{R}$ 上单调函数的不连续点 (即间断点) 集至多可数.

设 $f : \mathbb{R} \to \mathbb{R}$ 单调递增, 则 f 的每一不连续点 x 对应一个开区间 $(f(x-), f(x+))$, 且两个不同的不连续点 x_1 和 x_2 相应的开区间不相交.

思考题 称非零整系数多项式的根为代数数, 证明代数数可数.

例 1.13 对 $\mathbb{R}$ 上的实函数 f, 集合

$$E = \{x \in \mathbb{R} : f \text{ 在 } x \text{ 处不连续但右极限 } f(x^+) \text{ 存在 }\}$$

至多可数.

证明 事实上, 记 $S = \{x \in \mathbb{R} : f(x^+) \text{ 存在 }\}$, 任给 $n \in \mathbb{N}$, 设

$$A_n = \{x \in \mathbb{R} : \text{ 存在 } \delta > 0, \text{ 使得当 } x', x'' \in (x - \delta, x + \delta) \text{ 时}, |f(x') - f(x'')| < 1/n\}.$$

显然 $\bigcap_{n \geqslant 1} A_n$ 为 f 的连续点集. 下面证明 $S \setminus A_n$ 可数.

固定 $n \in \mathbb{N}$, 对任给 $x \in S \setminus A_n$, 存在 $\delta > 0$ 使得

$$|f(x') - f(x^+)| < \frac{1}{2n}, \quad x' \in (x, x + \delta).$$

故若 $x', x'' \in (x, x + \delta)$, $|f(x') - f(x'')| < 1/n$. 这表明

$$(x, x + \delta) \subset A_n.$$

也就是说

(1) $S \setminus A_n$ 中的每一点 x 为某 $I_x = (x, x + \delta)$ 的左端点;

(2) $I_x \cap (S \setminus A_n) = \varnothing$;

(3) 若 $x_1, x_2 \in S \setminus A_n$, $x_1 \neq x_2$, 则 $I_{x_1} \cap I_{x_2} = \varnothing$.

因此 $\{I_x : x \in S \setminus A_n\}$ 可数, 从而 $S \setminus A_n$ 可数. 从而

$$E = S \setminus \left(\bigcap_{n \geqslant 1} A_n \right) = \bigcup_{n \geqslant 1} (S \setminus A_n)$$

可数. $\qquad\square$

思考题 对 $\mathbb{R}$ 上的实函数 f, 集合 $E = \{x \in \mathbb{R} : \lim_{y \to x} f(y) = +\infty\}$ 至多可数.

思考题 设 $\{r_n\}_{n \in \mathbb{N}} = (a, b) \cap \mathbb{Q}$, $\sum_{n=1}^{\infty} C_n$ 为收敛的正项级数, 定义

$$f(x) = \sum_{x > r_n} C_n, \quad x \in (a, b). \tag{1.3}$$

证明 f 为在无理数处连续而在有理数处不连续的单调递增函数. 而且 $f(r_n^+) - f(r_n^-) = C_n > 0$.

思考题   设 $f : \mathbb{R} \to \mathbb{R}$, 定义

$$\mathrm{argmin}\, f = \{x \in \mathbb{R} : f \text{ 在 } x \text{ 处取得 (局部) 极小值}\},$$

$$\mathrm{argmax}\, f = \{x \in \mathbb{R} : f \text{ 在 } x \text{ 处取得 (局部) 极大值}\}.$$

证明集合 $f(\mathrm{argmin}\, f)$ 与 $f(\mathrm{argmax}\, f)$ 均至多可数. 证明若 $f : \mathbb{R} \to \mathbb{R}$ 连续且每一点均为 f 的极值点, 则 f 为常值函数. 进一步, 这个结论对 $f : \mathbb{R}^n \to \mathbb{R}$ 亦成立.

例 1.14   设 $f : (a, b) \to \mathbb{R}$, 则集合

$$E = \{x : \text{左导数 } f'_-(x) \text{ 及右导数 } f'_+(x) \text{ 均存在 (包括 } \pm\infty\text{) 但不相等}\}$$

至多可数.

证明   设 $A = \{x : f'_-(x) > f'_+(x)\}$, $B = \{x : f'_-(x) < f'_+(x)\}$, 则 $E = A \cup B$. 下面证明 A 至多可数.

任给 $x \in A$, 选取 $r_x \in \mathbb{Q}$ 使得 $f'_+(x) < r_x < f'_-(x)$, 及 $s_x, t_x \in \mathbb{Q}$ 使得

$$a < s_x < t_x < b,$$

$$\frac{f(y) - f(x)}{y - x} > r_x, \quad s_x < y < x,$$

$$\frac{f(y) - f(x)}{y - x} < r_x, \quad x < y < t_x,$$

即

$$f(y) - f(x) < r_x(y - x), \quad y \neq x,\ y \in (s_x, t_x).$$

定义映射 $\phi : A \to \mathbb{Q}^3$, $x \mapsto \phi(x) = (r_x, s_x, t_x)$. 下面证明 ϕ 为单射.

设 $x_1 \neq x_2 \in A$,

$$(r_{x_1}, s_{x_1}, t_{x_1}) = \phi(x_1) = \phi(x_2) = (r_{x_2}, s_{x_2}, t_{x_2}),$$

则 $x_1, x_2 \in (s_{x_1}, t_{x_1}) = (s_{x_2}, t_{x_2})$, 于是

$$f(x_2) - f(x_1) < r_{x_1}(x_2 - x_1), \quad f(x_1) - f(x_2) < r_{x_2}(x_1 - x_2).$$

注意到 $r_{x_1} = r_{x_2}$, 两式相加得到 $0 < 0$, 矛盾.

ϕ 为单射表明, A 与 $\mathbb{Q}^3$ 的某子集对等, 从而至多可数. 类似的结论对 B 从而 E 成立. $\square$

例 1.15 $\mathbb{R}$ 上凸 (凹) 函数的不可微点至多可数.

证明 以凸函数为例, 这个结论依据这样的事实: $\mathbb{R}^n$ 上的凸函数 (单边) 方向导数存在. 事实上, 设 $f : \mathbb{R}^n \to \mathbb{R}$ 为凸函数, 即

$$f(\lambda x + (1 - \lambda)y) \leqslant \lambda f(x) + (1 - \lambda) f(y), \quad x, y \in \mathbb{R}^n, \ \lambda \in [0, 1].$$

首先我们需要这样的事实: $\mathbb{R}^n$ 上的凸函数为局部 Lipschitz 的. 令

$$q(t) = \frac{f(x + ty) - f(x)}{t}, \quad t > 0,$$

则由 f 的凸性, 并注意到若 $t < t'$ 则 $x + ty = \left(1 - \dfrac{t}{t'}\right)x + \dfrac{t}{t'}(x + t'y)$. 因此

$$f(x + ty) \leqslant (1 - \frac{t}{t'})f(x) + \frac{t}{t'}f(x + t'y).$$

这表明 $q(t)$ 关于 t 单调递增. 而 f 的局部 Lipschitz 性保证了 $q(t)$ 在 $t = 0$ 附近有界, 因此

$$\lim_{t \to 0^+} \frac{f(x + ty) - f(x)}{t} = \lim_{t \to 0^+} q(t)$$

存在. 故由例 1.14, 当 $n = 1$ 时, f 的不可微点集至多可数. $\qquad\square$

注意, 当 $n > 1$ 时, 这个结论不成立. 不过由 Rademacher 定理, f 的局部 Lipschitz 性保证了 f 不可微点集为零测集.

思考题 证明若 $f : \mathbb{R} \to \mathbb{R}$ 为凸函数, 则 f 为局部 Lipschitz 的, 即任给 $x \in \mathbb{R}$, 存在 $r = r_x > 0$ 以及常数 $M = M_x > 0$, 使得

$$|f(y) - f(z)| \leqslant M|y - z|, \quad y, z \in B(x, r).$$

下面是关于基数的另一些性质.

命题 1.3 设 A 为无限集, $\operatorname{card} A = \alpha$, $\operatorname{card} B = \aleph_0$, 则 $\operatorname{card} A \cup B = \alpha$.

证明 不失一般性, 不妨设 $B = \{b_1, b_2, \cdots\}$, $A \cap B = \varnothing$, 且 $A = A_1 \cup A_2$, $A_1 = \{a_1, a_2, \cdots\}$. 定义 $f : A \cup B \to A$,

$$f(x) = \begin{cases} a_{2i}, & x = a_i \in A_1, \\ a_{2i-1}, & x = b_i \in B, \\ x, & x \in A_2. \end{cases}$$

则 f 为双射. $\qquad\square$

命题 1.4 集合 A 为无限集的充分必要条件是 A 与其某真子集对等.

证明 若 A 为无限集, 取 B 为其有限子集, 则 $A \setminus B \subsetneqq A$, 且 $A \sim A \setminus B$. 若 A 为有限集, 则 A 不与其任一真子集对等. $\qquad\square$

3. 不可数集

命题 1.5　$[0,1]$ 是不可数集.

证明　仅考虑 $(0,1]$, 则任给 $x \in (0,1]$ 均可表示成 (二进) 级数

$$x = \sum_{n=1}^{\infty} \frac{a_n}{2^n}, \quad a_n = 0 \text{ 或 } 1.$$

注意, 如 $0.1000\cdots$ 与 $0.0111\cdots$ 是同一个数. 我们约定上述级数中 1 一定出现无穷次, 则 $(0,1]$ 与这样的全体二进制小数一一对应.

事实上, 不考虑 $a_n = 0$ 的项, 则

$$x = \sum_{i=1}^{\infty} 2^{-n_i},$$

$\{n_i\}$ 为严格单调上升的自然数序列, 由下面的方法唯一决定

$$k_1 = n_1, \ k_i = n_i - n_{i-1}, \quad i = 2, 3, \cdots,$$

则 $\{k_i\}$ 唯一决定了 x. 记全体自然数序列的族为 $\mathscr{A}$, 则 $(0,1] \sim \mathscr{A}$.

假定 $\mathscr{A}$ 可数, 排列如下:

$$(k_1^1, k_2^1, \cdots, k_i^1, \cdots),$$
$$(k_1^2, k_2^2, \cdots, k_i^2, \cdots),$$
$$\cdots$$
$$(k_1^j, k_2^j, \cdots, k_i^j, \cdots),$$
$$\cdots$$

则 $(k_1^1 + 1, k_2^2 + 1, \cdots, k_i^i + 1, \cdots)$ 未排出. 不然存在 i 使得

$$(k_1^1 + 1, k_2^2 + 1, \cdots, k_i^i + 1, \cdots) = (k_1^i, k_2^i, \cdots, k_i^i, \cdots),$$

从而 $k_i^i + 1 = k_i^i$. 矛盾.

这表明 $\mathscr{A}$ 不可数, 从而 $[0,1]$ 亦然.　□

注 1.5　不难证明

$$\mathscr{A} \sim \mathbb{N}^{\mathbb{N}} \sim \{0,1\}^{\mathbb{N}}, \quad \text{card } \mathscr{A} = \text{card } [0,1] = \text{card } \mathbb{R}.$$

这里 card $\mathbb{R}$ 称作**连续统基数**, 记作 c 或 $\aleph_1 = 2^{\aleph_0}$. 这个例子表明

$$\aleph_0 < 2^{\aleph_0} = \aleph_1 = c.$$

下面的问题是集合论的基本问题.

(1) $\aleph_0$ 与 c 之间是否还存在其他的基数? (承认 $\aleph_0$ 与 c 之间不存在其他基数的假设称作连续统假设.)

(2) 有无最大的基数?

命题 1.6 设 A 为非空集合, 则 A 与其幂集 2^A 不对等.

证明 反证法. 假设 $A \sim 2^A$, 即存在 $f : A \to 2^A$ 为双射, 定义

$$B = \{x \in A : x \notin f(x)\},$$

则存在 $y \in A$ 使得 $f(y) = B \in 2^A$.

(1) 若 $y \in B$, 则 $y \notin f(y) = B$;

(2) 若 $y \notin B$, 则 $y \in f(y) = B$.

矛盾. $\qquad\square$

例 1.16 设 $\{A_k\}$ 满足 $\operatorname{card} A_k = c$, 则 $\operatorname{card}\left(\bigcup_{k \in \mathbb{N}} A_k\right) = c$. 事实上, 不妨设 $A_i \cap A_j = \varnothing, i \neq j, A_k \sim [k, k+1)$, 则

$$\bigcup_{k \in \mathbb{N}} A_k \sim [1, +\infty) \sim \mathbb{R}.$$

例 1.17 设 $\{E_n\}$ 满足 $\operatorname{card} E_n = c$, 则

$$E = \{x = (x_1, x_2, \cdots, x_n, \cdots) : x_n \in E_n, n \in \mathbb{N}\},$$

基数为 c, 即 $\operatorname{card}\left(\prod_{n \in \mathbb{N}} E_n\right) = c$. 由前例, 可假定 E_n 为自然数数列形成的集合, 则 E 中元素可看成无穷矩阵

$$\begin{pmatrix} x_1^1 & x_2^1 & \cdots & x_k^1 & \cdots \\ x_1^2 & x_2^2 & \cdots & x_k^2 & \cdots \\ \vdots & \vdots & & \vdots & \\ x_1^n & x_2^n & \cdots & x_k^n & \cdots \end{pmatrix}.$$

记这个无穷矩阵的集合为 A, 则 $A \sim E$. 而若视 A 中元素为数列

$$(x_1^1, x_2^1, x_1^2, x_3^1, x_2^2, x_1^3, \cdots),$$

则 $A \sim E_n$. 故 $\operatorname{card} A = c$.

例 1.18 记 $C([a, b])$ 为 $[a, b]$ 上连续实函数全体构成的集合, 则

$$\operatorname{card} C([a, b]) = c.$$

$C([a,b])$ 中包含常值函数, 故 $\operatorname{card} C([a,b]) \geqslant c$. 另一方面, 任给 $\phi \in C([a,b])$, 定义 $f : C([a,b]) \to 2^{\mathbb{Q} \times \mathbb{Q}}$,

$$f(\phi) = \{(s,t) \in \mathbb{Q} \times \mathbb{Q} : s \in [a,b], t \leqslant \phi(s)\}.$$

则 f 为一单射. 事实上若 $\phi_1 \neq \phi_2$, 但 $f(\phi_1) = f(\phi_2)$, 注意到存在 x_0 使得 $\phi_1(x_0) < \phi_2(x_0)$, 则存在 $\delta > 0$ 使得任给 $s \in I_\delta = [x_0 - \delta, x_0 + \delta]$, $\phi_1(s) < \phi_2(s)$, 这与 $f(\phi_1) = f(\phi_2)$ 矛盾. 从而 $\operatorname{card} C([a,b]) \leqslant 2^{\mathbb{Q}^2} = c$.

例 1.19 设 $E = A \cup B$, $\operatorname{card} E = c$, 则 $\operatorname{card} A = c$ 或 $\operatorname{card} B = c$. 不妨设 $E = (0,1) \times (0,1)$, 令 $E_0 = \{(x_0, y) : 0 < y < 1\}$, 其中 $x_0 \in (0,1)$. 若 $A \supset E_0$, 则 $\operatorname{card} A = c$, 否则任给 $x \in (0,1)$,

$$B \cap \{(x,y) : 0 < y < 1\} \neq \varnothing,$$

则 $\operatorname{card} B = c$.

例 1.20 记 $\mathscr{F}$ 为 $[a,b]$ 上所有实函数的全体, 则 $\operatorname{card} \mathscr{F} > c$. 首先 $\operatorname{card} \mathscr{F} \geqslant c$. 因为 $\mathscr{F} \supset \{\mathbf{1}_A : A \subset [0,1]\}$. 从而 $\operatorname{card} \mathscr{F} \geqslant 2^{[0,1]} = c$. 假设 $\operatorname{card} \mathscr{F} = c$, $\mathscr{F} \sim [0,1]$. $\mathscr{F}$ 中的元可以表示成函数族 $\{f_t\}$, $f_t(\cdot) = F(t, \cdot)$, $t \in [0,1]$. 设 $g(x) = F(x,x) + 1$, 则 $g \in \mathscr{F}$, 从而存在 $\alpha \in [0,1]$, 使得

$$g(x) = f_\alpha(x).$$

因此 $F(x,x) + 1 = F(\alpha, x)$, $x \in [0,1]$. 取 $x = \alpha$, 矛盾.

事实上, $\mathscr{F}$ 即无穷乘积空间 $\mathbb{R}^{[a,b]}$, 从而 $\operatorname{card} \mathscr{F} = \operatorname{card} \mathbb{R}^{\mathbb{R}} = \aleph_2$.

1.2 拓扑学·度量空间

1.2.1 度量拓扑

定义 1.8 非空集合 X 上的**度量** (或**距离**) $d : X \times X \to \mathbb{R}$, 对任意 $x, y, z \in X$ 满足

(1) $d(x,y) \geqslant 0$, 且 $d(x,y) = 0$ 当且仅当 $x = y$;

(2) $d(x,y) = d(y,x)$;

(3) $d(x,z) \leqslant d(x,y) + d(y,z)$.

例 1.21 $\mathbb{R}^n = \{(x_1, x_2, \cdots, x_n) : x_i \in \mathbb{R}, i = 1, 2, \cdots, n\}$ 为一 n 维实线性空间,

赋予内积 $\langle \cdot, \cdot \rangle$. 对 $x = (x_1, x_2, \cdots, x_n)$, $y = (y_1, y_2, \cdots, y_n)$,

$$\langle x, y \rangle = \sum_{i=1}^{n} x_i y_i.$$

$(\mathbb{R}^n, \langle \cdot, \cdot \rangle)$ 称作 **Euclid 空间**. $|x| = \sqrt{\langle x, x \rangle}$ 定义了 $\mathbb{R}^n$ 上的**模**. $d(x, y) = |x - y|$ 定义了 $\mathbb{R}^n$ 上的度量. 内积与模有下面的 Schwarz 不等式:

$$|\langle x, y \rangle| \leqslant |x| \cdot |y|, \quad x, y \in \mathbb{R}^n.$$

一个集合 X 上的所谓 "拓扑", 是指 X 上开集的全体. 对度量空间 (X, d), 首先采用下面比较直观的办法来定义开集.

定义 1.9 设 (X, d) 为度量空间.

(1) 设 $\delta > 0$, $B(x, \delta) = \{y : d(x, y) < \delta\}$ 称作以 x 为中心, δ 为半径的**开球**. 类似地, $\bar{B}(x, \delta) = \{y : d(x, y) \leqslant \delta\}$ 称作以 x 为中心, δ 为半径的**闭球**.

(2) $E \subset X$, 若任给 $x \in E$, 存在 $\delta > 0$, 使得 $B(x, \delta) \subset E$, 则 E 称作**开集**. 开集的补集称作**闭集**.

(3) $U \subset X$, 若存在 $\delta > 0$, 使得 $B(x, \delta) \subset U$, 则 U 称作 $x \in X$ 的**邻域**. 若进一步 U 自身为 X 中的开 (闭) 集, 则称 U 为 x 的**开 (闭) 邻域**.

(4) 在没有特别申明的情况下, 在 Euclid 空间 $\mathbb{R}^n$ 均采用这种拓扑. 例 1.21 定义的拓扑称作 $\mathbb{R}^n$ 上的**自然拓扑**.

定义 1.10 $\{x_k\}$ 为 X 中序列, $x \in X$. $\lim\limits_{k \to \infty} x_k = x$, 若

$$\lim_{k \to \infty} d(x_k, x) = 0.$$

所谓 $\varepsilon - N$ **语言**的表述是:

$$\forall \varepsilon > 0, \exists N \in \mathbb{N}, \ \text{若} \ k > N, \ x_k \in B(x, \varepsilon). \tag{1.4}$$

定义 1.11 设 $E \subset \mathbb{R}^n$. $x \in \mathbb{R}^n$ 称作 E 的**极限点**, 若存在 $x_k \subset E$, x_k 互异, $\lim\limits_{k \to \infty} x_k = x$. 集合 E 极限点的全体称作 E 的**导集**, 记作 E'. $x \in E \setminus E'$ 称作**孤立点**.

从定义很容易看出

$$x \in E' \quad \Leftrightarrow \quad \forall \delta > 0, \ (B(x, \delta) \setminus \{x\}) \cap E \neq \varnothing,$$
$$x \in E \setminus E' \quad \Leftrightarrow \quad \exists \delta > 0, \ (B(x, \delta) \setminus \{x\}) \cap E = \varnothing. \tag{1.5}$$

例 1.22 若 $E_1, E_2 \subset \mathbb{R}^n$, 则 $(E_1 \cup E_2)' = E_1' \cup E_2'$. 事实上, 一方面由于 $E_1, E_2 \subset E_1 \cup E_2$, 故 $E_1' \cup E_2' \subset (E_1 \cup E_2)'$. 另一方面, 若 $x \in (E_1 \cup E_2)'$, 存在 $E_1 \cup E_2$ 中互异的点列 $\{x_k\}$, $x_k \to x$, 则必有子列 $\{x_{k_i}\} \subset E_1$ 或 E_2, 且 $x_{k_i} \to x$, $x \in E_1$ 或 E_2, 这表明 $(E_1 \cup E_2)' \subset E_1' \cup E_2'$.

定理 1.4 (Bolzano-Weierstrass)　$\mathbb{R}^n$ 中的有界无穷集 E 必有极限点.

对于度量空间, 我们还需要一些非拓扑的概念.

定义 1.12　设 $E \subset X$,

$$\text{diam}\, E = \sup\{d(x,y) : x,y \in E\}$$

称作 E 的**直径**. 若 $\text{diam}\, E < \infty$, 则称 E 为**有界集**.

定义 1.13　$\{x_n\}$ 为 X 中序列, $\{x_n\}$ 称作 **Cauchy 序列** (或**基本列**), 若任给 $\varepsilon > 0$, 存在 $N \in \mathbb{N}$, 当 $k, l > N$ 时, $d(x_k, x_l) < \varepsilon$. 若 X 中的 Cauchy 列一定收敛于某 $x \in X$, 这个性质称作度量空间 (X, d) 的**完备性**.

思考题　我们称数域 $\mathbb{K}$ 上的线性空间 X 上的函数 $|\cdot| : X \to [0, +\infty)$ 为一**范数** (或**模**), 若满足对任意 $x, y \in X$, $r \in \mathbb{K}$, (1) $|x| = 0$ 当且仅当 $x = 0$; (2) $|rx| = |r| \cdot |x|$; (3) $|x + y| \leqslant |x| + |y|$. 证明: 若 X 为有限维实线性空间, 则所有的范数等价, 即对任意两个范数 $|\cdot|_1$ 和 $|\cdot|_2$, 存在 $0 < C < 1$, 使得对任意 $x \in X$, $C|x|_1 \leqslant |x|_2 \leqslant C^{-1}|x|_1$. 进而证明, 所有有限维实线性空间的范数诱导的度量拓扑是相容的.

1.2.2　拓扑学的公理

不难验证, 若设 τ 为度量空间 (X, d) 中所有开子集构成的集合族, 则 τ 满足

O1) $\varnothing, X \in \tau$;

O2) 若 $U_i \in \tau$, $i = 1, 2, \cdots, n$, 则 $\bigcap\limits_{i=1}^{n} U_i \in \tau$;

O3) 若 $\{U_\lambda\}_{\lambda \in \Lambda}$ 为 τ 中任意子集族, 则 $\bigcup\limits_{\lambda \in \Lambda} U_\lambda \in \tau$.

在拓扑学中, 我们通常将上述三条性质作为**拓扑**的定义. 显而易见, 对应 X 全体闭集构成的集合族 $\mathscr{F}$ 满足

C1) $\varnothing, X \in \mathscr{F}$;

C2) 若 $F_i \in \mathscr{F}$, $i = 1, 2, \cdots, n$, 则 $\bigcup\limits_{i=1}^{n} F_i \in \mathscr{F}$;

C3) 若 $\{F_\lambda\}_{\lambda \in \Lambda}$ 为 $\mathscr{F}$ 中任意子集族, 则 $\bigcap\limits_{\lambda \in \Lambda} F_\lambda \in \mathscr{F}$.

注 1.6　上面的 O1)—O3) 与 C1)—C3) 通常分别称作开集公理和闭集公理. 一个抽象的集合 X, 以及它的一个子集族 τ, 若 τ 满足 O1)—O3) 则 τ 称作 X 上的一个拓扑. (X, τ) 构成一拓扑空间. 若 (X, τ) 为一拓扑空间, $S \subset X$, 则 $\tau_S = \{U \cap S : U \in \tau\}$ 称作 S 的子空间拓扑.

在一个集合 X 中可以赋予不同的拓扑. 比如在泛函分析中, 经常会遇到一个函数空间可以有多个 (有意义的) 拓扑. 不同的拓扑决定了不同的极限或者说收敛的模式.

思考题 设 (X, τ) 为一拓扑空间, S 为 X 的非空子集. 定义 $\tau_S = \{U \cap S : U \in \tau\}$. 证明 (S, τ_S) 亦为一拓扑空间. (S, τ_S) 称作 (X, τ) 的拓扑子空间, τ_S 称作 X 关于子集 S 的子空间拓扑. 在同胚下保持不变的性质被称作拓扑性质. 若 X 的拓扑性质 S 同时具有, 称该拓扑性质 (即为同胚保持的性质) 为遗传的. 证明 $\mathbb{R}^n$ 的任意子集均遗传了可分性 (定义 1.17).

下面内容对理解 Euclid 空间上的拓扑有很大帮助. 我们用较为简洁的模式介绍一下其中一些必要的拓扑学知识.

定义 1.14 若 X 为集合, S 为其子集族, τ 为 X 上的一个拓扑. S 称作拓扑空间 (X, τ) 的**拓扑基**: 若任给 $U \in \tau$, 存在 $\{V_\lambda\}_{\lambda \in \Lambda_1}$, 使得 $U = \bigcup_{\lambda \in \Lambda_1} V_\lambda$, 即 τ 中元可由 S 中元之并生成. 拓扑基是一个全局概念. 若拓扑空间 (X, τ) 具有可数的拓扑基, 则 X 称作**第二可数**的.

思考题 记 $\mathcal{F}_1 = \{B(x, r) : x \in \mathbb{R}^n, r > 0\}$, $\mathcal{F}_2 = \{B(x, r) : x \in \mathbb{Q}^n, r \in \mathbb{Q} \cap (0, +\infty)\}$, $\mathcal{F}_3 = \left\{\prod_{i=1}^{n} (a_i, b_i) : a_i < b_i, a_i, b_i \in \mathbb{Q}, i = 1, 2, \cdots, n\right\}$. 证明 $\mathcal{F}_1$, $\mathcal{F}_2$ 和 $\mathcal{F}_3$ 均为 $\mathbb{R}^n$ 自然拓扑 τ 的拓扑基, 从而 $(\mathbb{R}^n, \tau)$ 是第二可数的.

同样的道理, 我们也可以用局部的观点来看这个问题.

定义 1.15 设 (X, τ) 为一拓扑空间, 我们称 V 为 $x \in X$ 的一个**邻域**: 若存在 $U \in \tau$, $x \in U$, 使得 $U \subset V$. 若所有 x 的邻域均可由某含 x 的子集族 $\mathcal{N}$ 生成, 则称 $\mathcal{N}$ 为 τ 的关于 x 的一个**邻域基**. 这是拓扑的一个局部概念. (X, τ) 的每一点均有可数邻域基, 这一性质称作**第一可数**性质.

思考题 度量空间为第一可数.

定义 1.16 设 X 为拓扑空间.

(1) $S \subset X$, 包含 S 的最小闭集称作 S 的**闭包**, 记作 $\overline{S}$ 或 $\mathrm{cl}\, S$.

(2) 含于 S 的最大开集称作 S 的**内部**, 记作 $\overset{\circ}{S}$ 或 $\mathrm{int}\, S$.

(3) $\partial S = \overline{S} \setminus \overset{\circ}{S}$ 称作 S (拓扑意义下) 的**边界**.

以度量空间 (x, d) 为例. 设 $S \subset X$,

$$\overset{\circ}{S} = \{x \in S : 存在 \delta > 0, 使得 B(x, \delta) \subset S\},$$

$$\overline{S} = \{x \in \mathbb{R}^n : 任给 \delta > 0, B(x, \delta) \cap S \neq \varnothing\}.$$

因此 $\overline{S} = S \cup S'$. 不难看出, S 为开集当且仅当 $S = \overset{\circ}{S}$, S 为闭集当且仅当 $S = \overline{S}$.

定义 1.17 设 X 为拓扑空间.

(1) $S \subset X$, 若 $\overline{S} = X$, 则称 S 在 X 中**稠密**.

(2) $S_1 \subset S$, S 为闭集. 若 $\overline{S_1} = S$, 则称 S_1 在 S 中稠密.

(3) 若 $S_1, S_2 \subset X$ 且 $\overline{S_1} = \overline{S_2}$, 则称 S_1 在 S_2 中稠密或称 S_2 在 S_1 中稠密.

(4) 若 X 存在可数的稠密子集, 则称 X 为**可分**.

例 1.23 $\mathbb{R}$ 上的非空开集必可表示成可数个两两互不相交的开区间之并.

证明 设 $G \subset \mathbb{R}$ 为一开集, $x \in G$, 则存在 $y < x < z$ 使得开区间 $(y,x),(x,z) \subset G$. 设

$$a = \inf\{y : (y,x) \subset G\}, \quad b = \sup\{x : (x,z) \subset G\}.$$

显然 $a < b$ 且 a, b 可以分别为 $-\infty, +\infty$, 但若 $G \neq \mathbb{R}$, 则不可能同时有 $a = -\infty, b = +\infty$. 设 $I(x) = (a,b)$, 则 $I(x)$ 为包含 x 的开区间, $I(x) \subset G$, 并且 $b \notin G$. 事实上, 若 $b \in G$, 则存在 $r > 0$ 使得 $(b-r, b+r) \subset G$, 这与 b 的定义矛盾. 类似地 $a \notin G$.

容易验证: 若 $x, y \in G$, $x \neq y$, 则 $I(x) = I(y)$ 或 $I(x) \cap I(y) = \varnothing$. 考虑 $\{I(x)\}_{x \in G}$, 显然 G 为 $I(x)$ 两两互不相交之并. 由例 1.12(2), 其至多可数. $\square$

例 1.24 考虑广义实数集 $[-\infty, +\infty]$ 为实数集添上 $\pm\infty$ 两个元素. $[-\infty, +\infty]$ 继承了 $\mathbb{R}$ 上的序关系, 为一全序集. 此时对任意 $-\infty \leqslant a < b \leqslant +\infty$, 可以定义如下四类区间 $[a,b]$, (a,b), $(a,b]$ 和 $[a,b)$. 引入 $+\infty$ 和 $-\infty$ 的开邻域为 $(a, +\infty]$ 和 $[-\infty, a)$, $a \in \mathbb{R}$. 这些集合与 $\mathbb{R}$ 中开集的全体一起构成一个 $[-\infty, +\infty]$ 上的拓扑. 因此形如 (a,b), $(a, +\infty]$ 和 $[-\infty, b)$ 的集合均为 $[-\infty, +\infty]$ 上的开集, 也均为开区间. 事实上, 关于这个拓扑 $[-\infty, +\infty]$ 为一紧集, 是 $\mathbb{R}$ 的一个紧化. 由例 1.23, $[-\infty, +\infty]$ 上开集的结构为: $[-\infty, +\infty]$ 上的任一开集为至多可数个两两不交开区间之并.

例 1.25 设 $I_n = [0, 1-1/n]$ 为闭集列, 而 $\bigcup_{n=1}^{\infty} I_n = [0,1)$ 非闭集. 类似地, 设 $J_n = (-1/n, 1)$ 为开集列, 而 $\bigcap_{n=1}^{\infty} J_n = [0,1)$ 非开集.

定义 1.18 设 (X, τ) 为拓扑空间.

(1) 子集族 $\{U_\lambda\}_{\lambda \in \Lambda}$ 称作 X 的**开覆盖**: 若任给 $\lambda \in \Lambda$, $U_\lambda \in \tau$, 且 $\bigcup_{\lambda \in \Lambda} U_\lambda = X$.

(2) X 称作**紧集**, 若 X 的任意开覆盖 $\{U_\lambda\}_{\lambda \in \Lambda}$ 存在有限的子覆盖. 换句话说, 存在有限的 $U_{\lambda_1}, U_{\lambda_2}, \cdots, U_{\lambda_N}$ 使得 $\bigcup_{i=1}^{N} U_{\lambda_i} = X$.

(3) 若 X 的每一点局部都存在紧邻域, 则称 X 为**局部紧**.

运用子空间拓扑, 对于子集 $E \subset X$, 若 $\{U_\lambda\}_{\lambda \in \Lambda}$ 为 X 中的开集族, 且

$$E \subset \bigcup_{\lambda \in \Lambda} U_\lambda,$$

则称 $\{U_\lambda\}_{\lambda \in \Lambda}$ 为 E 的开覆盖. 类似地, 若集合 E 任意开覆盖存在有限的子覆盖, 则称

E 为紧集.

对于度量空间, 一个与紧性密切相关的概念是:

定义 1.19 度量空间 (X,d) 称作**完全有界**: 若任给 $\varepsilon > 0$, 存在 X 的有限子集 A 使得

$$d_A(x) = \inf_{y \in A} d(x,y) < \varepsilon, \qquad \forall x \in X.$$

有时 (X,d) 完全有界也称作 X 有**有限 ε-网**①.

定理 1.5 我们有下面关于紧性的刻画:

(1) $\mathbb{R}^n$ 中的点集 E 为紧集当且仅当 E 为有界闭集.

(2) 度量空间 X 为紧当且仅当 X 完备且完全有界.

证明 证明留作习题. □

在分析学中, 除去这里介绍的紧性, 还有很多与紧性相关的概念. 比较常见的如序列紧性, 仿紧性等.

定理 1.6 $\mathbb{R}^n$ 中的点集 E 为紧集当且仅当 E 为闭集且序列紧, 即任给 $\{x_k\}_{k \in \mathbb{N}} \subset E$, 必存在 $\{x_k\}$ 的收敛子列收敛于 E 中点.

定义 1.20 设 X 为拓扑空间.

(1) X 称作 **Hausdorff**: 若对任意 $x_1, x_2 \in X$, $x_1 \neq x_2$, 存在 U_1, U_2 分别为 x_1 和 x_2 的开邻域, 且 $U_1 \cap U_2 = \varnothing$.

(2) X 称作**正则**: 若对任意 $x \in X$ 和闭集 $F \subset X$, $x \notin F$, 存在 U_1、U_2 分别为 x 和 F 的开邻域, 且 $U_1 \cap U_2 = \varnothing$.

(3) X 称作**正规**: 若对任意闭集 $F_1 \subset X$ 和 $F_2 \subset X$, $F_1 \cap F_2 = \varnothing$, 存在 U_1、U_2 分别为 F_1 和 F_2 的开邻域, 且 $U_1 \cap U_2 = \varnothing$.

(4) X 称作**完全正则**: 若对任意 $x \in X$ 和闭集 $F \subset X$, $x \notin F$, 存在连续函数 $f: X \to [0,1]$ 使得 $f(x) = 0$ 且 $f|_F = 1$.

在拓扑学中, 上述定义中的拓扑性质是所谓分离公理. 因为 Hausdorff 蕴涵了单点集为闭集这一结论②, 因此正规强于正则, 正则强于 Hausdorff. 这三者有时也分别称作 T_4、T_3 和 T_2 分离公理. 关于完全正则 (或 $T_{3\frac{1}{2}}$) 分离公理相关的 Urysohn 引理我们将在后面对于度量空间进行讨论. 一般拓扑空间 X, Urysohn 引理表明, 若 X 为 Hausdorff, 则正规等价于完全正则[16,Theorem 4.1].

我们知道 Euclid 空间 $\mathbb{R}^n$ 或者一般的有限维光滑流形都是局部紧 Hausdorff 空间. 一般度量空间都是 Hausdorff 的. 但是在泛函分析中, Riesz 定理说明一个赋范线性空间为局部紧当且仅当它是有限维.

---

① 有限 ε-网是指对于度量空间 X 中某有限子集 A, 以 A 中元素为中心的 ε-球覆盖了 X.

② 单点集为闭集这一结论实际上比 Hausdorff 性质要弱. 拓扑学上前者等价于所谓 T_1 分离公理.

1. 连续性

定义 1.21　设 (X, τ_X), (Y, τ_Y) 为拓扑空间.

(1) 映射 $f : X \to Y$ 称作**连续**: 若任给 $U \in \tau_Y$, $f^{-1}(U) \in \tau_X$. 简单地说, 开集的原像是开集.

(2) 映射 $f : X \to Y$ 称作**在 $x \in X$ 处连续**: 若任给 $f(x)$ 的邻域 $U \subset Y$, $f^{-1}(U)$ 为 x 的邻域. 简单地说, 邻域的原像是邻域.

我们比较一下这里引入的概念与数学分析中相应概念之间的联系:

(1) 不难看出, 映射 $f : X \to Y$ 连续当且仅当 $f : X \to Y$ 在每一点 $x \in X$ 处连续.

(2) 若 (X, d_X) 和 (Y, d_Y) 为度量空间, 映射 $f : X \to Y$ 在 $x \in X$ 处连续当且仅当任给 $\varepsilon > 0$, 存在 $\delta > 0$, 使得若 $y \in B_X(x, \delta)$ 则 $f(y) \in B_Y(f(x), \varepsilon)$ (这种表述称作 ε-δ 语言). 事实上, 若 ε-δ 语言成立, 任给 $f(x)$ 的邻域 $U \subset Y$, 存在 $B_Y(f(x), \varepsilon) \subset U$, 从而 $f(B_X(x, \delta)) \subset B_Y(f(x), \varepsilon)$. 因此 $B_X(x, \delta) \subset f^{-1}(B_Y(f(x), \varepsilon)) \subset f^{-1}(U)$, 这说明 $f^{-1}(U)$ 为 x 的邻域. 相反的方向是平凡的.

(3) 若 (X, d) 为度量空间, $f : X \to \mathbb{R}$, 则 f 连续当且仅当任给 $a < b$, $f^{-1}((a, b))$ 是开集. 事实上, 任给 $G \subset \mathbb{R}$ 为非空开集, 则存在两两不交的至多可数的开区间列 $\{(a_k, b_k)\}$, 使得 $G = \bigcup\limits_{k}(a_k, b_k)$. 我们的结论由关系 $f^{-1}\left(\bigcup\limits_{k}(a_k, b_k)\right) = \bigcup\limits_{k} f^{-1}((a_k, b_k))$ 得到. 若 $f : X \to [-\infty, +\infty]$, 上面的讨论需要包括形如 $[-\infty, a)$、$(a, +\infty]$ 和 (a, b) 的区间.

(4) 下面利用序列的刻画也十分有用. 若 (X, d) 为度量空间, $f : X \to \mathbb{R}$, 则 f 在 $x \in X$ 处连续当且仅当任给 $x_k \to x$, $f(x_k) \to f(x)$ $(k \to \infty)$. 需要指出的是, 如果拓扑空间 X 不是第一可数的, 后者仅是前者的必要条件但未必充分.

(5) 若 (X, d) 为度量空间, $f : X \to \mathbb{R}$, 则 f 由其在任意稠密子集 S 上的值决定. 事实上, 若 $x \notin S$, 则由连续性 $f(x) = \lim\limits_{k \to \infty} f(x_k)$, 其中 $\{x_k\} \subset S$ 且 $\lim\limits_{k \to \infty} x_k = x$.

思考题　若 (X, d) 为度量空间, $f : X \to \mathbb{R}$ 或 $[-\infty, +\infty]$, 证明 f 在 $x \in X$ 处连续当且仅当任给 $x_k \to x$, $f(x_k) \to f(x)$ $(k \to \infty)$.

对于实函数, 另一个十分重要的概念是函数的半连续性.

定义 1.22　设 (X, d) 为度量空间, $f : X \to [-\infty, +\infty]$, $x \in X$.

(1) f 称作**上半连续**: 若任给 $a \in \mathbb{R}$, $f^{-1}([-\infty, a))$ 为 X 中开集. f 称作**下半连续**: 若任给 $a \in \mathbb{R}$, $f^{-1}((a, +\infty])$ 为 X 中开集.

(2) f 称作**在 $x \in X$ 处上半连续**: 任给 $a \in \mathbb{R}$, 若 $f^{-1}([-\infty, a))$ 包含 x 则其包含 x 的一个邻域. f 称作**在 $x \in X$ 处下半连续**: 任给 $a \in \mathbb{R}$, 若 $f^{-1}((a, +\infty])$ 包含 x 则其包含 x 的一个邻域.

注 1.7　　定义 1.22 中实际上蕴涵了当 $f(x) = \pm\infty$ 时半连续性的刻画. 以下半连续为例: 若 $f(x) = -\infty$, 则任给 $a \in \mathbb{R}$, $x \notin f^{-1}((a, +\infty])$, 此时 f 在 x 处下半连续; 若 $f(x) = +\infty$, 则任给 $a \in \mathbb{R}$, $x \in f^{-1}((a, +\infty])$ 且存在 $\delta > 0$ 使得 $B(x, \delta) \subset f^{-1}((a, +\infty])$, 这表明 f 在 x 处下半连续当且仅当 $\lim\limits_{y \to x} f(x) = +\infty$.

我们罗列一些半连续函数的基本性质.

定理 1.7　　设 (X, d) 为度量空间, $f, g, f_\lambda : X \to [-\infty, +\infty]$, λ 属于任意指标集 Λ.

(1) f (在一点 x 处) 下半连续当且仅当 $-f$ (在一点 x 处) 上半连续;

(2) f 下半连续当且仅当 f 在每一点 $x \in X$ 处下半连续;

(3) 若 f 在 $x \in X$ 处既为下半连续亦为上半连续, 则 f 在 x 处连续;

(4) $\{f_\lambda\}$ 均下半连续, 则 $\sup\limits_\lambda f_\lambda$ 亦下半连续;

(5) 下半连续函数的有限代数和亦为下半连续;

(6) 若 $F, U \subset X$, F 为闭集, U 为开集, 则 $\mathbf{1}_U$ 为下半连续, $\mathbf{1}_F$ 为上半连续.

证明　　(1) 由定义直接得到. 假设在每一点 $x \in X$ 处下半连续, 任给 $a \in \mathbb{R}$, 则对任何 $x \in f^{-1}((a, +\infty])$, 存在 $B(x, \delta) \subset f^{-1}((a, +\infty])$, 故 $f^{-1}((a, +\infty])$ 为开集. 这就证明了 (2). 若 f 在 $x \in X$ 处既为下半连续亦为上半连续, 则任给 $a < b \in \mathbb{R}$, 对 $x \in f^{-1}((a, b)) = f^{-1}((a, +\infty]) \cap f^{-1}([-\infty, b))$, 则存在 $B(x, \delta_1) \subset f^{-1}((a, +\infty])$ 和 $B(x, \delta_2) \subset f^{-1}([-\infty, b))$. 令 $\delta = \min\{\delta_1, \delta_2\} > 0$, 则 $B(x, \delta) \subset f^{-1}((a, b))$. 一般情形由 f^{-1} 对并的运算保持性质得到. 最后, 由注 1.7 和 (1), 当 $f(x) = \pm\infty$ 时 f 在 x 处连续, 这就证明了 (3). 结论 (4) 由关系

$$\{\sup_\lambda f_\lambda > a\} = \bigcup_\lambda \{f_\lambda > a\}$$

得到. 现在, 假设 f, g 下半连续, 则由恒等式

$$\{f + g > a\} = \bigcup_{a_1 + a_2 = a} (\{f > a_1\} \cap \{g > a_2\})$$

直接得到结论 (5). 结论 (6) 由定义即可得到. $\qquad\square$

思考题　　证明 $f : \mathbb{R}^n \to \mathbb{R}$ 下半连续当且仅当 f 的上图 $E(f) = \{(x, y) \in \mathbb{R}^n \times \mathbb{R} : y \geq f(x)\}$ 为闭集.

思考题　　证明 $E \subset \mathbb{R}^n$ 为开集当且仅当 $\mathbf{1}_E$ 下半连续.

在 Darboux-Riemann 积分等很多应用中, 需要知道一个实函数上方最小的上半连续函数和下方最大的下半连续函数. 为此需要引入上下半连续包函数的概念.

定义 1.23　设 (X,d) 为度量空间，$f: X \to [-\infty, +\infty]$. 定义

$$\liminf_{y \to x} f(y) = \sup_{\delta > 0} \inf_{y \in B(x,\delta)} f(y), \quad \limsup_{y \to x} f(y) = \inf_{\delta > 0} \sup_{y \in B(x,\delta)} f(y).$$

$\underline{f} = \liminf\limits_{y \to x} f$ 和 $\overline{f} = \limsup\limits_{y \to x} f$ 分别称作 f 的**下半连续包**和**上半连续包**.

下面是上下连续包函数的一些基本性质.

定理 1.8　设 (X,d) 为度量空间，$f, g: X \to [-\infty, +\infty]$，则

(1) $\underline{f} \leqslant f \leqslant \overline{f}$，$\underline{f}$ 下半连续，$\overline{f}$ 上半连续；

(2) f 在 $x \in X$ 处下半连续当且仅当 $\underline{f}(x) \geqslant f(x)$；

(3) 若 g 下半连续且 $g \leqslant f$，则 $g \leqslant \underline{f}$.

证明　(1) 的第一个结论直接由定义得到. 下面证明 $\underline{f}$ 下半连续. 设 $\phi(\delta, x) = \inf\limits_{B(x,\delta)} f(y)$，则 $\underline{f}(x) = \sup\limits_{\delta > 0} \phi(\delta, x)$. 任给 $a \in \mathbb{R}$，不失一般性，假设 $E_a = \{\underline{f} > a\}$ 非空. 任给 $x_0 \in E_a$，则存在 $\delta > 0$ 使得 $\phi(\delta, x_0) > a$，从而对 $x \in B(x_0, \delta)$，$f(x) > a$. 任给 $x \in B(x_0, \delta/2)$，因为 $B(x, \delta/2) \subset B(x_0, \delta)$，故 $\phi(x, \delta/2) > a$. 这表明 $\underline{f}(x) > a$，所以 $B(x_0, \delta/2) \subset E_a$，$E_a$ 为开集. 这就证明了 $\underline{f}$ 下半连续. $\overline{f}$ 的情形类似可证.

由 (1) 和 (2) 仅需证明若 f 在 $x \in X$ 处下半连续，则 $\underline{f}(x) \geqslant f(x)$. 假设 $a \in \mathbb{R}$ 使得 $f(x) > a$，即 $x \in E_a$，则存在 $B(x, \delta) \subset E_a$. 因此 $\phi(x, \delta) \geqslant a$，从而 $\underline{f}(x) \geqslant a$，这表明 $\underline{f}(x) \geqslant f(x)$.

若 g 下半连续且 $g \leqslant f$，由 (1) 和 (2)，$g = \underline{g} \leqslant \underline{f} \leqslant f$. 这证明了 (3). □

上面定理 1.8(2) 另一种常见表述是：设 (X,d) 为度量空间，$f: X \to \mathbb{R}$ 为下半连续当且仅当任给 $x \in X$ 以及序列 $\{x_k\}$，$\lim\limits_{k \to \infty} x_k = x$，

$$\liminf_{k \to \infty} f(x_k) \geqslant f(x).$$

下面的定理是变分法与最优控制以及其他各种类型优化问题中极小元存在的理论基础. 其实在很多实际应用中，并不限于度量拓扑下的下半连续性.

定理 1.9　下半连续函数在紧集上取得最小值.

证明　设 $K \subset X$ 为一紧集. 由注 1.7 和定理 1.7(1)，不失一般性，假设 $f(x) > -\infty$，$x \in K$ 且 f 在 K 上不恒为 $+\infty$. 由 f 的下半连续性，$K \subset \bigcup\limits_{a \in \mathbb{R}} \{f > a\}$ 为一开覆盖，故存在 $a_1, a_2, \cdots, a_N$ 使得 $K \subset \bigcup\limits_{i=1}^{N} \{f > a_i\}$. 取 $a_0 = \min\{a_1, a_2, \cdots, a_N\}$，则 $K \subset \{f > a_0\}$. 因此 $\inf\limits_{x \in K} f(x) \geqslant a_0 > -\infty$. 设存在 $\{x_k\} \subset K$ 为极小序列，即 $\lim\limits_{k \to \infty} f(x_k) = \inf\limits_{x \in K} f(x)$. 由 K 的紧性，假设 $\lim\limits_{k \to \infty} x_k = z \in K$. 则

$$\inf_{x \in K} f(x) = \lim_{k \to \infty} f(x_k) = \liminf_{k \to \infty} f(x_k) \geqslant \underline{f}(z) \geqslant f(z) \geqslant \inf_{x \in K} f(x),$$

因此 f 在 $z \in K$ 处取得最小值. □

2. Urysohn 引理

在度量空间中, 一些深刻的拓扑学结论会变得易于处理, 技术上通常依赖所谓距离函数.

定义 1.24　设 (X,d) 为度量空间, $S \subset X$, 关于 S 的**距离函数**为

$$d_S(x) = \inf\{d(x,y) : y \in S\}, \qquad x \in X.$$

命题 1.7　设 (X,d) 为度量空间, $S \subset X$, 则

(1) $x \in \overline{S}$ 当且仅当 $d_S(x) = 0$;

(2) 函数 d_S 为 Lipschitz 常数为 1 的 Lipschitz 函数.

证明　若 $x \in \overline{S}$, 则存在 S 中序列 $\{x_n\}$ 收敛于 x. 故 $d_S(x) \leqslant \lim\limits_{n\to\infty} d(x_n, x) = 0$. 反之, 若 $d_S(x) = 0$, 则存在序列 $\{x_n\} \subset S$, 使得 $\lim\limits_{n\to\infty} d(x_n, x) = 0$, 这说明 $x \in \overline{S}$. 这证明了 (1).

为证明 (2), 只需证明

$$d_S(x) - d_S(y) \leqslant d(x,y), \qquad \forall x, y \in X.$$

设 $x, y \in X$, 任给 $\varepsilon > 0$, 存在 y_ε 使得 $d(y, y_\varepsilon) < d_S(y) + \varepsilon$. 故

$$d_S(x) - d_S(y) \leqslant d(x, y_\varepsilon) - d(y, y_\varepsilon) + \varepsilon \leqslant d(x,y) + \varepsilon.$$

由 ε 的任意性, 得证. □

注 1.8　若 X 为 Euclid 空间, $S \subset \mathbb{R}^n$ 为闭集, 则 d_S 为 Hamilton-Jacobi 方程

$$\begin{cases} |Dd_S(x)| = 1, & x \in \mathbb{R}^n \setminus S, \\ d_S(x) = 0, & x \in S \end{cases}$$

的一种弱解, 称作**粘性解**. 这是偏微分方程 20 世纪 80 年代发展起来的重要理论, 与变分法最优控制、最优运输等学科具有密切联系.

定理 1.10 (Urysohn 引理)　设 (X,d) 为度量空间, A, B 为 X 的闭子集且 $A \cap B = \varnothing$. 则存在连续函数 $f : X \to [0,1]$ 使得 $f|_A \equiv 0$, $f|_B \equiv 1$.

证明　函数

$$f(x) = \frac{d_A(x)}{d_A(x) + d_B(x)}, \qquad x \in X$$

为满足要求的连续函数. □

我们可以利用 Urysohn 引理证明一些基本的拓扑学结论.

思考题　(Tietze) 设 (X,d) 为度量空间, $Y \subset X$ 为闭子集, $f: Y \to \mathbb{R}$ 连续, 证明存在 f 从 Y 到 X 的连续扩张.

思考题　(单位分解) 设 K 为度量空间 X 的紧子集, $U_1, U_2, \cdots, U_n$ 为 K 的开覆盖, 则存在具有紧支集的连续函数 $\varphi_1, \varphi_2, \cdots, \varphi_n$ 使得

$$0 \leqslant \varphi_k \leqslant 1, \qquad \operatorname{supp}(\varphi_k) \subset U_k, \qquad k = 1, 2, \cdots, n,$$

$$\sum_{k=1}^{n} \varphi_k(x) = 1, \qquad x \in K.$$

Urysohn 引理将在本书中扮演重要角色. 我们来看看 Urysohn 引理告诉了哪些信息? 为表述简单, 引入一些记号. 设 $F \subset U$, 其中 F 为闭集, U 为开集, f 为 X 上的连续实函数.

(1) 记 $f \prec U$, 称作 f **从属于** U, 若 f 的**支集**

$$\operatorname{supp}(f) = \overline{\{x \in X : f(x) \neq 0\}} \subset U.$$

(2) 记 $F \prec f$, 称作 F **从属于** f, 若 $0 \leqslant f \leqslant 1$ 且 $f|_F = 1$.

因此 Urysohn 引理实际上是说: 若 X 为度量空间, A, B 为 X 的闭子集且 $A \cap B = \varnothing$, 则存在 X 上的连续函数 f 使得 $B \prec f \prec X \setminus A$.

若 $F \subset U$, F 为闭集, U 为开集, 则有 $\mathbf{1}_F \leqslant \mathbf{1}_U$. 由 Urysohn 引理, 存在 X 上的连续函数 f, 使得

$$\mathbf{1}_F \leqslant f \leqslant \mathbf{1}_U.$$

注意, 函数 $\mathbf{1}_F$ 为上半连续, 而 $\mathbf{1}_U$ 为下半连续. 上述结果实际上是说: 对于上 (下) 半连续函数 $\mathbf{1}_F$ ($\mathbf{1}_U$), 存在单调递减 (递增) 连续函数序列收敛于 $\mathbf{1}_F$ ($\mathbf{1}_U$). 我们也可以理解为: 上半连续函数 $\mathbf{1}_F$ 和下半连续函数 $\mathbf{1}_U$ 存在一个连续的插值函数. 上述结论对于一般的半连续函数也是正确的 (参见本章末习题).

在本书中, 对于具有正则性的测度, 一个可测集 E 可以用一个闭紧或紧集 F 从内部逼近, 一个开集 U 从外部逼近, 即

$$F \subset E \subset U.$$

因此由 Urysohn 引理, 存在连续函数 f, 使得 $F \prec f \prec U$. 我们感兴趣的是特征函数 $\mathbf{1}_E$ 与 f 的误差比较. 它们积分意义下的误差跟集合 $U \setminus F$ 的大小有关. 相关的内容可参见后面 Luzin 定理以及 Vitali-Carathéodory 定理.

需要指出, 如果去掉度量空间的假设, 分析学里另一种常见形式的 Urysohn 引理有以下形式 (证明参见文献 [40] 第 39 页).

定理 1.11 (Urysohn 引理 (局部紧 Hausdorff 空间))　　设 X 为局部紧 Hausdorff 空间, $K \subset V \subset X$, K 为紧集, V 为开集. 则存在具有紧支集的连续函数 $f : X \to [0,1]$ 使得 $K \prec f \prec V$.

1.2.3　Baire 纲・Cantor 集・Lebesgue-Cantor 函数

1. Baire 纲与 Baire 定理

定义 1.25　　假设 (X, τ) 为拓扑空间.

(1) $E \subset X$ 称作**无处稠密**: 若 $\overline{E}^c$ 为 X 的开、稠密子集 (简称开稠集);

(2) $E \subset X$ 称作 (Baire 意义下) **第一纲集**: 若 E 可以表示为可数无处稠密集之并;

(3) $E \subset X$ 称作**第二纲集**: 若 E 非第一纲集;

(4) $E \subset X$ 称作**剩余集**: 若 E 包含稠密 G_δ-集.

定理 1.12 (Baire)　　设 (X, d) 为完备度量空间, 则 X 的任意可数开稠子集之交在 X 中稠密.

证明　　设 $\{V_n\}$ 为 X 中一列开稠子集, 记 $V = \bigcap_n V_n$. 只需证明: 任给开集 W, $W \cap V \neq \varnothing$. 我们将采用归纳法.

V_1 为开稠集, 故存在 $x_1 \in X$, $r_1 \in (0,1)$ 使得 $\overline{B}(x_1, r_1) \subset W \cap V_1$. 若对 $n \geqslant 2$, $x_{n-1} \in X$, $r_{n-1} \in \left(0, \dfrac{1}{n-1}\right)$ 已经选好. 因为 V_n 为开稠集, 故 $V_n \cap B(x_{n-1}, r_{n-1}) \neq \varnothing$. 从而存在 $x_n \in X$, $r_1 > 0$ 使得

$$\overline{B}(x_n, r_n) \subset V_n \cap B(x_{n-1}, r_{n-1}), \qquad 0 < r_n < \frac{1}{n}.$$

对序列 $\{x_n\}$, 若 $i, j > n$, 则 $x_i, x_j \in B(x_n, r_n)$, 故 $d(x_i, x_j) \leqslant 2r_n < \dfrac{2}{n}$. 这表明 $\{x_n\}$ 为 X 中 Cauchy 序列. 由 X 的完备性, 存在 $x = \lim\limits_{n \to \infty} x_n \in X$, 显然 $x \in W \cap (\cap V_n)$.　□

推论 1.13　　设 (X, d) 为完备度量空间, $\{E_n\}_{n \in \mathbb{N}}$ 为一列无处稠密, 则集合

$$E = \bigcup_{n=1}^{\infty} \overline{E}_n$$

内部空.

证明　　易见 $E^c = \bigcap\limits_{n=1}^{\infty} \overline{E}_n^c$ 为可数开稠集之交, 从而为稠密子集, 故 E 内部为空.　□

推论 1.13 的另一常见形式是: 设 (X, d) 为完备度量空间, 且 $X = \bigcup\limits_{n=1}^{\infty} \overline{E}_n$, 则必存在 $n_0 \in \mathbb{N}$ 使得 $\mathrm{int}\, \overline{E}_{n_0}$ 非空.

例 1.26 设 $\{f_k\}$ 为 $\mathbb{R}^n$ 上连续实函数序列, $\lim\limits_{k\to\infty} f_k(x)$ 处处存在. 设

$$f(x) = \lim_{k\to\infty} f_k(x), \qquad \forall x \in \mathbb{R}^n.$$

则 f 的不连续点集为第一纲集[①].

证明 设 ω_f 为 f 的振幅函数. 只需证明: 任给 $\varepsilon > 0$, 集合

$$F = \{x : \omega_f(x) \geqslant 5\varepsilon\}$$

无处稠密. 注意到, 由习题 4, F 为闭集. 事实上, 定义

$$E_n = \bigcap_{i,j \geqslant n} \{x : |f_i(x) - f_j(x)| \leqslant \varepsilon\}, \qquad n \in \mathbb{N}.$$

则每一 E_n 均为闭集, $\{E_n\}$ 单调递增且 $\mathbb{R}^n = \bigcup\limits_{n\geqslant 1} E_n$. 对任意闭球 S, $S = \bigcup\limits_{n\geqslant 1} (E_n \cap S)$. 从而由 Baire 定理, 对某 $n \in \mathbb{N}$, $E_n \cap S$ 包含某开集 U, 也就是说

$$|f_i(x) - f_j(x)| \leqslant \varepsilon, \qquad \forall x \in U, \quad i,j \geqslant n.$$

取 $j = n$ 并令 $i \to \infty$, 则

$$|f(x) - f_n(x)| \leqslant \varepsilon, \qquad \forall x \in U.$$

由 f_n 的连续性, 任给 $z \in U$, 存在开球 $B(z) \subset U$, 使得

$$|f_n(x) - f_n(z)| \leqslant \varepsilon, \qquad \forall x \in B(z).$$

上面两个式子表明

$$|f(x) - f_n(z)| \leqslant 2\varepsilon, \qquad \forall x \in B(z).$$

从而 $\omega_f(z) \leqslant 4\varepsilon$. 这表明对任意闭球 S, 存在开集 U 使得 $U \subset S \cap F^c$. 这说明 F^c 为开稠集. □

思考题 设 f 为 $\mathbb{R}$ 上的实函数, 证明 f 的不连续点集为第一纲集当且仅当 f 在 $\mathbb{R}$ 的某稠密子集上连续.

思考题 设 f 为 $[0,1]$ 上处处可微的实函数 (左、右端点处右、左导数分别存在), 试给出导函数 f' 不连续点集拓扑的刻画.

[①] 一个函数 $f : \mathbb{R}^n \to \mathbb{R}$ 称作 **Baire 函数**, 是指 f 为连续函数的点态收敛的极限.

注 1.9 在数学的一些分支中, 会遇到以下类型的问题: 一个命题 $P(f)$ 依赖的函数 f 属于某个函数空间, 但命题 $P(f)$ 仅对某些**典型**情形成立. 那么如何刻画所谓典型的概念呢? 如果这里的函数 f 仅仅依赖于有限个参数, 此时需要处理的只是一个特定基底的有限维函数空间. 这时候比较有效的方法是对这些参数引入**测度**, 理想的典型情形就是对于一个全测参数集上的函数 f, 命题 $P(f)$ 成立. 很不幸, 这种思路对于无穷维的参数空间是行不通的. 所以一般会这样使用下面拓扑意义下的描述: 若该命题对于某个特定函数空间剩余集上的 f 成立, 则称命题 $P(f)$ 在**通有**情形成立. 历史上第一个这种类型的命题是下面思考题中 Banach 关于处处不可微连续函数类的刻画.

思考题 对 $[0,1]$ 上所有连续实函数全体组成的线性空间 $C([0,1])$, 赋予范数

$$\|f\| = \max_{x \in [0,1]} |f(x)|.$$

证明, 所有 $[0,1]$ 上连续但处处不可微函数构成 $C([0,1])$ 中的剩余集.

思考题 设 (X,d) 为一完备度量空间且无孤立点, 则 X 中任意稠密 G_δ 集必不可数.

2. Cantor 集与 Lebesgue-Cantor 函数

我们来构造 $[0,1]$ 上的标准 Cantor 三分集. 如图 1.1, 在 $[0,1]$ 上挖去中间的一个开区间 $J_{\frac{1}{2}} = \left(\frac{1}{3}, \frac{2}{3}\right)$, 得到两个闭区间 $\left[0, \frac{1}{3}\right]$ 和 $\left[\frac{2}{3}, 1\right]$. 对这两个闭区间 $\left[0, \frac{1}{3}\right]$ 和 $\left[\frac{2}{3}, 1\right]$ 类似地挖去中间的两个开区间 $J_{\frac{1}{4}} = \left(\frac{1}{9}, \frac{2}{9}\right)$ 和 $J_{\frac{3}{4}} = \left(\frac{7}{9}, \frac{8}{9}\right)$, 余下四个闭区间: $\left[0, \frac{1}{9}\right]$, $\left[\frac{2}{9}, \frac{1}{3}\right]$, $\left[\frac{2}{3}, \frac{7}{9}\right]$ 和 $\left[\frac{8}{9}, 1\right]$. 以此类推, 得到一个集合

$$C = [0,1] \setminus \bigcup_{r \in \mathbb{D}} J_r, \tag{1.6}$$

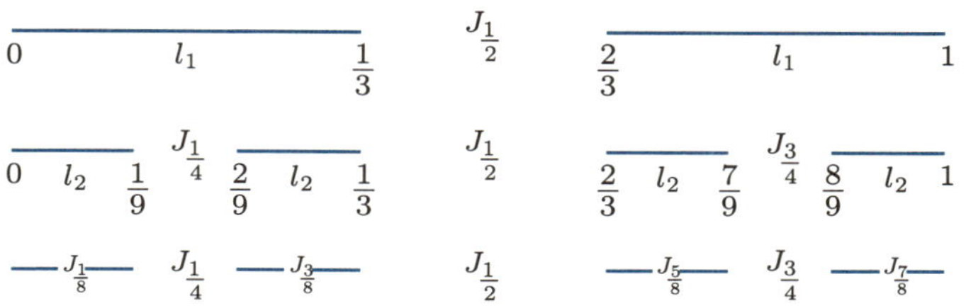

图 1.1 标准 Cantor 三分集的构造

其中 $\mathbb{D}$ 为 $[0,1]$ 上二进有理数的集合

$$\mathbb{D} = \left\{ \frac{m}{2^k} : m, k \in \mathbb{N}, 1 \leqslant m \leqslant 2^k \right\}.$$

为方便, 约定 $J_0 = (-\infty, 0)$, $J_1 = (1, +\infty)$ 以及 $l_0 = 1$.

定义 1.26 式 (1.6) 中定义的集合 $C \subset [0,1]$ 称作 (标准) **Cantor 三分集**.

我们再来看 Cantor 集较为一般的构造, 这将方便后面对于 Cantor 集以及 Lebesgue-Cantor 函数的分析. 仿照上面的构造, 我们得到一个可数的开区间族 $\{J_r\}_{r \in \mathbb{D}}$. 设第 k 步挖去开区间得到 2^k 个闭区间的长度相同, 均为 l_k. 则序列 $\{l_k\}$ 必须满足:

$$1 = l_0 > 2l_1 > 4l_2 > \cdots > 2^k l_k > \cdots.$$

在标准 Cantor 三分集中, $l_k = 3^{-k}$. 直观上, 如果用记号 $m(C)$ 表示 Cantor 集 C 的大小, 显然有

$$m(C) = \lim_{k \to \infty} 2^k l_k.$$

我们把这种更一般构造得到的集合也称作 **Cantor 集**. 下面讨论 Cantor 集 $C \subset [0,1]$ 的基本性质.

(1) C 为紧集. 因为构造中每一区间 J_r 均为开集, 故 C 为闭集. 显然 C 有界, 故为紧集.

(2) C 不可数. 我们先就标准 Cantor 集来说明这一点. 事实上, 任意 $x \in [0,1]$ 均有如下表示:

$$x = \sum_{k=1}^{\infty} \frac{\alpha_k}{3^k}, \qquad \alpha_k = 0, 1, 2.$$

上述表示不是唯一的. $x \in C$ 当且仅当上述表示中 α_k 仅出现 0 或 2 (参见例 1.27), 从而可以建立 $x = \sum \frac{\alpha_k}{3^k} \in C$ 到 $y = \sum \frac{0.5\alpha_k}{2^k} \in [0,1]$ 的一个满射. 后面将给出另一个证明, 适用于一般的 Cantor 集.

(3) C 无处稠密且**完全不连通**[①]. 否则, $\mathrm{int}\, C$ 非空从而必包含一区间 J. 但根据构造, 对任意 k, 在第 k 步, C 必包含于某长度为 l_k 的闭区间, 这与 J 长度为正矛盾.

(4) $C = C'$. 由本章习题 6.

(5) 标准 Cantor 集 C 为零测集, 但存在正测 Cantor 集. 对标准 Cantor 集, $m(C) = \lim_{k \to \infty} 2^k 3^{-k} = 0$. 但是, 对任意 $\theta \in [0,1)$ 适当地选取构造过程中开区间列 $\{J_r\}_{r \in \mathbb{D}}$ 的大小, 可以构造出 Cantor 集 C 使得 $m(C) = \theta$.

例 1.27 任意 $x \in [0,1]$ 均有如下表示:

$$x = \sum_{k=1}^{\infty} \frac{\alpha_k}{3^k}, \qquad \alpha_k = 0, 1, 2. \tag{1.7}$$

---

① 完全不连通空间是没有非平凡连通子集的拓扑空间. 在所有拓扑空间中空集和单点集合是连通的, 而在完全不连通空间中它们是仅有的连通子集.

这个表示并不是唯一的, 如 $\frac{1}{3} = 0.1000\cdots = 0.0222\cdots$. 我们记 $\Sigma_n = \{0,1\}^n$, 则对任意 $\{w_1, w_2, \cdots, w_n\} \in \Sigma_n$, 其对应一个非退化闭区间

$$I_{w_1, w_2, \cdots, w_n} = [0.\eta_1 \cdots \eta_n 000\cdots, 0.\eta_1 \cdots \eta_n 222\cdots],$$

其中 $\eta_i = 2w_i$, $i = 1, 2, \cdots, n$. 注意到, 对于固定的 n, 这些 $\{I_{w_1, w_2, \cdots, w_n}\}$ 恰为 Cantor 集构造第 n 步余下的闭区间. 对任意 $\{w_1, w_2, \cdots, w_n\} \in \Sigma_n$, 集合 $C \cap I_{w_1, w_2, \cdots, w_n}$ 中点的小数表示到第 n 位的截断恰为 $0.\eta_1 \cdots \eta_n$. 故 $x \in C$ 当且仅当式 (1.7) 中 α_k 不出现 1.

我们观察到 Cantor 集构造中产生的开区间集 $\{J_r\}_{r \in \mathbb{D}}$ 可以赋予一个十分自然的序:

$$r < r' \quad \Leftrightarrow \quad J_r \text{ 在 } J_{r'} \text{ 左边}.$$

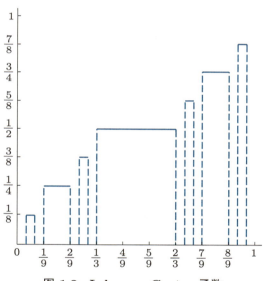

图 1.2 **Lebesgue-Cantor 函数**

我们将构造所谓关于 Cantor 集 C 的 Lebesgue-Cantor 函数 $f : [0,1] \to \mathbb{R}$, 如图 1.2 所示. 首先给出 f 在集合 $\cup J_r$ 上的定义:

$$f(x) = r, \qquad x \in J_r,\ r \in \mathbb{D} \setminus (\{0\} \cup \{1\}).$$

已知 $\cup J_r$ 在 $[0,1]$ 中稠密. 由下面的思考题, 只需证明 f 在 $\cup J_r$ 上一致连续, 那么 f 存在从 $\cup J_r$ 到 $[0,1]$ 的 (唯一) 连续扩张.

思考题 设 $E \subset \mathbb{R}^n$, $f : E \to \mathbb{R}$ 一致连续. 证明, 存在 f 从 E 到 $\overline{E}$ 的唯一连续扩张, 即存在唯一的连续函数 $g : \overline{E} \to \mathbb{R}$ 使得 $g|_E = f$.

下面来证明 f 在 $\cup J_r$ 的一致连续性. 先从一个特殊情形来看. 由 Cantor 集的构造, 若 $x \in \cup J_r$ 且 $|x - y| \leqslant l_3$, 则对二进有理数分母不超过 8 的 r, x 和 y 不能属于

两个不同的 J_r, 因此 $|f(x) - f(y)| \leqslant \dfrac{1}{8}$. 上述讨论实际上是一般的. 假设 $x, y \in \cup J_r$,
$|x - y| \leqslant l_k$. 注意 Cantor 集构造过程的一步, 其局部结构如图 1.3 所示.

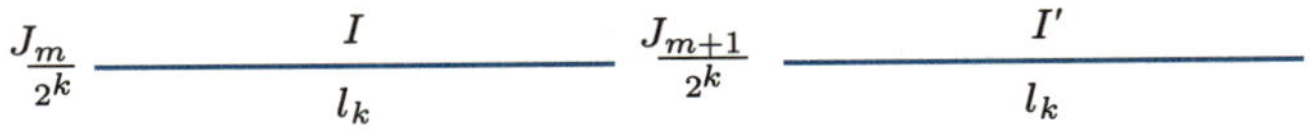

$$\underset{\dfrac{J_m}{2^k}}{\rule{0pt}{0pt}} \quad \overset{I}{\underset{l_k}{\rule{4cm}{0.4pt}}} \quad \underset{\dfrac{J_{m+1}}{2^k}}{\rule{0pt}{0pt}} \quad \overset{I'}{\underset{l_k}{\rule{4cm}{0.4pt}}}$$

图 1.3　Cantor 集构造第 k 步的结构

根据 x, y 的位置, 有以下几种情况:

(1) $x \in I, y \in I$. 此时

$$|f(x) - f(y)| < \frac{m + 1}{2^k} - \frac{m}{2^k} = \frac{1}{2^k}.$$

(2) $x \in I, y \in J_{\frac{m+1}{2^k}}$. 此时

$$|f(x) - f(y)| = \frac{m + 1}{2^k} - f(x) < \frac{m + 1}{2^k} - \frac{m}{2^k} = \frac{1}{2^k}.$$

(3) $x \in I, y \in I'$. 此时

$$|f(x) - f(y)| = f(y) - f(x) < \frac{m + 2}{2^k} - \frac{m}{2^k} = \frac{2}{2^k}.$$

事实上, 由构造中的自相似性, 上面的估计可以改进为

$$|f(x) - f(y)| = f(y) - f(x) < \frac{1}{2^k}.$$

综上, 可得

$$\forall x, y \in \cup J_r, \ |x - y| \leqslant l_k \quad \Longrightarrow \quad |f(x) - f(y)| < \frac{1}{2^k}. \tag{1.8}$$

这就证明了 f 在 $\cup J_r$ 上的一致连续性.

定义 1.27　对于上述构造的 $\cup J_r$ 上的函数 f 在 $[0, 1]$ 上的唯一连续扩张, 仍记作 f, 称作关于 Cantor 集 $[0, 1] \setminus \cup J_r$ 的 **Lebesgue-Cantor 函数**.

> **注 1.10**　进一步分析可以知道, (1.8) 中的一致连续性估计可以改进为 Hölder 估计. 设 $\theta = \log 2 / \log 3$, 对标准 Cantor 三分集相关的 Lebesgue-Cantor 函数 f, 我们有
>
> $$|f(x) - f(y)| \leqslant 2|x - y|^\theta, \qquad x, y \in [0, 1].$$
>
> 事实上, 任给 $x, y \in [0, 1]$, $x \neq y$, 必存在最大的 k 使得 $|x - y| \leqslant 2^{-k}$, 即
>
> $$3^{-(k+1)} < |x - y| \leqslant 3^{-k},$$

或者说

$$-k-1 < \frac{\log|x-y|}{\log 3} \leqslant -k.$$

从而

$$|f(x)-f(y)| \leqslant 2^{-k} < 2^{1+\frac{\log|x-y|}{\log 3}} = 2|x-y|^{\frac{\log 2}{\log 3}}.$$

我们来总结一下 Lebesgue-Cantor 函数的基本性质.

(1) 任给 $r \in \mathbb{D}$, $x \in J_r$, $f(x) = r$;

(2) f 单调递增;

(3) f 连续且满足: $\forall x, y \in [0,1]$, $|x-y| \leqslant l_k \implies |f(x)-f(y)| < \dfrac{1}{2^k}$;

(4) f 为**魔鬼阶梯**, 这是在非线性数学和物理学中常见的现象;

(5) f 几乎建立了 Cantor 集 C 与 $[0,1]$ 的一一对应. 更确切地说: 设 B 为所有 J_r 的左端点, 则 $f: C \setminus B \to [0,1]$ 为双射. 因为 B 可数, 事实上这也证明了 C 不可数.

例 1.28 延续例 1.27 中的记号. 定义函数 $f: C \to [0,1]^2$, 其中 C 为标准 Cantor 三分集. 我们知道 C 中任意元具有小数表示 $0.\eta_1 \cdots \eta_n \cdots$, 其中 $\eta_i = 0$ 或 2. 定义

$$f(0.\eta_1 \cdots \eta_n \cdots) = \left(0.\frac{\eta_1}{2}\frac{\eta_3}{2}\cdots\frac{\eta_{2n-1}}{2}\cdots, 0.\frac{\eta_2}{2}\frac{\eta_4}{2}\cdots\frac{\eta_{2n}}{2}\cdots\right).$$

上式右端为二进制小数展开. 可以证明 $f: C \to [0,1]^2$ 是一个连续的满射, 并且可以扩张成 $f: [0,1] \to [0,1]^2$. 拓扑学上, 这样的曲线称作**填满空间的曲线**, 或 **Peano 曲线**[41].

思考题 标准 Cantor 三分集的 Lebesgue-Cantor 函数满足: $f(1-x)+f(x)=1$.

*3. 连续性模

定义 1.28

(1) 假设 $f: E \subset \mathbb{R}^n \to \mathbb{R}^m$ 为一致连续映射, 则存在函数 $\omega_f: [0,+\infty] \to [0,+\infty]$ 满足 $\lim\limits_{r \to 0^+} \omega_f(r) = 0$, 使得

$$|f(x+h)-f(x)| \leqslant \omega_f(|h|), \qquad x \in E, |h| \ll 1.$$

我们称 ω_f 为一致连续函数 f 的**连续性模**.

(2) $f: E \subset \mathbb{R}^n \to \mathbb{R}^m$ 称作 α-Hölder 连续 $(\alpha \in (0,1])$, 若 f 存在连续性模 $\omega_f(r) = Cr^\alpha$, 其中 $C > 0$ 为常数. 若 $\alpha = 1$, 则称 f 为 Lipschitz 函数.

(3) 设 $\mathscr{F}$ 为一族 $E \subset \mathbb{R}^n$ 到 $\mathbb{R}^m$ 的一致连续函数, 若其中任意函数 $f \in \mathscr{F}$ 存在不依赖于 f 的连续性模 $\omega(r)$, 则称 $\mathscr{F}$ 为**等度连续**.

若 $f: E \to \mathbb{R}$ 一致连续, 则单调递增函数

$$\omega_f(r) = \sup\{|f(x)-f(y)| : |x-y| < r, x, y \in E\}, \qquad r \geqslant 0,$$

给出了 f 的连续性模. 如果进一步假设存在 $a, b > 0$ 使得

$$\omega_f(r) \leqslant ar + b, \qquad r \geqslant 0. \tag{1.9}$$

则可以寻求一个凹的连续性模. 事实上,

$$c_f(r) = \inf\{l(r) : l \text{ 为仿射函数且满足 } l \geqslant \omega_f\}$$

为所求的凹连续性模.

思考题   (Kirzbraun-Pucci 扩张定理) 假设 f 为 $E \subset \mathbb{R}^n$ 上的一致连续实函数, 其连续性模满足条件 (1.9). 证明 f 存在一连续扩张 $\tilde{f} : \mathbb{R}^n \to \mathbb{R}$, 使得 $\tilde{f}$ 和 f 存在相同的凹连续性模 c_f, 并且

$$\sup_{x \in \mathbb{R}^n} \tilde{f}(x) = \sup_{x \in E} f(x), \qquad \inf_{x \in \mathbb{R}^n} \tilde{f}(x) = \inf_{x \in E} f(x).$$

对于 α-Hölder 连续函数和 Lipschitz 函数, 由于连续性模可以选成 Cr^α, 因此 α-Hölder 连续函数和 Lipschitz 函数不仅仅具有连续性这样的拓扑性质, 还有自然的度量性质. 简单来说, 如果 $f : \mathbb{R}^n \to \mathbb{R}^m$ 为 α-Hölder 连续函数, $\mathbb{R}^n$ 中两点 x 与 y 的距离 l, 则 $f(x)$ 和 $f(y)$ 在 $\mathbb{R}^m$ 中距离不超过 Cl^α. 特别地, 当 $f : \mathbb{R}^n \to \mathbb{R}^n$ 为双向 Lipschitz 同胚, 即 f 为一同胚, 且 f 和 f^{-1} 均为 Lipschitz 函数, 则 f 虽然不必为等距映射, 但它的像中两点距离与原像两点距离只相差一定的倍数. 这种性质在后面分析 Lebesgue 测度在 Lipschitz 映射下的变化是重要的. 同样, 对 α-Hölder 连续函数, 如 Lebesgue-Cantor 函数的这种度量性质也与分形几何有着明确联系. 这一点可以参考关于 Hausdorff 测度和 Hausdorff 维数的习题.

如果一族函数 $\mathcal{F}$ 均为 Lipschitz 函数, 并且可以找到共同的 Lipschitz 常数, 则称函数族 $\mathcal{F}$ 为等度 Lipschitz 的. 很容易看出, 等度 Lipschitz 函数族为等度连续的. 等度连续性是刻画连续函数族紧性 (Ascoli-Arzelà 定理) 的关键性质.

1.2.4 σ-代数 · Borel 集

定义 1.29   非空集合 X 的子集族 $\mathfrak{M}$ 称作一个 **σ-代数**, 是指下列条件成立:

(1) $X \in \mathfrak{M}$;

(2) 若 $A \in \mathfrak{M}$, 则 $A^c \in \mathfrak{M}$;

(3) 若 $\{A_k\}_{k \in \mathbb{N}} \subset \mathfrak{M}$, 则 $\bigcup_{k \in \mathbb{N}} A_k \in \mathfrak{M}$.

例 1.29   下面是 σ-代数的一些例子.

(1) 任一非空集合 X 的幂集 $\mathscr{P}(X)$ 为一 σ-代数.

(2) 设 X 为一非空集合, 定义

$$\mathfrak{M} = \{A \subset X : A \text{ 至多可数或 } A^c \text{ 至多可数}\}.$$

则 $\mathfrak{M}$ 为 X 上的 σ-代数. 事实上只需验证定义 1.29 (3). 设 $\{A_k\}_{k\in\mathbb{N}} \subset \mathfrak{M}$, 若每一 A_k 均至多可数, 则 $\bigcup_{k\in\mathbb{N}} A_k$ 至多可数. 若存在 k_0 使得 $A_{k_0}^c$ 至多可数, 则 $\left(\bigcup_{k\in\mathbb{N}} A_k\right)^c = \bigcap_{k\in\mathbb{N}} A_k^c \subset A_{k_0}^c$ 至多可数.

(3) 设 X, Y 为非空集合, $f : X \to Y$, $\mathfrak{M}$ 为 Y 上的 σ-代数. 则

$$f^*\mathfrak{M} = \{f^{-1}(A) : A \in \mathfrak{M}\}$$

定义了 X 上的 σ-代数. 为验证这一点, 仅需运用 f^{-1} 对集合运算的保持性.

思考题 是否存在可数无穷多元素组成的 σ-代数?

命题 1.8 设 X 为非空集合, $\mathfrak{M}$ 为 X 上的 σ-代数, 则

(1) $\varnothing \in \mathfrak{M}$;

(2) 若 $\{A_k\}_{k\in\mathbb{N}} \subset \mathfrak{M}$, 则 $\bigcap_{k\in\mathbb{N}} A_k \in \mathfrak{M}$.

(3) 若 $A_1, A_2, \cdots, A_n \in \mathfrak{M}$, 则 $\bigcap_{k=1}^{n} A_k, \bigcup_{k=1}^{n} A_k \in \mathfrak{M}$;

(4) 若 $A, B \in \mathfrak{M}$, 则 $A \setminus B \in \mathfrak{M}$.

证明 证明留作习题. $\square$

定理 1.14 设 X 为非空集合, I 为任意指标集, 对每一 $i \in I$, $\mathfrak{M}_i$ 均为 X 上的 σ-代数, 则 $\bigcap_{i\in I} \mathfrak{M}_i$ 亦为 X 上的 σ-代数.

由定理 1.14, 对任意 X 的子集族 S, 定义

$$\sigma(S) = \bigcap\{\mathfrak{M} : \mathfrak{M}\text{为包含 } S \text{ 的 } \sigma\text{-代数}\}.$$

因为 $S \subset \mathscr{P}(X)$, 故 $\sigma(S)$ 是有意义的. $\sigma(S)$ 为包含 S 的最小 σ-代数, 我们称 $\sigma(S)$ 为 S 生成的 σ-**代数**.

定义 1.30 设 (X, τ) 为拓扑空间, $\sigma(\tau)$ 为拓扑 τ 生成的 σ-代数, 记作 $\mathscr{B}(X)$. $\mathscr{B}(X)$ 称作拓扑空间 X 上的 **Borel 集类**, $\mathscr{B}(X)$ 中的元称作 **Borel 集**.

对于拓扑空间 (X, τ), 显然所有开集、闭集均为 Borel 集. 除此之外, 最常见的还有两类, X 中开集的可数交和闭集的可数并, 这两类分别称作 G_δ **集**和 F_σ **集**.

例 1.30 有理数集 $\mathbb{Q} \subset \mathbb{R}$ 为 F_σ 集, 但非 G_δ 集.

例 1.31 $f : \mathbb{R}^n \to \mathbb{R}$ 的连续点集为 G_δ 集. 事实上, f 的连续点集

$$\{x : \omega_f(x) = 0\} = \bigcup_{k=1}^{\infty} \left\{x : \omega_f(x) < \frac{1}{k}\right\}.$$

注意到, 振幅函数 ω_f 为上半连续 (参见本章末习题 4).

*Dynkin 系统

为了进一步理解 σ-代数的结构, 我们引入 Dynkin (邓肯) 系统的概念.

定义 1.31　非空集合 X 上的子集族 $\mathscr{D}$ 称作 **Dynkin 系统**, 是指满足

(1) $X \in \mathscr{D}$;

(2) $A \in \mathscr{D}$, 则 $A^c \in \mathscr{D}$;

(3) $\{A_k\}_{k \in \mathbb{N}} \subset \mathscr{D}$ 两两不交, 则 $\bigcup\limits_{k \in \mathbb{N}} A_k \in \mathscr{D}$.

很明显, 任意 σ-代数均为 Dynkin 系统.

例 1.32　假设 X 为一具有偶数 $2n$ 个元素的有限集, 则 X 中所有具有偶数个元素的子集构成的子集族 $\mathscr{D}$ 为一 Dynkin 系统. 若 $n > 1$, 则 $\mathscr{D}$ 不为一集合代数, 从而也不是 σ-代数.

若 $\mathscr{D}$ 为一 Dynkin 系统, 则 $\varnothing \in \mathscr{D}$. 容易看出, (3) 蕴涵了 "$\mathscr{D}$ 中集合有限并封闭". 注意到在 Dynkin 系统的定义中, (2) 与 (3) 表明 "若 $A, B \in \mathscr{D}$ 且 $A \subset B$, 则 $B \setminus A \in \mathscr{D}$". 这是因为 A 与 B^c 不交, 因此 $A \cup B^c \in \mathscr{D}$, 从而 $B \setminus A = B \cap A^c = (A \cup B^c)^c \in \mathscr{D}$.

对于非空集合 X 的子集族 S, 若 S 中单调递增的可数集合列之并以及单调递减集合列之交均为 S 中的集合, 则称 S 为**单调类**. 这说明 Dynkin 系统具有 "单调递增的可数集合列之并封闭" 的性质. 事实上, 若 $\{A_k\} \subset \mathscr{D}$ 单调递增, 定义 $B_1 = A_1$, $B_k = A_k \setminus A_{k-1}$ $(k \geqslant 2)$, 则每一 $B_k \in \mathscr{D}$ 且两两不交. 故由 (3), $\bigcup\limits_{k \in \mathbb{N}} A_k = \bigcup\limits_{k \in \mathbb{N}} B_k \in \mathscr{D}$.
再由 (1) 和 (2), 还表明 "单调递减集合列之交封闭", 可知 Dynkin 系统为单调类.

因此, Dynkin 系统成为 σ-代数需要条件 "$\mathscr{D}$ 中集合有限交封闭".

定理 1.15　X 上的 Dynkin 系统 $\mathscr{D}$ 为 σ-代数, 若 $\mathscr{D}$ 满足条件 "$\mathscr{D}$ 中集合有限交封闭".

证明　首先证明若 $A, B \in \mathscr{D}$, 则 $A \setminus B \in \mathscr{D}$. 事实上, $A \setminus B = A \setminus (A \cap B)$. 由 "$\mathscr{D}$ 中集合有限交封闭" 条件, $A \cap B \in \mathscr{D}$, 从而由上面的注记, $A \setminus B \in \mathscr{D}$. 另外, "$\mathscr{D}$ 中集合有限交封闭" 条件还蕴涵了 "$\mathscr{D}$ 中集合有限并封闭".

下面证明满足 σ-代数定义中的 (3). 假设 $\{A_k\} \subset \mathscr{D}$, 定义

$$B_1 = A_1,$$
$$B_k = A_k \setminus (A_1 \cup \cdots \cup A_{k-1}), \quad k \geqslant 2.$$

则 $\{B_k\} \subset \mathscr{D}$ 且两两不交. 由 Dynkin 系统定义中的 (3), $\cup A_k = \cup B_k \in \mathscr{D}$.　□

类似于 σ-代数的情形, 对于集合 X 的任意子集族 S, 可以定义**包含 S 的最小 Dynkin 系统**如下:

$$\delta(S) = \cap \{\mathscr{D} : \mathscr{D} \text{为包含 } S \text{ 的 Dynkin 系统}\}.$$

集合族 $\delta(S)$ 也称作 X 的子集族 S **生成的 Dynkin 系统**.

定理 1.16 若集合 X 的任意子集族 S 满足有限交封闭则有 $\delta(S) = \sigma(S)$.

证明 由于 σ-代数为 Dynkin 系统, $\sigma(S)$ 为 Dynkin 系统, 故 $\delta(S) \subset \sigma(S)$. 相反, 如果 $\delta(S)$ 为 σ-代数, 则类似可以证明 $\sigma(S) \subset \delta(S)$. 因此, 由定理 1.15, 我们只需验证集合族 $\delta(S)$ 满足有限交封闭的性质.

对任意 $D \in \delta(S)$, 定义

$$\mathscr{D}_D = \{A \subset X : A \cap D \in \delta(S)\}.$$

不难验证 $\mathscr{D}_D$ 为一 Dynkin 系统. 任给 $E \in S$, 由 S 满足有限交封闭的假设, $S \subset \mathscr{D}_E$, 从而 $\delta(S) \subset \mathscr{D}_E$. 因此对任意 $E \in S$ 和 $D \in \delta(S)$, $E \cap D \in \delta(S)$. 这说明 $S \subset \mathscr{D}_D$, 从而对所有 $D \in \delta(S)$ 有 $\delta(S) \subset \mathscr{D}_D$, 即 $\delta(S)$ 满足有限交封闭的性质. $\qquad\square$

习题

1. (Baire-Hahn 逼近和插值定理) 我们先从稍微简单的结论出发.

(1) 设 (X, d) 为度量空间, $f : X \to [-\infty, +\infty]$ 下半连续、下有界且 $f \not\equiv +\infty$, 对任意 $n \in \mathbb{N}$, 定义 $f_n(x) = \inf_{y \in X}\{f(y) + nd(x, y)\}$, $x \in X$. 证明 f_n 为 X 上的 Lipschitz 函数且 $\mathrm{Lip}(f) \leqslant n$, $0 \leqslant f_1 \leqslant f_2 \leqslant \cdots \leqslant f$ 且任给 $x \in X$, $\lim_{n\to\infty} f_n(x) = f(x)$.

若进一步 X 为局部紧的, 则 f_n 定义中的 inf 可以取到, 并且对任意 f_n 对应的极小元 y_n, $\lim_{n\to\infty} y_n = x$.

若去掉条件 "f 下有界", 结论亦成立.

(2) 在 (1) 中, 如果定义 $f_n(x) = \inf_{y \in X}\{f(y) + nd^2(x, y)\}$, 相应结论亦成立.

上述结论称作 Baire 定理. 它可以表述为: 若 X 为度量空间, $f : X \to \mathbb{R}$ 为下半连续函数当且仅当 f 为一单调递增连续函数 f_n 的逐点收敛极限. 读者可参见文献 [9, Proposition 7.20] 另一个基于 Urysohn 引理的证明.

(3) 若 $X = \mathbb{R}^n$ (赋予标准度量), $f : \mathbb{R}^n \to \mathbb{R}$ 为凸函数, 定义 $f_\varepsilon(x) = \inf_{y \in \mathbb{R}^n}\left\{f(y) + \dfrac{|x-y|^2}{2\varepsilon}\right\}$, $x \in \mathbb{R}^n$, $\varepsilon > 0$. 证明, 存在 $\varepsilon_0 > 0$ 使得对 $\varepsilon \in (0, \varepsilon_0)$, f_ε 为 C^1 的, 并且导数 f_ε' 为 Lipschitz 函数. 而且当 $\varepsilon \searrow 0$ 时, f_ε 单调递增逐点收敛于 f.

(4) 设 S 为任意集合, $f : \mathbb{R}^n \times S \to \mathbb{R}$ 且 $f(\cdot, s)$ 对任意 $s \in S$ 为凸函数, 证明 $F(x) = \sup_{s \in S} f(x, s)$ 仍为凸函数. 结合这一点以及上一习题, 能否给出一个对于一般有界连续函数 f 利用光滑函数逼近的方法?

上面 (3) 中的逼近在凸分析里称作 Moreau-Yosida 逼近, (4) 中的逼近方法称作

Lasry-Lions 正则化.

(5) 设 X 为度量空间, f 和 g 分别为 X 上的下半连续函数和上半连续函数, $g \leqslant f$ ($g < f$). 证明存在 X 上的连续函数 h 使得 $g \leqslant h \leqslant f$ ($g < h < f$). (5) 的结论称作 Hahn 插值定理[9, Proposition 7.21]. 若 X 为仿紧空间, 这个结论 (C. H. Dowker) 也是正确的. 参见文献 [16, 第 171 页].

2. 设 (X, d) 为度量空间, d_A 为关于集合 $A \subset X$ 的距离函数. 对任意 X 的子集 A, B, 定义

$$d_H(A, B) = \max \left\{ \sup_{b \in B} d_A(b), \sup_{a \in A} d_B(a) \right\}.$$

$d_H(A, B)$ 称作子集 A, B 的 **Hausdorff 距离**.

(1) 证明 d_H 为幂集 $\mathcal{P}(X)$ 上的伪度量. (此处度量定义中允许取到 $+\infty$, d 为伪度量指度量定义中 "$d(x, y) = 0 \Leftrightarrow x = y$" 可能不成立.)

(2) 对任给 $A \subset X$, $d_H(A, \overline{A}) = 0$. 若 $A, B \subset X$ 为闭集且 $d_H(A, B) = 0$, 则 $A = B$.

(3) 设 $\mathfrak{C}(X)$ 为 X 上所有闭集组成的集合族, 若 $\mathfrak{C}(X)$ 中的序列 $\{A_k\}$ 依 Hausdorff 距离收敛于 $A \in \mathfrak{C}(X)$, 则 $A = \bigcap_{n \geqslant 1} \overline{\bigcup_{k \geqslant n} A_k}$.

(4) 证明, 若 (X, d) 为完备度量空间, 则 $(\mathfrak{C}(X), d_H)$ 亦然; 若 (X, d) 为紧度量空间, 则 $(\mathfrak{C}(X), d_H)$ 亦然. 所有 $\mathbb{R}^n$ 上的紧凸集在 $(\mathfrak{C}(\mathbb{R}^n), d_H)$ 中为闭集.

3. 设 $f \in C^{\infty}(\mathbb{R}, \mathbb{R})$, 且对任意 $x \in \mathbb{R}$, 存在 $n = n(x)$, 使得 $f^{(n)}(x) = 0$. 证明, f 为实多项式.

4. 设 $f : \mathbb{R}^n \to \mathbb{R}$, 证明 f 的振幅函数 $\omega_f = \overline{f} - \underline{f}$ 为上半连续.

5. 设 $F \subset \mathbb{R}$ 为闭集且 $F^c = \bigcup_{k \in \mathbb{N}} (a_k, b_k)$ (区间 (a_k, b_k) 两两不交), 证明, F 为完全集当且仅当这些区间无公共端点.

6. (Aleksandroff-Hausdorff) 证明, 任意紧度量空间 X 必为标准 Cantor 集 C 在连续映射下的像.

7. 证明, Cantor 三分集 C 同胚于 $\Sigma_{\infty} = \{0, 1\}^{\mathbb{N}}$ (赋予乘积拓扑).

第二章

抽象Lebesgue
积分

2.1 Riemann 积分的缺陷

Riemann 积分的定义从一般观点来看是不合适的. 粗略总结主要有两个方面. 一是 Riemann 积分的适用范围不够大. 换句话说, Riemann 可积的函数类很小; 更严重的是, Riemann 积分在极限运算下会产生很多麻烦. 假设 $f_n : [a, b] \to \mathbb{R}$, $n \in \mathbb{N}$, 为一列 Riemann 可积函数, $\lim\limits_{n \to \infty} f_n(x) = f(x)$, $x \in [a, b]$, 一般我们不能保证

$$\lim_{n \to \infty} \int_a^b f_n(x) \, \mathrm{d}x = \int_a^b f(x) \, \mathrm{d}x. \tag{2.1}$$

而且下面一些情况可能发生:

(1) (2.1) 左端的极限不一定存在;

(2) 即便 (2.1) 左端的极限存在, 并不能保证 f 仍为 Riemann 可积. 因此 (2.1) 右端积分不一定有意义;

(3) 即便 (2.1) 左右两端都有意义, 也不一定等式成立.

例 2.1   设 $\{r_n\} = [a, b] \cap \mathbb{Q}$, 并定义

$$f_n(x) = \begin{cases} 1, & x = r_1, r_2, \cdots, r_n, \\ 0, & \text{其他.} \end{cases}$$

则 $f_n(x)$ 为 Riemann 可积并且 $\int_a^b f_n(x) \, \mathrm{d}x = 0$. 但是我们知道序列 $\{f_n\}$ 驻点收敛于 Dirichlet 函数 $\mathbf{1}_{[a,b] \cap \mathbb{Q}}$. 而后者非 Riemann 可积.

例 2.2   设

$$f_n(x) = -2n^2 x \mathrm{e}^{-n^2 x^2} + 2(n+1)^2 x \mathrm{e}^{-(n+1)^2 x^2}, \qquad x \in \mathbb{R}, \ n \in \mathbb{N}.$$

则

$$\sum_{n=1}^{\infty} f_n(x) = -2x \mathrm{e}^{-x^2}.$$

因为

$$\int_0^t -2x \mathrm{e}^{-x^2} \, \mathrm{d}x = \mathrm{e}^{-t^2} - 1,$$

故

$$\sum_{n=1}^{\infty} \int_0^t f_n(x) \, \mathrm{d}x = \sum_{n=1}^{\infty} [\mathrm{e}^{-n^2 t^2} - \mathrm{e}^{-(n+1)^2 t^2}] = \mathrm{e}^{-t^2}.$$

这说明 (2.1) 不一定成立.

除此之外, Riemann 积分理论不足以保证下述关于函数 f 和 F 的基本关系

$$F(x) - F(a) = \int_a^x f(t)\,\mathrm{d}t \quad \Longleftrightarrow \quad F'(x) = f(x).$$

回忆一个闭区间 $[a,b]$ 上处处可微的连续函数 (在两个端点单边可微), 若 f' 为 Riemann 可积, 则

$$f(x) - f(a) = \int_a^x f'(t)\,\mathrm{d}t.$$

但是我们知道存在例子, f' 有界但非 Riemann 可积.

例 2.3 假设 $E \subset [0,1]$ 为正测 Cantor 集. 设 (a,b) 为 Cantor 集构造过程中一个从 $[0,1]$ 挖去的开区间. 定义函数

$$f_a(x) = (x-a)^2 \sin\left(\frac{1}{x-a}\right).$$

从而

$$f_a'(x) = 2(x-a)\sin\left(\frac{1}{x-a}\right) - \cos\left(\frac{1}{x-a}\right).$$

注意, f_a' 在 (a,b) 内有无穷多个零点. 设 c 满足

$$a + c = \sup\{x \in (a, (a+b)/2) : f_a'(x) = 0\}.$$

定义 $[0,1]$ 上的函数 F 使得 $F|_E \equiv 0$, 在每一 Cantor 集构造区间 (a,b) 内

$$F(x) = \begin{cases} f_a(x), & x \in (a, a+c], \\ f_a(a+c), & x \in [a+c, b-c], \\ -f_b(x), & x \in [b-c, b]. \end{cases}$$

则 F 在 $[0,1]$ 上连续且处处可微, 且 $|F'| \leqslant 3$. 因为 $\lim\limits_{y\to 0} y\sin(1/y) = 0$, 故 $F'|_E \equiv 0$. 任给 $x \in E$, 则 x 为 $[0,1] \setminus E$ 中点的聚点. 我们断言: 任给 $x \in E$, $\varepsilon > 0$, 存在 $y \notin E$, $|x-y| < \varepsilon$, 使得 $F'(y) = 1$. 这是因为若 $\sin[1/(z-a)] = 0$, 则 $f_a'(z) = -\cos[1/(z-a)] = \pm 1$. 这说明 F' 在 E 上不连续, 并且 F' 的不连续点集为 E. 因为 E 为正测集, 故 F' 非 Riemann 可积 (参见定理 3.22).

设 $C([a,b])$ 为所有 $[a,b]$ 上的实值连续函数空间. 对 $f, g \in C([a,b])$, 定义

$$d(f,g) = \int_a^b |f(x) - g(x)|\,\mathrm{d}x.$$

则 d 为 $C([a,b])$ 的一个度量. 但是这个度量并不是完备的.

例 2.4   设

$$f_n(x) = \begin{cases} 0, & x \in \left[0, \dfrac{1}{2} - \dfrac{1}{n}\right], \\ \dfrac{nx}{2} + \dfrac{1}{2} - \dfrac{n}{4}, & x \in \left[\dfrac{1}{2} - \dfrac{1}{n}, \dfrac{1}{2} + \dfrac{1}{n}\right], \\ 1, & x \in \left[\dfrac{1}{2} + \dfrac{1}{n}, 1\right]. \end{cases}$$

$\{f_n\}$ 为 $C([0,1])$ 中的 Cauchy 序列, 关于度量 d 收敛于函数 $f = \mathbf{1}_{[\frac{1}{2},1]}$. 但是 $f \notin C([0,1])$.

由上面的例子, 一个自然的问题是: 是否可以添加所有可能的 $C([a,b])$ 中在 d 下 Cauchy 序列极限的不连续函数, 或者说关于 d 的完备化? 很不幸, 完备化后的空间中存在非 Riemann 可积函数.

例 2.5   设

$$f_n(x) = \begin{cases} 0, & x \in \left[0, \dfrac{1}{n+1}\right], \\ n^{\frac{3}{2}}[(n+1)x - 1], & x \in \left[\dfrac{1}{n+1}, \dfrac{1}{n}\right], \\ \dfrac{1}{\sqrt{x}}, & x \in \left[\dfrac{1}{n}, 1\right]. \end{cases}$$

则 $\{f_n\}$ 为 $C([0,1])$ 中在 d 下的 Cauchy 序列, 但是没有 Riemann 可积的极限. (为什么?)

换句话说, $[a,b]$ 上所有 Riemann 可积的函数组成的空间 $R([a,b])$ 在 d 下是不完备的. 空间 $R([a,b])$ 的不完备性是由 Riemann 积分不完善造成的. 为了保证完备性, 我们需要发展新积分使得极限过程可以完善使用.

从另一个角度, Riemann 积分定义了 $R([a,b])$ 上的一个线性泛函 $\Lambda : R([a,b]) \to \mathbb{R}$:

$$\Lambda(f) = \int_a^b f(x)\, \mathrm{d}x, \qquad f \in R([a,b]).$$

关于度量 d 我们有

$$|\Lambda(f) - \Lambda(g)| \leqslant \int_a^b |f(x) - g(x)|\, \mathrm{d}x = d(f, g).$$

因此 Λ 为 $(R([a,b]), d)$ 上连续线性泛函. 因此我们要发展的新积分也可以看成由 Riemann 积分定义的泛函的一种扩张. 另一方面, 由于 $f \geqslant 0$ 蕴涵了 $\int_a^b f(x)\, \mathrm{d}x \geqslant 0$, 因此 Λ 为一正线性泛函 (或者保序线性泛函). 泛函 Λ 的保序扩张和连续扩张都对应了一种新积分. 如果考虑一个 $\mathbb{R}^n$ 的单位立方体 Q, 以及 Riemann 可积函数 $\mathbf{1}_Q$, 则

$$\Lambda(\mathbf{1}_Q) = \mathrm{vol}(Q),$$

其中 vol(Q) 为 Q 的体积. 因此新积分意味着对于集合 "体积" 概念的一种扩张. 要想解释这种新积分, 我们需要一个重要概念: 集合的测度. Peter Lax 关于积分和测度有一个很有意思的评论[32]: There is a conundrum in mathematical analysis similar to the chicken or the egg question: Which comes first, the Lebesgue integral or the Lebesgue measure? My answer is, neither; first comes the space L^1. 建议读者在学完 Lebesgue 积分理论之后重新回顾这里提到的思想. 详细解释可参见文献 [32] 附录 A. 测度、Lebesgue 积分与泛函分析思想的交织, 将在本书中予以体现.

新的积分理论除去主流的 Lebesgue 积分之外, 还有 Henstock-Kurzweil 积分, 各类奇异积分、Daniel 积分等. 但是无论从任何角度来说, 测度理论和 Lebesgue 积分理论已经渗透到现代数学几乎所有的领域, 是应用中的最重要积分.

2.2　可测集·可测映射·测度

在引入 Lebesgue 积分之前, 需要解释这种新的积分构造思想. 回忆 Dirichlet 函数这种非 Riemann 可积函数, 它的特点是局部剧烈振动. 也就是说在任何点的任何邻域中, 其函数值都会发生振幅为 1 的变化. 我们希望引入的新积分能够处理 Dirichlet 函数这样的病态函数. 与 Riemann 积分不同, 为了处理函数局部的剧烈振动, 将以函数的值域变化而不是定义域的分划来引入新的积分.

考虑集合 $E \subset X$ 以及一个非负有界函数 $f: E \to \mathbb{R}$, 对值域 $[0, +\infty]$ 做一个分划 $I_n = [(n-1)\delta, n\delta)$. 令 $E_n = f^{-1}(I_n)$. 如图 2.1, 如果将新的积分理解成函数图像与定义域的坐标轴围成的面积, 那么我们可以设想这个新的积分是下面的和式

$$\sum (n-1)\delta \cdot \mu(E_n)$$

当 δ 趋于 0 时的极限[①]. 为了使得这个过程合理, 下面看看需要什么条件.

(1) 首先对于定义域里一类比较广泛的集合, 我们试图引入一个能够度量集合大小的尺度 μ. 但是这个尺度 μ 必须满足这样的基本性质: 若干个不相交集合的尺度之和等于它们并集的尺度, 而且希望它对极限过程成立. 也就是说, 上面的若干个可以包括可数无穷多个. 另外, 一个集合减去一部分的尺度应该为它的尺度与减去部分尺度之差. 我们希望尺度 μ 度量的集合类满足 σ-代数性质, 其中的集合称作可测集.

(2) 这样可度量集合类上的尺度 μ 称为测度. 它的一个关键性质是可数可加性. 图 2.1中的 "矩形" 面积相当于底部长度 $\mu(I_n)$ 乘高度 $(n-1)\delta$.

① 后面用这个和式对所有分划的上确界而不是 δ 趋于 0 时的极限来定义 Lebesgue 积分. 这是因为无法说明极限的存在性与相容性. 但是借助积分的单调收敛定理, 可以验证这一点.

(3) 在上面的和式中, 要确保区间 I_n 在函数 f 下的原像 E_n 必须为可被度量的集合, 该性质称为函数 f 的可测性.

因此, 要想定义这种新积分, 需要处理 X 上的可测集、可测集类上的测度以及函数 f 的可测性.

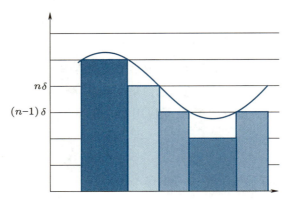

图 2.1　可测集、测度、可测函数与 Lebesgue 积分

2.2.1　可测空间与可测映射

<u>**定义 2.1**</u>　设 X 为任意非空集合, 若

(1) $\mathfrak{M}$ 为 X 上的 σ-代数, 称 $(X, \mathfrak{M})$ 为一**可测空间**. $\mathfrak{M}$ 中的元素称作**可测集**.

(2) $\mathscr{B}(X, \tau)$ 为 X 上的拓扑 τ 生成的 Borel 集类, 称 $(X, \mathscr{B}(X, \tau))$ 为 **Borel 可测空间**.

(3) X 上的拓扑 τ 没有歧义, 记 $\mathscr{B}(X) = \mathscr{B}(X, \tau)$.

<u>**定义 2.2**</u>

(1) 设 $(X, \mathfrak{M})$ 为一可测空间, (Y, τ) 为一拓扑空间. 映射 $f : X \to Y$ 称作**可测的**: 若对任意 $U \in \tau$, $f^{-1}(U) \in \mathfrak{M}$. 若 $Y = \mathbb{R}$ 或 $\mathbb{C}$ (赋予自然的拓扑), 此时可测映射 f 称作**可测函数**.

(2) 若 (X, τ_X) 为一拓扑空间, $\mathscr{B}(X, \tau_X)$ 为相应的 Borel 集类, 则映射 $f : (X, \tau_X) \to (Y, \tau_Y)$ 称作 **Borel 可测**: 若任给 $U \in \tau_Y$, $f^{-1}(U) \in \mathscr{B}(X, \tau_X)$.

注 2.1　我们可以在纯粹测度论框架下引入可测概念. 设 $(X, \mathfrak{M}_X), (Y, \mathfrak{M}_Y)$ 为可测空间, 对于映射 $f : X \to Y$, 若任给 $E \in \mathfrak{M}_Y$, $f^{-1}(E) \in \mathfrak{M}_X$, 则称 f 为 $\mathfrak{M}_X - \mathfrak{M}_Y$ **可测**. 但是在很多场合, Y 为数域 $\mathbb{R}$ 或 $\mathbb{C}$, 它们都具有自然的拓扑结构. 另外, 拓扑空间 (X, τ_X) 到拓扑空间 (Y, τ_Y) 的连续映射 f 均为 Borel 可测. 为建立可测映射与连续映射的联系, 我们把 Y 限制为拓扑空间.

定理 2.1　设 $(X,\mathfrak{M})$ 为一可测空间, (Y,τ) 为一拓扑空间, $f:X\to Y$, 下面性质成立:

(1) Y 的子集类

$$\Omega=\{E\subset Y:f^{-1}(E)\in\mathfrak{M}\}$$

为 Y 中的 σ-代数;

(2) 若 f 可测, $E\subset Y$ 为 Borel 集, 则 $f^{-1}(E)\in\mathfrak{M}$;

(3) 若 $f:X\to Y$ 可测, Z 为拓扑空间, $g:Y\to Z$ 为 Borel 可测, 则 $h=g\circ f:X\to Z$ 可测.

证明　(1) 由集合运算的如下关系:

$$f^{-1}(Y)=X,$$

$$f^{-1}(Y\setminus A)=X\setminus f^{-1}(A),$$

$$f^{-1}(A_1\cup A_2\cup\cdots)=f^{-1}(A_1)\cup f^{-1}(A_2)\cup\cdots$$

可证.

对 (1) 中定义的 Ω, f 的可测性表明 $\tau\subset\Omega$. 由于 Ω 为 Y 中的 σ-代数, 而 $\mathscr{B}(X,\tau)$ 为包含 τ 的最小 σ-代数, 故 $\mathscr{B}(X,\tau)\subset\Omega$. 这就证明了 (2).

任给 Z 中开集 V, $g^{-1}(V)$ 为 Y 中 Borel 集, 则由 (2),

$$h^{-1}(V)=f^{-1}(g^{-1}(V))\in\mathfrak{M}.$$

故 h 可测. 这就证明了 (3). □

注 2.2　在很多 (概率论) 教科书中, 通常用 Borel 集原像为可测集这一刻画来描述映射 f 的可测性. 定理 2.1 (2) 表明这两种表述等价. 关于定理 2.1 (3) 的一个自然的问题是: 两个可测映射的复合映射是否可测? 后面我们将看到, 这个结论是不正确的!

一般而言, 设 $(X,\mathfrak{M})$ 为可测空间, Y 为集合 (注意, 这里并没有假设 Y 为拓扑空间), $f:X\to Y$ 为映射. 我们说 X 上的 σ-代数 $\mathfrak{M}$ 可以通过映射 f 从 X 前推到 Y 上. 下面我们解释上述定理 2.1 (1) 实际上给出了这个过程. 事实上 $\Omega=\{E\subset Y:f^{-1}(E)\in\mathfrak{M}\}$ 定义了 Y 上的一个 σ-代数, 通常记作 $f_\#\mathfrak{M}$. 在可测空间 $(Y,f_\#\mathfrak{M})$ 上, 引入

$$\nu(E)=\mu(f^{-1}(E)),\quad E\in f_\#\mathfrak{M}.$$

由 f^{-1} 对集合运算的保持性, 可以验证 ν 为 $(Y,f_\#\mathfrak{M})$ 上的测度, 记 ν 为 $f_\#\mu$. 测度空间 $(Y,f_\#\mathfrak{M},f_\#\mu)$ 称作测度空间 $(X,\mathfrak{M},\mu)$ 在映射 f 下的**前推**.

思考题　设 X 为集合, $(Y,\mathfrak{M})$ 为可测空间, $f:X\to Y$.

(1) 证明 $f^* \mathfrak{M} = \{f^{-1}(E) \subset X : E \in \mathfrak{M}\}$ 为 X 上的 σ-代数;

(2) 若 $g : X \to \mathbb{R}$ 为 $f^* \mathfrak{M}$-可测, 证明存在 $h : Y \to \mathbb{R}$ 使得 $g = h \circ f$.

2.2.2　测度空间

定义 2.3　设 $(X, \mathfrak{M})$ 为一可测空间.

(1) $\mu : \mathfrak{M} \to [0, +\infty]$ 称作 $(X, \mathfrak{M})$ 上的一个 **(正) 测度**: 如果存在 $A \in \mathfrak{M}$ 使得 $\mu(A) < \infty$, 且满足下面的**可列可加性**

$$\{A_k\} \subset \mathfrak{M}, \ A_k \text{ 两两不交} \quad \Rightarrow \quad \mu\left(\bigcup_{k=1}^{\infty} A_k\right) = \sum_{k=1}^{\infty} \mu(A_k). \quad (2.2)$$

我们称 $(X, \mathfrak{M}, \mu)$ 为**测度空间**.

(2) 若 $\mu(X) = 1$, 则称 μ 为**概率测度**. 此时称 $(X, \mathfrak{M}, \mu)$ 为**概率测度空间**.

(3) 若存在可测集列 $\{X_n\}$ 使得 $X = \bigcup_{n=1}^{\infty} X_n$, $\mu(X_n) < \infty$, $n \in \mathbb{N}$, 则称 μ 为σ-**有限**. 此时称 $(X, \mathfrak{M}, \mu)$ 为 σ-**有限测度空间**.

在测度的定义中, μ 的值域 $[0, +\infty]$ 也可以替换成实数域 $\mathbb{R}$ 或复数域 $\mathbb{C}$. 但是值得注意的是, 在后两种情形下, 定义中的 (2.2) 等式应该与 A_n 的次序无关的. 因此我们需要 (2.2) 右端的级数是绝对收敛的. 实数域 $\mathbb{R}$ 的情形下, 我们称 μ 为**实测度**, 复数域 $\mathbb{C}$ 的情形下称 μ 为**复测度** (参见文献 [40] 和文献 [21]). 在本书中, 除了特殊说明, 我们仅仅考虑正测度.

需要注意的是, 如果有两个 X 上的 σ-代数 $\mathfrak{M}' \subset \mathfrak{M}$, $(X, \mathfrak{M})$ 上的测度 μ 限制在 $\mathfrak{M}'$ 上仍为一测度.

例 2.6　除去本书中着重介绍的 Lebesgue 测度, 还有下面两类特殊而重要的测度.

(1) 设 X 为非空集合, $\mathscr{P}(X)$ 为幂集, $(X, \mathscr{P}(X))$ 为 (平凡的) 可测空间. 定义

$$\mu(E) = \begin{cases} \text{card } E, & E \text{ 为有限集}, \\ \infty, & E \text{ 为无穷集}. \end{cases}$$

测度 μ 称作 X 上的**计数测度**.

(2) 同样考虑可测空间 $(X, \mathscr{P}(X))$, 定义

$$\mu(E) = \begin{cases} 1, & x \in E, \\ 0, & x \notin E. \end{cases}$$

测度 μ 称作 X 上的 **Dirac 测度**或原子测度.

定理 2.2 (测度的基本性质)　设 $(X, \mathfrak{M}, \mu)$ 为测度空间, 下面性质成立:

(1) $\mu(\varnothing) = 0$;

(2) 若 $A_1, A_2, \cdots, A_k$ 可测且两两不交, 则 $\mu\left(\bigcup_{i=1}^{k} A_i\right) = \sum_{i=1}^{k} \mu(A_i)$;

(3) 若 A, B 可测且 $A \subset B$, 则 $\mu(A) \leqslant \mu(B)$ 且 $\mu(B) = \mu(A) + \mu(B \setminus A)$.

证明 由定义, 存在 $A \in \mathfrak{M}$, $\mu(A) < \infty$. 构造可测集序列 $\{E_k\}$, $E_1 = A$, $E_k = \varnothing$ $(k \geqslant 2)$. 对 $\{E_k\}$ 运用可列可加性, 则

$$\mu(A) = \mu(A) + \sum_{k \geqslant 2} \mu(E_k) = \mu(A) + \sum_{k \geqslant 2} \mu(\varnothing).$$

因为 $\mu(A) < \infty$, 由 $\sum_{k \geqslant 2} \mu(\varnothing) = 0$ 可得 $\mu(\varnothing) = 0$. 类似定义 $E_n = A_n$ $(1 \leqslant n \leqslant k)$ 且 $E_n = \varnothing$ $(n > k)$, 对 $\{E_n\}$ 运用可列可加性, 则 (2) 得证. 由等式 $B = A \cup (B \setminus A)$, (3) 是 (2) 的直接推论. $\square$

定理 2.3 (测度的极限性质) 设 $(X, \mathfrak{M}, \mu)$ 为测度空间.

(1) 设 $\{A_k\} \subset \mathfrak{M}$ 为单调递增序列 (即对任给 k, $A_k \subset A_{k+1}$), $A = \bigcup_{k \geqslant 1} A_k$, 则 $\lim_{k \to \infty} \mu(A_k) = \mu(A)$.

(2) 设 $\{A_k\} \subset \mathfrak{M}$ 为单调递减序列 (即对任给 k, $A_k \supset A_{k+1}$), $\mu(A_1) < \infty$, $A = \bigcap_{k \geqslant 1} A_k$, 则 $\lim_{k \to \infty} \mu(A_k) = \mu(A)$.

注 2.3 设 $X = \{1, 2, \cdots\}$, $A_k = \{k, k+1, \cdots\}$, μ 为 X 上的计数测度, 则 $A = \bigcap_{k \geqslant 1} A_k = \varnothing$, 但 $\mu(A_k) = \infty$. 因此 (2) 中结论不成立. 这说明上面 (2) 中 A_1 测度有限的假设不能去掉.

证明 设 $\{A_k\} \subset \mathfrak{M}$ 为单调递增序列且 $A = \bigcup_{k \geqslant 1} A_k$. 对任意 k 定义 $B_k = A_k \setminus A_{k-1}$ $(k > 1)$, $B_1 = A_1$, 则 $\{B_k\}$ 两两不交, 并且 $A_k = \bigcup_{i=1}^{k} B_i$, $A = \bigcup_{i=1}^{\infty} B_i$. 因此由测度的有限可加性与可列可加性

$$\lim_{k \to \infty} \mu(A_k) = \lim_{k \to \infty} \mu\left(\bigcup_{i=1}^{k} B_i\right) = \lim_{k \to \infty} \sum_{i=1}^{k} \mu(B_i) = \sum_{i=1}^{\infty} \mu(B_i) = \mu\left(\bigcup_{i=1}^{\infty} B_i\right) = \mu(A).$$

这就证明了 (1).

设 $\{A_k\} \subset \mathfrak{M}$ 为单调递减序列. 定义 $C_k = A_1 \setminus A_k$ 及

$$C = \bigcup_{k \geqslant 1} C_k = A_1 \setminus \bigcap_{k \geqslant 1} A_k = A_1 \setminus A.$$

则 $\{C_k\} \subset \mathfrak{M}$ 为单调递增序列. 由 (1), $\lim\limits_{k\to\infty} \mu(C_k) = \mu(C)$, 即

$$\mu(A_1) - \lim_{k\to\infty} \mu(A_k)$$

$$= \lim_{k\to\infty} \{\mu(A_1) - \mu(A_k)\} = \lim_{k\to\infty} \mu(A_1 \setminus A_k) = \mu(A_1 \setminus A)$$

$$= \mu(A_1) - \mu(A).$$

因为 $\mu(A_1) < \infty$, 上式两边消去 $\mu(A_1)$, 则 (2) 得证. □

思考题　设 $(X, \mathfrak{M}, \mu)$ 为 σ-有限测度空间, 证明 X 中两两不交的正测集族至多可数.

2.3　可测函数

在这一节, 我们将着重探讨可测实函数 $f : X \to \mathbb{R}$ 或可测广义实函数 $f : X \to [-\infty, +\infty]$ 的性质. 回忆一下例 1.24, 添上包含 $\pm\infty$ 的开区间, $[-\infty, +\infty]$ 为一紧拓扑空间且继承了实数集 $\mathbb{R}$ 的全序关系. 记 $\overline{\mathbb{R}} = [-\infty, +\infty]$ 上的拓扑为 τ_e. 根据可测性的定义, 需要对 $\mathbb{R}$ 上的自然拓扑 τ 和 $\overline{\mathbb{R}}$ 上的拓扑 τ_e, 说明 $f^{-1}(\tau)$ 和 $f^{-1}(\tau_e)$ 均为 X 可测集类. 为确切起见, 我们分别就 X 上值域为 $\mathbb{R}$ 和 $\overline{\mathbb{R}}$ 的函数进行讨论.

命题 2.1　设 $(X, \mathfrak{M})$ 为一可测空间, $f : X \to \mathbb{R}$ (或 $\overline{\mathbb{R}}$), 则下面的说法等价:

(1) f 可测;

(2) 任给 $\alpha \in \mathbb{R}$ (或 $\overline{\mathbb{R}}$), 集合 $\{x : f \leqslant \alpha\}$ 可测.

证明　由 $[-\infty, +\infty]$ 中拓扑的定义, (1) 蕴涵了 (2).

反之, 若 (2) 成立, 则任给 $\alpha \in \mathbb{R}$ (或 $\overline{\mathbb{R}}$), 集合 $\{x : f > \alpha\}$ 可测. 注意到任给 $\alpha \in \mathbb{R}$ (或 $\overline{\mathbb{R}}$), 集合

$$\{x : f < \alpha\} = \bigcup_{k=1}^{\infty} \left\{x : f \leqslant \alpha - \frac{1}{k}\right\}$$

亦可测. 故任给 $\alpha, \beta \in \mathbb{R}$ (或 $\overline{\mathbb{R}}$) 且 $\alpha < \beta$, 集合 $\{x : \alpha < f < \beta\} = \{x : f > \alpha\} \cup \{x : f < \beta\}$ 可测. 回忆 $\mathbb{R}$ (或 $\overline{\mathbb{R}}$) 中开集的构造, 假设 $G \subset [-\infty, +\infty]$ 为一开集 (除去 $\mathbb{R}$ 和 $\varnothing$ 的平凡情形), 由例 1.24, 存在两两不交的至多可数个非平凡的开区间 $I_k = (\alpha_k, \beta_k) \in \mathcal{I}$, 使得 $G = \bigcup\limits_{k \geqslant 1} I_k$. 因此

$$f^{-1}(G) = f^{-1}\left(\bigcup_{k \geqslant 1} I_k\right) = \bigcup_{k \geqslant 1} f^{-1}(I_k)$$

可测. 这就证明了 (1). ☐

注 **2.4** 上述可测性刻画条件 (2) 还可以有不同的等价形式. (2) 等价于下面任意一条:

(1) 任给 $\alpha \in \mathbb{R}$ (或 $\overline{\mathbb{R}}$), 集合 $\{x : f \geqslant \alpha\}$ 可测;

(2) 任给 $\alpha \in \mathbb{R}$ (或 $\overline{\mathbb{R}}$), 集合 $\{x : f < \alpha\}$ 可测;

(3) 任给 $\alpha \in \mathbb{R}$ (或 $\overline{\mathbb{R}}$), 集合 $\{x : f > \alpha\}$ 可测.

甚至上面任给 $\alpha \in \mathbb{R}$ (或 $\overline{\mathbb{R}}$) 也可以替换成任给 $\mathbb{R}$ (或 $\overline{\mathbb{R}}$) 的某稠密子集 D 中的 α.

定理 2.4 (代数运算) 设 $(X, \mathfrak{M})$ 为可测空间且 $f, g : X \to \mathbb{R}$ (或 $\overline{\mathbb{R}}$) 可测.

(1) 若 $f \neq 0$, 则 $1/f$ 可测;

(2) 若 $p > 0$, 则 $|f|^p$ 可测;

(3) $f + g$, fg, f/g $(g \neq 0)$ 可测.

证明 回忆定理 2.1 (3), 若 $\phi : \mathbb{R} \to \mathbb{R}$ 为 Borel 可测, 则 $\phi \circ f$ 可测. 考虑函数 $\phi(t) = \dfrac{1}{t}$ 和 $\phi(t) = |t|^p$. 二者分别在 $\{t \neq 0\}$ 和 $\mathbb{R}$ 上连续, 故均为 Borel 可测. 这就证明了 (1) 和 (2).

注意到 $f(x) + g(x) < \alpha$ $\Leftrightarrow$ $f(x) < \alpha - g(x)$ $\Leftrightarrow$ 存在 $r \in \mathbb{Q}$ 使得 $f(x) < r < \alpha - g(x)$. 因此

$$\{x : f(x) + g(x) < \alpha\} = \bigcup_{r \in \mathbb{Q}} \{f < r\} \cup \{g < \alpha - r\}$$

为可测集, 从而 $f + g$ 可测. fg 的可测性可直接由下面的关系式得到:

$$fg = \frac{1}{4}(f+g)^2 - \frac{1}{4}(f-g)^2.$$

f/g $(g \neq 0)$ 的可测性由 (1) 和上面可测性对乘法的封闭性得到. ☐

定理 2.5 (格运算与极限运算) 设 $(X, \mathfrak{M})$ 为可测空间且 $f, g, f_k : X \to \mathbb{R}$ (或 $\overline{\mathbb{R}}$) 可测 $(k \in \mathbb{N})$.

(1) $\sup\limits_{k \in \mathbb{N}} f_k$, $\inf\limits_{k \in \mathbb{N}} f_k$, $\limsup\limits_{k \to \infty} f_k$, $\liminf\limits_{k \to \infty} f_k$ 和 $\lim\limits_{k \to \infty} f_k$ (如果存在) 均可测;

(2) $f \wedge g = \min\{f, g\}$, $f \vee g = \max\{f, g\}$ 均可测;

(3) 集合 $\left\{x : \lim\limits_{k \to \infty} f_k(x) \text{ 存在}\right\}$ 为可测集.

证明 任给 $\alpha \in \mathbb{R}$ (或 $\overline{\mathbb{R}}$),

$$\left\{x : \sup_{k \in \mathbb{N}} f_k > \alpha\right\} = \bigcup_{k \in \mathbb{N}} \{x : f_k > \alpha\}.$$

因此 $\sup\limits_{k \in \mathbb{N}} f_k$ 可测. 其他结论自然由定义等得到. 这就证明了 (1).

注意到

$$\left\{x : \lim_{k\to\infty} f_k(x) \ \text{存在}\right\} = \left\{x : \limsup_{k\to\infty} f_k(x) - \liminf_{k\to\infty} f_k(x) = 0\right\}.$$

故 (3) 的结论直接由上面的关系和 (1) 得到. □

思考题 证明对于任意实函数 f, g, $f(x) + g(x) < t \Leftrightarrow f(x) < t - g(x) \Leftrightarrow$ 存在 $r \in \mathbb{Q}$ 使得 $f(x) < r < t - g(x)$. 由此证明

$$\{f + g < t\} = \bigcup_{r\in\mathbb{Q}} f^{-1}((-\infty, r)) \cap g^{-1}((-\infty, t-r)).$$

从而 f, g 可测蕴涵了 $f + g$ 可测.

思考题 对于任意实函数 f, g,

$$fg = \frac{1}{4}(f+g)^2 - \frac{1}{4}(f-g)^2.$$

证明函数 $\phi(t) = 1/t$ Borel 可测. 从而证明 f, g 可测蕴涵了 fg, f/g (g 非零) 可测.

定理 2.5 的一个特殊情形是, 对于实可测函数 f, 定义

$$f^+ = f \vee 0, \qquad f^- = -(f \wedge 0).$$

则 $f = f^+ - f^-$. f^+ 和 f^- 分别称作 f 的**正部**和**负部**. 并且这种表示在下面的意义下是最优的: 若 $f = g - h$, $g, h \geqslant 0$ 可测, 则 $g \geqslant f^+$, $h \geqslant f^-$. 事实上, $f \leqslant g$ 和 $0 \leqslant g$ 表明 $f \vee 0 \leqslant g$.

定义 2.4 s 为 X 上的可测函数且其值域仅为有限个值, 则称 s 为一个 X 上的**简单函数**. 更确切地说, 设 $\alpha_1, \alpha_2, \cdots, \alpha_n$ 为 s 的所有取值, 令 $A_k = \{x : s(x) = \alpha_i\}$ ($k = 1, 2, \cdots, n$), 则

$$s = \sum_{k=1}^{n} \alpha_k \mathbf{1}_{A_k}.$$

定理 2.6 (非负可测函数的构造) 设 f 为 X 上的非负可测函数, 则存在 X 上单调递增的非负 (可测) 简单函数序列 $\{s_n\}$, 使得 $s_n(x) \nearrow f(x)$, $x \in X$, $n \to \infty$. 特别地, 如果 f 是有界的, 则上述收敛是一致的.

证明 设 $E_{n,k} = f^{-1}\left(\left[\frac{k-1}{2^n}, \frac{k}{2^n}\right)\right)$, $F_n = f^{-1}([n, +\infty])$, 其中 $n \in \mathbb{N}$, $1 \leqslant k \leqslant n2^n$ 为整数, $E_{n,k}$ 和 F_n 皆为可测集. 定义

$$s_n = \sum_{k=1}^{n2^n} \frac{k-1}{2^n} \mathbf{1}_{E_{n,k}} + n \mathbf{1}_{F_n}, \qquad n \in \mathbb{N}.$$

则 $\{s_n\}$ 为 X 上单调递增的非负 (可测) 简单函数序列.

若 $f(x) < \infty$, 则

$$f(x) - 2^{-n} \leqslant s_n(x) \leqslant f(x). \tag{2.3}$$

若 $f(x) = \infty$, 则 $s_n(x) = n$. 故对任意 $x \in X$, $s_n(x) \nearrow f(x)$, $n \to \infty$. 特别地, 若 f 有界, 则 (2.3) 表明 s_n 一致收敛于 f.   □

2.4 Lebesgue 积分

2.4.1 Lebesgue 积分

<u>定义 2.5</u>   设 $(X, \mathfrak{M}, \mu)$ 为测度空间, Lebesgue 积分定义采取以下步骤:

(1) 若 s 为形如 $s = \sum_{n=1}^{N} \alpha_n \mathbf{1}_{A_i}$ 的可测简单函数, 定义 s 的 Lebesgue 积分

$$\int_E s \, \mathrm{d}\mu = \sum_{n=1}^{N} \alpha_n \mu(E \cap A_i), \quad E \in \mathfrak{M}.$$

这里约定 $0 \cdot \infty = 0$, 因为允许 $\alpha_n = 0$.

(2) 对于 f 为 X 上的非负可测函数, 定义

$$\int_E f \, \mathrm{d}\mu = \sup_{0 \leqslant s \leqslant f} \int_E s \, \mathrm{d}\mu, \quad E \in \mathfrak{M},$$

其中 s 为简单函数. 上式中定义的 $\int_E f \, \mathrm{d}\mu$ 称作f **在可测集 E 上关于测度 μ 的 Lebesgue 积分**.

(3) 对于一般的可测函数 f, $f = f^+ - f^-$, $f^{\pm}$ 非负可测, 定义

$$\int_E f \, \mathrm{d}\mu = \int_E f^+ \, \mathrm{d}\mu - \int_E f^- \, \mathrm{d}\mu, \quad E \in \mathfrak{M}.$$

这里约定不允许出现 $\infty - \infty$ 的情形, 否则 Lebesgue 积分没有定义.

注 2.5   在上述定义中, 对于简单函数 s 而言, 实际上有两种 Lebesgue 积分的定义, 但是它们是相容的. 实际上此时在 (2) 中, 定义中的 sup 是可以实现的.

<u>定义 2.6</u>   设 X 为无穷集 (可以为不可数), f 为 X 上的非负函数, 我们称

$$\sum_{x \in X} f(x) = \sup \left\{ \sum_{x \in A} f(x) : A \subset X \text{ 为有限集} \right\} \tag{2.4}$$

为无穷集 $\{f(x)\}_{x \in X}$ 之和.

定理 2.7 　设 $(X, \mathscr{P}(X), \mu)$ 为计数测度空间, f 为 X 上的非负函数, 则 f 可测且

$$\sum_{x \in X} f(x) = \int_X f \, \mathrm{d}\mu.$$

特别地, 若 $X = \mathbb{N}$, $f(n) = a_n \ (n \in \mathbb{N})$, 则

$$\sum_{n \in \mathbb{N}} a_n = \int_{\mathbb{N}} f \, \mathrm{d}\mu.$$

证明 　任给 $A \subset X$ 为有限集, 设 $s = \sum_{x_i \in A} f(x_i) \mathbf{1}_{x_i}$, 则 $s \leqslant f$ 且 $\int_X s \, \mathrm{d}\mu = \sum_{x \in A} f(x)$.

因此 $\sum_{x \in A} f(x) \leqslant \int_X f \, \mathrm{d}\mu$. 由 (2.4), 则 $\sum_{x \in X} f(x) \leqslant \int_X f \, \mathrm{d}\mu$.

反之, 不妨设 $\sum_{x \in X} f(x) < \infty$. 任给简单函数 $0 \leqslant s \leqslant f$, $s = \sum_{n=1}^{N} \alpha_n \mathbf{1}_{E_n}$. 不妨设 α_n 均不为 0. 不难验证

$$\sum_{x \in E_n} s(x) \leqslant \sum_{x \in X} s(x) \leqslant \sum_{x \in X} f(x) < \infty.$$

这表明每一 E_n 均为有限集, 从而 $A = \bigcup_{n=1}^{N} E_n$ 亦为有限集. 因此

$$\int_X s \, \mathrm{d}\mu = \int_A s \, \mathrm{d}\mu = \sum_{x \in A} s(x) \leqslant \sum_{x \in A} f(x).$$

由 s 的任意性, $\int_X f \, \mathrm{d}\mu \leqslant \sum_{x \in X} f(x)$. 　　　　□

思考题 　验证任给测度空间 $(X, \mathfrak{M}, \mu)$ 上的非负简单函数 s, $\nu_s(E) = \int_E s \, \mathrm{d}\mu$, $E \in \mathfrak{M}$, 定义了 X 上的一个测度.

我们先初步研究 Lebesgue 积分的性质.

命题 2.2 　设 $(X, \mathfrak{M}, \mu)$ 为测度空间, f, g 为 X 上的可测函数.

(1) 若 $0 \leqslant f \leqslant g$, 则 $\int_E f \, \mathrm{d}\mu \leqslant \int_E g \, \mathrm{d}\mu$, $E \in \mathfrak{M}$;

(2) 若 $A, B \in \mathfrak{M}$, $A \subset B$, 且 $f \geqslant 0$, 则 $\int_A f \, \mathrm{d}\mu \leqslant \int_B f \, \mathrm{d}\mu$;

(3) 若 $f \geqslant 0$ 且 $c \geqslant 0$, 则 $\int_E cf \, \mathrm{d}\mu = c \int_E f \, \mathrm{d}\mu$, $E \in \mathfrak{M}$;

(4) 若 $f|_E \equiv 0$, 则 $\int_E f \, \mathrm{d}\mu = 0$ (即便 $\mu(E) = \infty$);

(5) 若 $\mu(E) = 0$, 则 $\int_E f \, \mathrm{d}\mu = 0$ (即便 $f \equiv \infty$ 于 E);

(6) 若 $f \geqslant 0$, 则 $\int_E f \, \mathrm{d}\mu = \int_X \mathbf{1}_E \cdot f \, \mathrm{d}\mu$, $E \in \mathfrak{M}$;

(7) 若 $s, t \geqslant 0$ 为简单函数, 则 $\int_E (s+t) \, \mathrm{d}\mu = \int_E s \, \mathrm{d}\mu + \int_E t \, \mathrm{d}\mu$, $E \in \mathfrak{M}$.

证明　(1) 和 (2) 由定义直接得到. 不失一般性, 假设 $c > 0$. 对于可测简单函数 $s = \sum_{k=1}^{n} \alpha_k \mathbf{1}_{A_k}$, $\alpha_k > 0$, $k = 1, 2, \cdots, n$, (3) 中等式变为

$$\int_E cs \, \mathrm{d}\mu = \sum_{k=1}^{n} c\alpha_k \mu(E \cap A_k) = c \sum_{k=1}^{n} \alpha_k \mu(E \cap A_k) = c \int_E s \, \mathrm{d}\mu.$$

故对任意 $0 \leqslant s \leqslant f$, $\int_E cf \, \mathrm{d}\mu \geqslant \int_E cs \, \mathrm{d}\mu = c \int_E s \, \mathrm{d}\mu$. 由 s 的任意性, $\int_E cf \, \mathrm{d}\mu \geqslant c \int_E f \, \mathrm{d}\mu$. 反之, 任给 $0 \leqslant s \leqslant cf$, $\int_E f \, \mathrm{d}\mu \geqslant \int_E \frac{s}{c} \, \mathrm{d}\mu = \frac{1}{c} \int_E s \, \mathrm{d}\mu$. 同理, 由 s 的任意性, $\int_E f \, \mathrm{d}\mu \geqslant \frac{1}{c} \int_E cf \, \mathrm{d}\mu$. 这就证明了 (3).

若 $f|_E \equiv 0$, 则满足 $0 \leqslant s \leqslant f$ 的简单函数 $s|_E \equiv 0$. 由约定, 即便 $\mu(E) = \infty$, $\int_E s \, \mathrm{d}\mu = 0$. 因此 $\int_E f \, \mathrm{d}\mu = 0$. 这证明了 (4). 若 $\mu(E) = 0$, 则任给简单函数 $0 \leqslant s \leqslant f$, $\int_E s \, \mathrm{d}\mu = 0$, 这表明 $\int_E f \, \mathrm{d}\mu = 0$. 这证明了 (5).

下面证明 (6). 对于简单函数 $s = \sum_{k=1}^{n} \alpha_k \mathbf{1}_{A_k}$, $\alpha_k > 0$, $k = 1, 2, \cdots, n$, (6) 中等式变为

$$\int_E s \, \mathrm{d}\mu = \sum_{k=1}^{n} \alpha_k \mu(E \cap A_k) = \int_X \mathbf{1}_E \cdot s \, \mathrm{d}\mu.$$

故对任意 $0 \leqslant s \leqslant f$,

$$\int_X \mathbf{1}_E \cdot f \, \mathrm{d}\mu \geqslant \int_X \mathbf{1}_E \cdot s \, \mathrm{d}\mu = \int_E s \, \mathrm{d}\mu.$$

由 s 的任意性, $\int_X \mathbf{1}_E \cdot f \, \mathrm{d}\mu \geqslant \int_E f \, \mathrm{d}\mu$. 类似地, 对任意 $0 \leqslant s \leqslant \mathbf{1}_E f$, $0 \leqslant s|_E \leqslant f|_E$ 且 $s|_{E^c} \equiv 0$, 因此 $\int_E f \, \mathrm{d}\mu \geqslant \int_E s \, \mathrm{d}\mu \int_X s \, \mathrm{d}\mu$. 由 s 的任意性, $\int_E f \, \mathrm{d}\mu \geqslant \int_X \mathbf{1}_E f \, \mathrm{d}\mu$.

最后, (7) 由简单函数的 Lebesgue 积分定义得到.　□

上述 Lebesgue 积分的性质是不完整的, 原因是缺少积分收敛定理.

定理 2.8 (单调收敛定理)　设 $(X, \mathfrak{M}, \mu)$ 为测度空间, $\{f_n\}$ 为 X 上单调递增的非负可测函数序列, 且 $\lim_{n \to \infty} f_n(x) = f(x)$, $x \in X$. 则 f 可测且

$$\lim_{n \to \infty} \int_X f_n \, \mathrm{d}\mu = \int_X f \, \mathrm{d}\mu.$$

证明 因为 $\left\{ \int_X f_n \, \mathrm{d}\mu \right\}$ 为单调递增的数列, 则存在 $\alpha \in [0, +\infty]$, 使得

$$\lim_{n \to \infty} \int_X f_n \, \mathrm{d}\mu = \alpha.$$

不妨设 $\alpha < \infty$, 则 $\alpha \leqslant \int_X f \, \mathrm{d}\mu$. 下面证明相反的不等式.

对简单函数 $s, 0 \leqslant s \leqslant f$, 设 $c \in (0, 1)$. 定义

$$E_n = \{x \in X : f_n(x) \geqslant cs(x)\}.$$

则集合列 $\{E_n\}$ 单调递增且 $X = \bigcup_{n \geqslant 1} E_n$. 故

$$\int_X f_n \, \mathrm{d}\mu \geqslant \int_{E_n} f_n \, \mathrm{d}\mu \geqslant \int_{E_n} cs \, \mathrm{d}\mu = c \int_{E_n} s \, \mathrm{d}\mu = c\nu_s(E_n).$$

由测度 ν_s 的极限性质, 则

$$\alpha \geqslant c\nu_s(X) = c \int_X s \, \mathrm{d}\mu.$$

由 $c \in (0, 1)$ 的任意性, 再由 s 的任意性, 则 $\alpha \geqslant \int_X f \, \mathrm{d}\mu$. 证毕. $\square$

利用单调收敛定理, 可以得到 Lebesgue 积分更多的性质.

定理 2.9   设 $(X, \mathfrak{M}, \mu)$ 为测度空间, f 非负可测, 则

$$\nu(E) = \int_E f \, \mathrm{d}\mu, \quad E \in \mathfrak{M}$$

在可测空间 $(X, \mathfrak{M})$ 上满足可列可加性, 从而为 $(X, \mathfrak{M})$ 上的测度. 若 $g : X \to [0, +\infty]$ 可测, 则

$$\int_X g \, \mathrm{d}\nu = \int_X gf \, \mathrm{d}\mu. \tag{2.5}$$

证明   由前面的思考题, 我们知道对任意非负简单函数 $s, \nu_s(E) = \int_E s \, \mathrm{d}\mu$ 定义了 X 上的一个测度. 因此, 若 $\{E_k\}$ 为两两互不相交的 X 中的可测集列, $E = \bigcup_{k \geqslant 1} E_k$, 则

$$\int_E s \, \mathrm{d}\mu = \nu_s(E) = \sum_{k \geqslant 1} \nu_s(E_k).$$

设 $0 \leqslant s_n \leqslant f$, 当 $n \to \infty$ 时 $s_n \nearrow f$. 由单调收敛定理,

$$\nu(E_k) = \int_{E_k} f \, \mathrm{d}\mu = \lim_{n \to \infty} \int_{E_k} s_n \, \mathrm{d}\mu = \lim_{n \to \infty} \nu_{s_n}(E_k), \quad k \in \mathbb{N}.$$

注意到 $\nu_{s_n}(E_k) \nearrow \nu(E_k)\ (n \to \infty)$, 则由定理 2.7 以及关于计数测度积分的单调收敛定理,

$$\sum_{k \geqslant 1} \nu(E_k) = \lim_{n \to \infty} \sum_{k \geqslant 1} \nu_{s_n}(E_k) = \lim_{n \to \infty} \nu_{s_n}(E) = \lim_{n \to \infty} \int_E s_n \, \mathrm{d}\mu$$

$$= \int_E f \, \mathrm{d}\mu = \nu(E).$$

这证明了 ν 满足可列可加性. 又 $\nu(\varnothing) = 0$, 故 ν 为 $(X, \mathfrak{M})$ 上的测度.

欲证 (2.5), 由单调收敛定理, 只需证明 $g = \mathbf{1}_E$ 的情形, 其中 $E \in \mathfrak{M}$. 此时 (2.5) 变成

$$\int_X \mathbf{1}_E \, \mathrm{d}\nu = \nu(E) = \int_E f \, \mathrm{d}\mu = \int_X f \mathbf{1}_E \, \mathrm{d}\mu.$$

证毕. $\qquad\qquad\qquad\qquad\qquad\qquad\qquad\qquad\qquad\qquad\qquad\qquad\qquad\qquad\quad\square$

2.4.2 可积函数

定义 2.7 设 $(X, \mathfrak{M}, \mu)$ 为测度空间, 称 X 上的可测函数 $f \in L^1(X, \mathfrak{M}, \mu)$ (或简记为 $L^1(\mu)$): 若

$$\|f\|_1 = \int_X |f| \, \mathrm{d}\mu < \infty.$$

此时称 f 为 μ-**可积函数**. 后面我们将 $\|\cdot\|_1$ 称作 L^1 **范数**.

定理 2.10 设 $(X, \mathfrak{M}, \mu)$ 为测度空间, 则 $L^1(\mu)$ 为一线性空间.

证明 先假设 $f, g \geqslant 0$, $c \geqslant 0$. 设 $\{s_n\}$ 与 $\{t_n\}$ 均为单调递增的非负简单函数序列, 且分别逐点收敛于 f 和 g, 则 $\{s_n + t_n\}$ 与 $\{cs_n\}$ 亦为单调递增的非负简单函数序列, 且逐点收敛于 $f + g$ 和 cf. 由单调收敛定理,

$$\int_X (f + g) \, \mathrm{d}\mu = \lim_{n \to \infty} \int_X (s_n + t_n) \, \mathrm{d}\mu = \lim_{n \to \infty} \int_X s_n \, \mathrm{d}\mu + \lim_{n \to \infty} \int_X t_n \, \mathrm{d}\mu$$

$$= \int_X f \, \mathrm{d}\mu + \int_X g \, \mathrm{d}\mu,$$

$$\int_X cf \, \mathrm{d}\mu = \lim_{n \to \infty} \int_X cs_n \, \mathrm{d}\mu = c \lim_{n \to \infty} \int_X s_n \, \mathrm{d}\mu = c \int_X f \, \mathrm{d}\mu.$$

假设 $f, g \in L^1(\mu)$, 设 $h = f + g$, 则 $|h| \leqslant |f| + |g|$, 因此 $h \in L^1(\mu)$. 又

$$h^+ - h^- = (f^+ - f^-) + (g^+ - g^-) = (f^+ + g^+) - (f^- + g^-),$$

即

$$h^+ + f^- + g^- = h^- + f^+ + g^+.$$

因此

$$\int_X h^+ \, \mathrm{d}\mu - \int_X h^- \, \mathrm{d}\mu = \int_X f^+ \, \mathrm{d}\mu - \int_X f^- \, \mathrm{d}\mu + \int_X g^+ \, \mathrm{d}\mu - \int_X g^- \, \mathrm{d}\mu.$$

换句话说

$$\int_X h \, \mathrm{d}\mu = \int_X f \, \mathrm{d}\mu + \int_X g \, \mathrm{d}\mu.$$

接下来, 设 $f \in L^1(\mu)$, $\alpha \in \mathbb{R}$. 若 $\alpha \geqslant 0$, 则 $(\alpha f)^\pm = \alpha f^\pm$. 因此

$$\int_X \alpha f \, \mathrm{d}\mu = \int_X (\alpha f)^+ \, \mathrm{d}\mu - \int_X (\alpha f)^- \, \mathrm{d}\mu$$
$$= \alpha \int_X f^+ \, \mathrm{d}\mu - \alpha \int_X f^- \, \mathrm{d}\mu = \alpha \int_X f \, \mathrm{d}\mu.$$

若 $\alpha = -1$, 则 $(-f)^\pm = f^\mp$, 因此

$$\int_X (-f) \, \mathrm{d}\mu = \int_X (-f)^+ \, \mathrm{d}\mu - \int_X (-f)^- \, \mathrm{d}\mu$$
$$= \int_X f^- \, \mathrm{d}\mu - \int_X f^+ \, \mathrm{d}\mu = -\int_X f \, \mathrm{d}\mu.$$

若 $\alpha < 0$, 一般情形由 $\alpha = -|\alpha|$ 得到. □

定理 2.11 (积分绝对连续性) 若 $f \in L^1(\mu)$, 则 f 满足**积分绝对连续性**, 即任给 $\varepsilon > 0$, 存在 $\delta > 0$, 使得 $\mu(E) < \delta \Longrightarrow \int_E |f| \, \mathrm{d}\mu < \varepsilon$.

证明 不失一般性, 假设 $f \geqslant 0$. 任给 $\varepsilon > 0$, 存在简单函数 $0 \leqslant s \leqslant f$, 使得

$$\int_X f \, \mathrm{d}\mu - \int_X s \, \mathrm{d}\mu < \frac{\varepsilon}{2}.$$

对函数 s, 设 $M = \sup_{x \in X} |s(x)|$ 并令 $\delta = \varepsilon/2M$. 则若 $\mu(E) < \delta$,

$$\int_E f \, \mathrm{d}\mu = \left(\int_E f \, \mathrm{d}\mu - \int_E s \, \mathrm{d}\mu \right) + \int_E s \, \mathrm{d}\mu < \frac{\varepsilon}{2} + \delta \cdot M < \varepsilon.$$

证毕. □

思考题 设 $(X, \mathfrak{M}, \mu)$ 为有限测度空间. 若 f 非负可测且 μ-几乎处处有限, 则 $f \in L^1(\mu)$ 当且仅当任给 $\varepsilon > 0$ 存在 $\delta > 0$ 使得 $\mu(A) < \delta \Longrightarrow \int_A f \, \mathrm{d}\mu < \varepsilon$.

定理 2.12 (弱坐标变换公式) 设 $(X, \mathscr{B}, \mu)$ 为 Borel 测度空间, Y 为拓扑空间. $\Phi : X \to Y$ 为 Borel 映射, $f : Y \to [0, +\infty]$ 为 Borel 可测. 则

$$\int_Y f \, \mathrm{d}\Phi_\# \mu = \int_X f \circ \Phi \, \mathrm{d}\mu. \tag{2.6}$$

这里 $\Phi_\# \mu$ 为映射 Φ 对测度 μ 的前推, 参见注 2.2.

证明　首先注意到, $f \circ \Phi$ 为 Borel 可测. 因为单调收敛定理, 我们只需对 $f = \mathbf{1}_B$ 证明, 其中 B 为 Y 中 Borel 集. 此时 (2.6) 变为

$$\int_Y \mathbf{1}_B \, \mathrm{d}\Phi_{\#}\mu = \Phi_{\#}\mu(B) = \mu(\Phi^{-1}(B)) = \int_X \mathbf{1}_{\Phi^{-1}(B)} \, \mathrm{d}\mu = \int_X \mathbf{1}_B \circ \Phi \, \mathrm{d}\mu.$$

证毕. □

思考题　证明在定理 2.12 条件下, $\Phi_{\#}\mu = \nu$ 当且仅当

$$\int_Y f \, \mathrm{d}\nu = \int_X f \circ \Phi \, \mathrm{d}\mu, \qquad f \in C_b(Y),$$

其中 $C_b(Y)$ 为 Y 上有界连续函数空间.

2.4.3 零测集的作用

设 $(X, \mathfrak{M}, \mu)$ 为测度空间. 若一个命题 P 对除去一个 μ-零测集上的点成立, 则称 P 为 μ-**几乎处处**成立, 记作 μ-a.e. 或 a.e. 因为在零测集上, 任何可测函数的积分均为 0, 故在 Lebesgue 积分的意义下, 零测集是可以被忽略的.

若 f, g 为 X 上的可测函数, $f \sim g$ 当且仅当 $f = g$, μ-a.e., 定义了可测函数全体上的一个等价关系. 事实上, 当考虑 $f \in L^1(\mu)$ 时, 实际上是关于上述等价关系 $\sim$ 的一个等价类, 也即: $L^1(\mu)$ 中的元素, 本质上是该关系的等价类, 而非单个的函数.

对测度空间 $(X, \mathfrak{M}, \mu)$, 希望把所有可能的 μ-零测集添加到 $\mathfrak{M}$ 中. 这个过程称作测度空间 $(X, \mathfrak{M}, \mu)$ 的完备化.

<u>**定义 2.8**</u>　设 $(X, \mathfrak{M}, \mu)$ 为测度空间. 定义 X 的子集类 $\mathfrak{M}^*$ 如下:

$$E \in \mathfrak{M}^* \iff \exists A, B \in \mathfrak{M}, A \subset E \subset B, \mu(B \setminus A) = 0.$$

不难验证 $\mathfrak{M}^*$ 为 X 上的 σ-代数, $\mathfrak{M} \subset \mathfrak{M}^*$. 在 $\mathfrak{M}^*$ 上定义

$$\mu^*(E) = \mu(A) = \mu(B), \quad E \in \mathfrak{M}^*,$$

其中 $A, B \in \mathfrak{M}$ 由 $\mathfrak{M}^*$ 的定义决定. 同样不难验证 μ^* 为 $\mathfrak{M}^*$ 上的测度. 测度空间 $(X, \mathfrak{M}^*, \mu^*)$ 称作测度空间 $(X, \mathfrak{M}, \mu)$ 的**完备化**.

命题 2.3　我们有下面简单但重要的 Lebesgue 积分性质:

(1) 设 $(X, \mathfrak{M}, \mu)$ 为测度空间, f 为 X 上非负可测函数, $E \in \mathfrak{M}$. 若 $\displaystyle\int_E f \, \mathrm{d}\mu = 0$, 则 $f = 0$, μ-a.e.

(2) 设 $f \in L^1(X, \mathfrak{M}, \mu)$. 若任给 $E \in \mathfrak{M}$, $\displaystyle\int_E f \, \mathrm{d}\mu = 0$, 则 $f = 0$, μ-a.e.

(3) 若 $f \in L^1(\mu)$, 则

$$\left| \int_X f \, \mathrm{d}\mu \right| \leqslant \int_X |f| \, \mathrm{d}\mu.$$

上面不等式等号成立当且仅当存在 $\alpha = \pm 1$, 使得 $|f| = \alpha f$, μ-a.e.

(4) 若 $f \in L^1(\mu)$, 则 f 几乎处处有限, 即 $\{x \in X : |f(x)| = \infty\}$ 为 μ-零测集.

证明　设 $A_n = \{x \in X : |f(x)| > 1/n\}$ $(n \in \mathbb{N})$, 则任给 $n \in \mathbb{N}$,

$$\frac{1}{n}\mu(A_n) \leqslant \int_{A_n} f \, \mathrm{d}\mu \leqslant \int_X f \, \mathrm{d}\mu = 0.$$

因此 $\mu(A_n) = 0$. 又 $\{x \in X : f(x) > 0\} = \bigcup_n A_n$, 这就证明了 (1).

设 $E = \{x \in X : f(x) \geqslant 0\}$, 则 $\int_E f^+ \, \mathrm{d}\mu = \int_E f \, \mathrm{d}\mu = 0$ 表明 $f^+ = 0$, μ-a.e. 类似地, $f^- = 0$, μ-a.e. 这就证明了 (2).

注意到 $f = f^+ - f^-$, $|f| = f^+ + f^-$, 故

$$\left| \int_X f \, \mathrm{d}\mu \right| = \left| \int_X f^+ \, \mathrm{d}\mu - \int_X f^- \, \mathrm{d}\mu \right| \leqslant \int_X f^+ \, \mathrm{d}\mu + \int_X f^- \, \mathrm{d}\mu = \int_X |f| \, \mathrm{d}\mu.$$

注意到对 $a, b \geqslant 0$, 不等式 $|a - b| \leqslant a + b$ 等号成立当且仅当 $a = 0$ 或 $b = 0$. 因此, 上面等式等号成立当且仅当 $\int_X f^+ \, \mathrm{d}\mu = 0$ 或 $\int_X f^- \, \mathrm{d}\mu = 0$. 结合 (1), 这就证明了 (3).

最后来证明 (4). 设 $N = \{x \in X : |f(x)| = \infty\}$. 若 $\mu(N) > 0$, 则 $\int_X |f| \, \mathrm{d}\mu \geqslant \int_N |f| \, \mathrm{d}\mu = \infty$, 这与 $f \in L^1(\mu)$ 矛盾.　　□

2.4.4　积分收敛定理

前面对于单调递增的非负可测函数, 证明了单调收敛定理. 本节我们将考虑更一般情形.

定理 2.13 (Fatou 引理)　设 $\{f_n\}$ 为 X 上的可测函数序列, $g \in L^1(\mu)$, $\inf\limits_n f_n \geqslant g$. 则

$$\int_X \liminf_{n\to\infty} f_n \, \mathrm{d}\mu \leqslant \liminf_{n\to\infty} \int_X f_n \, \mathrm{d}\mu. \tag{2.7}$$

若存在 $g \in L^1(\mu)$ 使得 $\sup\limits_n f_n \leqslant g$, 则

$$\int_X \limsup_{n\to\infty} f_n \, \mathrm{d}\mu \geqslant \limsup_{n\to\infty} \int_X f_n \, \mathrm{d}\mu. \tag{2.8}$$

证明　设 $h_k = \inf\limits_{n \geqslant k} f_n - g$, 则 $h_k \geqslant 0$, 且 $\{h_k\}$ 单调递增, $h_k \leqslant f_k - g$. 由单调收敛定理,

$$\int_X \liminf_{n\to\infty} f_n - g \, \mathrm{d}\mu = \int_X \lim_{k\to\infty} h_k \, \mathrm{d}\mu = \lim_{k\to\infty} \int_X h_k \, \mathrm{d}\mu$$

$$= \liminf_{k\to\infty} \int_X h_k \, \mathrm{d}\mu \leqslant \liminf_{k\to\infty} \int_X (f_k - g) \, \mathrm{d}\mu.$$

这表明

$$\int_X \liminf_{n\to\infty} f_n \, \mathrm{d}\mu - \int_X g \, \mathrm{d}\mu \leqslant \liminf_{k\to\infty} \int_X f_k \, \mathrm{d}\mu - \int_X g \, \mathrm{d}\mu.$$

又 $g \in L^1(\mu)$, 上式两边消去 $\int_X g \, \mathrm{d}\mu$, (2.7) 得证.

(2.8) 的证明类似. □

注 2.6　上述形式的 Fatou 引理说明积分有某种意义下的半连续性. 设 $g \in L^1(\mu)$, 我们对可测函数空间 $\mathcal{L}(X, \mathfrak{M})$ 的子集 $\mathcal{L}_g^- = \mathcal{L}(X, \mathfrak{M}) \cap \{f : f \geqslant g\}$ 和 $\mathcal{L}_g^+ = \mathcal{L}(X, \mathfrak{M}) \cap \{f : f \leqslant g\}$ 引入逐点收敛的拓扑, 则积分作为 $\mathcal{L}_g^-$ 和 $\mathcal{L}_g^+$ 上的函数, 分别是下半连续和上半连续的. 因此对 $\mathcal{L}_g = \{f : |f| \leqslant g\}$ 以及上述拓扑, 积分是连续的. 换句话说, 我们实际上证明了下面的 Lebesgue 控制收敛定理. 不过, 我们还是会给一个直接的证明. 另外, 当取 $g \equiv 0$ 时, 定理 2.13 亦称为 Fatou 引理.

定理 2.14 (控制收敛定理)　设 $\{f_n\}$ 为 X 上的可测函数序列, $\lim_{n\to\infty} f_n(x) = f(x)$, $x \in X$. 若存在 $g \in L^1(\mu)$ 使得 $|f_n(x)| \leqslant g(x)$, $x \in X$, 则 $f, f_n \in L^1(\mu)$ $(n \in \mathbb{N})$, 且

$$\lim_{n\to\infty} \int_X |f_n - f| \, \mathrm{d}\mu = 0.$$

证明　对非负可测函数序列 $\{2g - |f_n - f|\}$ 运用 Fatou 引理, 则

$$\int_X 2g \, \mathrm{d}\mu \leqslant \liminf_{n\to\infty} \int_X (2g - |f_n - f|) \, \mathrm{d}\mu$$
$$= \int_X 2g \, \mathrm{d}\mu - \limsup_{n\to\infty} \int_X |f_n - f| \, \mathrm{d}\mu.$$

因为 $g \in L^1(\mu)$, 上式消去 $\int_X 2g \, \mathrm{d}\mu$, 得 $\limsup_{n\to\infty} \int_X |f_n - f| \, \mathrm{d}\mu \leqslant 0$. □

思考题　设 $\{f_n\}, \{g_n\}, \{h_n\}$ 为 $L^1(X, \mu)$ 中的序列满足 $g_n \leqslant f_n \leqslant h_n$ $(n \in \mathbb{N})$, 并且分别逐点收敛于 f, g, h. 若 $g, h \in L^1(X, \mu)$ 且

$$\lim_{n\to\infty} \int_X g_n \, \mathrm{d}\mu = \int_X g \, \mathrm{d}\mu, \quad \lim_{n\to\infty} \int_X h_n \, \mathrm{d}\mu = \int_X h \, \mathrm{d}\mu.$$

证明 $f \in L^1(X, \mu)$ 且

$$\lim_{n\to\infty} \int_X f_n \, \mathrm{d}\mu = \int_X f \, \mathrm{d}\mu.$$

思考题　设 $f : X \times [a, b] \to \mathbb{R}$ 且对任意 $t \in [a, b]$ 函数 $f(\cdot, t)$ 可测. 定义 $F(t) = \int_X f(x, t) \, \mathrm{d}\mu(x)$. 试问 f 满足何种条件能保证函数 F 的连续性? 如果 $\partial f / \partial t$ 存在, 如何保证 F 可微并且导数可以求到积分号里? 请给出理由.

2.5 收敛的模式

对集合 X 上的函数序列 $\{f_n\}$, 表述 "当 $n \to \infty$ 时, $f_n \to f$" 有很多不同的意义. 粗略地说, 对于序列 $\{f_n\}$ 所在函数空间的不同拓扑, 决定了 $\{f_n\}$ 的不同收敛模式. 本节我们主要讨论一些常见的收敛模式, 以及它们之间的相互关系.

定义 2.9   我们给出几种常见的收敛模式:

(1) X 上实函数序列 $\{f_n\}$ 称作**逐点收敛于函数** f: 若对任给 $x \in X$, $\lim\limits_{n \to \infty} f_n(x) = f(x)$. 若 $(X, \mathfrak{M}, \mu)$ 为测度空间, X 上的可测实函数序列 $\{f_n\}$ 称作 μ-**几乎处处收敛于函数** f, 若集合 $\{x \in X : f_n(x) \not\to f(x), n \to \infty\}$ 为 μ-零测集.

(2) X 上实函数序列 $\{f_n\}$ 称作**一致收敛于函数** f: 若任给 $\varepsilon > 0$, 存在 $N \in \mathbb{N}$, 使得当 $n > N$ 时, $|f_n(x) - f(x)| < \varepsilon$ 对 $x \in X$ 一致成立. 若上述一致性对于拓扑空间 X 中任意紧集成立, 则称 $\{f_n\}$ **在紧集上一致收敛于函数** f.

(3) 若 $(X, \mathfrak{M}, \mu)$ 为测度空间, X 上可测实函数序列 $\{f_n\}$ 称作 L^1 **收敛于可测函数** f: 若 $f_n, f \in L^1(\mu)$ $(n \in \mathbb{N})$ 且 $\lim\limits_{n \to \infty} \|f_n - f\|_1 = 0$.

(4) 若 $(X, \mathfrak{M}, \mu)$ 为测度空间, X 上可测实函数序列 $\{f_n\}$ 称作**依测度** μ **收敛于可测函数** f: 若任给 $\varepsilon > 0$, $E_{n,\varepsilon} = \{x \in X : |f_n(x) - f(x)| > \varepsilon\}$, $\lim\limits_{n \to \infty} \mu(E_{n,\varepsilon}) = 0$.

(5) 若 $(X, \mathfrak{M}, \mu)$ 为测度空间, X 上可测实函数序列 $\{f_n\}$ 称作 μ **近一致收敛于可测函数** f: 若任给 $\varepsilon > 0$, 存在 $E \in \mathfrak{M}$, $\mu(E) < \varepsilon$, 使得 $\{f_n\}$ 在 $X \setminus E$ 上一致收敛于 f.

定理 2.15 (Chebyshev 不等式)   设 f 为测度空间 $(X, \mathfrak{M}, \mu)$ 上的非负可测函数, $\varepsilon > 0$, 则

$$\mu(\{f > \varepsilon\}) \leqslant \frac{1}{\varepsilon} \|f\|_1.$$

证明   由

$$\int_X f \, \mathrm{d}\mu \geqslant \int_{\{f > \varepsilon\}} f \, \mathrm{d}\mu \geqslant \varepsilon \mu(\{f > \varepsilon\})$$

即可得到.   □

注 2.7   Chebyshev 不等式表明, L^1 收敛蕴涵了依测度收敛.

定理 2.16 (Lebesgue)   若 $\mu(X) < \infty$, 则几乎处处收敛蕴涵了依测度收敛.

证明   设 $\{f_n\}$ 为 $(X, \mathfrak{M}, \mu)$ 上的可测函数序列, μ-几乎处处收敛于 f. 任给 $\varepsilon > 0$, $n \in \mathbb{N}$, 定义集合

$$E_{n,\varepsilon} = \{x \in X : |f_n(x) - f(x)| > \varepsilon\}, \quad S_\varepsilon = \limsup_{n \to \infty} E_{n,\varepsilon}. \tag{2.9}$$

则 $\mu(S_\varepsilon) = 0$. 注意到可测集列 $\left\{\bigcup\limits_{n \geqslant k} E_{n,\varepsilon}\right\}$ 关于 k 是单调递减, 并且 $\mu(X) < \infty$, 故

$$\lim_{k \to \infty} \mu\left(\bigcup_{n \geqslant k} E_{n,\varepsilon}\right) = \mu(S_\varepsilon) = 0.$$

因此 $\{f_n\}$ 依测度 μ 收敛于 f. □

引理 2.17 (Borel-Cantelli)　设 $E_k \subset X$ 为一可测集序列, 若

$$\sum_{k \geqslant 1} \mu(E_k) < \infty,$$

则 $\mu\left(\limsup\limits_{k \to \infty} E_k\right) = 0$.

证明　设 $A_k = \bigcup\limits_{i \geqslant k} E_i$. 由于 $\sum\limits_{k \geqslant 1} \mu(E_k) < \infty$, 故

$$\lim_{n \to \infty} \mu(A_n) \leqslant \lim_{n \to \infty} \sum_{k=n}^{\infty} \mu(E_k) = 0.$$

因为 $\{A_n\}$ 单调递减, 并且 $\mu(A_1) \leqslant \sum\limits_{k \geqslant 1} \mu(E_k) < \infty$, 由测度的极限性质可得 $\mu\left(\limsup\limits_{k \to \infty} E_k\right) = 0$. □

推论 2.18　设 $\varepsilon_n \searrow 0$, $\{g_n\}$ 可测, $E_n = \{x \in X : |g_n(x)| \geqslant \varepsilon_n\}$. 若 $\sum\limits_{n \geqslant 1} \mu(E_n) < \infty$, 则 $\{g_n\}$ 几乎处处收敛于 0. 并且任给 $\varepsilon > 0$, 存在集合 E 使得 $\mu(E) < \varepsilon$ 且 $\{g_n\}$ 在 $X \setminus E$ 上一致收敛于 0.

证明　任给 $\varepsilon > 0$, 对集合 $F_n = \{x \in X : |g_n(x)| \geqslant \varepsilon\}$ 运用 Borel-Cantelli 引理 (当 n 很大时 $F_n \subset E_n$), 则 $\mu\left(\limsup\limits_{n \to \infty} F_n\right) = 0$. 这表明 $\{g_n\}$ 几乎处处收敛于 0.

对充分大的 N 使得 $\sum\limits_{n \geqslant N} \mu(E_n) < \varepsilon$, 取 $E = \bigcup\limits_{n \geqslant N} E_n$, 则 $\mu(E) < \varepsilon$ 且

$$|g_n(x)| < \varepsilon_n, \quad x \in X \setminus E, n > N.$$

这就表明 $\{g_n\}$ 在 $X \setminus E$ 上一致收敛于 0. □

定理 2.19 (F. Riesz)　依测度收敛序列存在几乎处处收敛的子列.

证明　假设 $\{f_n\}$ 依测度 μ 收敛于 f. 设 $E_{n,k} = \left\{x \in X : |f_n(x) - f(x)| \geqslant \dfrac{1}{k}\right\}$. 则 $\lim\limits_{n \to \infty} \mu(E_{n,k}) = 0$. 因此存在子列 $\{n_k\}$ 使得

$$\mu(E_{n,k}) < \frac{1}{2^k}, \quad n \geqslant n_k.$$

考虑 $g_k = |f_{n_k} - f|$, 运用推论 2.18, 则 $\{g_k\}$ 几乎处处收敛于 0, 即 $\{f_{n_k}\}$ 几乎处处收敛于 f. $\qquad\qquad\square$

定理 2.20 (Egoroff) 设 $\mu(X) < \infty$, 则几乎处处收敛蕴涵了近一致收敛.

证明 设 $g_n = \sup\limits_{k \geqslant n} |f_k - f|$, 则 $\{g_n\}$ 几乎处处收敛于 0. 由定理 2.16, $\{g_n\}$ 依测度收敛于 0. 因此存在子列 $\{n_k\}$, 使得

$$\mu(\{g_{n_k} > 1/k\}) < \frac{1}{2^k}.$$

由推论 2.18, $\{g_{n_k}\}$ 几乎处处收敛于 0. 又当 $n > n_k$ 时 $|f_n - f| \leqslant g_{n_k}$, 故 $\{f_n - f\}$ 近一致收敛于 0. $\qquad\qquad\square$

例 2.7 下面的例子可以用来区分各种收敛模式:

(1) $f_n = \mathbf{1}_{[0,n]}$;

(2) $f_n = \mathbf{1}_{[n,n+1]}$;

(3) $f_n = n\mathbf{1}_{[0,1/n]}$;

(4) $f_n = \mathbf{1}_{[j/2^k.(j+1)/2^k]}$, 其中 $n = 2^k + j$, $0 \leqslant j < k$.

利用 Urysohn 引理, 还可以构造出相应的连续函数序列. 需要注意的是 (4) 中 Riesz 的例子, 该序列在 $[0,1]$ 上处处不收敛于 0, 但依测度收敛于 0. 另外, 利用特征函数, 还可以构造其他类型的序列以满足特定条件. 这些函数列还给出了前面某些命题由于缺失某些条件不成立的例子. 比如, 设 $X = \mathbb{R}$, $\mu(X) = \infty$, (2) 中的序列既不依测度收敛于 0, 也不近一致收敛于 0, 虽然它几乎处处收敛于 0. 这表明定理 2.16 和 Egoroff 定理中, 条件 "$\mu(X) < \infty$" 是必需的.

> **注 2.8** 我们指出, 几乎处处收敛这一概念并不是由拓扑意义下的收敛性所决定. 如果几乎处处收敛是某种拓扑意义下的概念, 那么序列 $\{f_n\}$ 几乎处处收敛于 f 就等价于 $\{f_n\}$ 的任何子列 $\{f_{n_k}\}$ 均有子子列 $\{f_{n_{k_i}}\}$ 几乎处处收敛于 f, 而事实上该性质对于有限测度空间, $\{f_n\}$ 的任何子列 $\{f_{n_k}\}$ 均有子子列 $\{f_{n_{k_i}}\}$ 几乎处处收敛于 f 等价于 $\{f_n\}$ 依测度收敛于 f. (参见下面的思考题.)

思考题 设 $(X, \mathfrak{M}, \mu)$ 为有限测度空间, 证明 $\{f_n\}$ 的任何子列 $\{f_{n_k}\}$ 均有子子列 $\{f_{n_{k_i}}\}$ 几乎处处收敛于 f 当且仅当 $\{f_n\}$ 依测度收敛于 f.

习题

1. 下面是关于 Lebesgue 积分的定义, 涉及不同的方法[35].

(1) (de la Vallée-Poussin 方法) 对无界非负可测函数 f, 定义以下截断序列:

$$f_n(x) = \begin{cases} f(x), & f(x) < n, \\ n, & f(x) \geqslant n. \end{cases}$$

则 f 的积分可以从有界函数扩张到无界函数

$$\int_X f \, \mathrm{d}\mu = \lim_{n \to \infty} \int_X f_n \, \mathrm{d}\mu.$$

(2) (Hobson 方法) 对无界可测函数 f, 引入双重截断

$$f_{mn}(x) = \begin{cases} f(x), & -m < f(x) < n, \\ n, & f(x) \geqslant n, \\ -m, & f(x) \leqslant -m. \end{cases}$$

则 f 的积分可以从有界函数扩张到无界函数

$$\int_X f \, \mathrm{d}\mu = \lim_{m,n \to \infty} \int_X f_{mn} \, \mathrm{d}\mu.$$

(3) (Saks 方法) 对非负可测函数 f, 定义

$$\int_X f \, \mathrm{d}\mu = \sup \sum_{k=1}^{n} \mu(E_k) \left(\inf_{x \in E_k} f(x) \right),$$

其中上确界对所有 X 的有限可测分划 $\{E_k\}$ 取得.

(4) (Carathéodory 方法) 设 f 为 $\mathbb{R}^n$ 上的可测集 E 上的非负可测函数, $\mathscr{L}_n$ 为 $\mathbb{R}^n$ 上的 Lebesgue 测度. 定义

$$\int_E f \, \mathrm{d}\mathscr{L}_n = \mathscr{L}_{n+1}(\{(x,y) : x \in E, 0 \leqslant y \leqslant f(x)\}).$$

参见习题 7. 可以学习完 Lebesgue 测度后再考虑.

2. (等度可积) 设 $(X, \mathfrak{M}, \mu)$ 为测度空间, $\mathscr{F} \subset L^1(X, \mu)$ 称作等度可积: 若任给 $\varepsilon > 0$, 存在 $\delta > 0$, 使得

$$\mu(A) < \delta \quad \Rightarrow \quad \int_A |f| \, \mathrm{d}\mu < \varepsilon, \quad f \in \mathscr{F}.$$

(1) 证明, 若序列 $f_n \in L^1(X, \mu)$ 存在控制函数 $g \in L^1(X, \mu)$, 即 $|f_n| \leqslant g$, a.e., 则 $\{f_n\} \subset L^1(X, \mu)$ 为等度可积.

(2) 证明, 若 $f_n, f \in L^1(X, \mu)$ 且 $\lim_{n \to \infty} \|f_n - f\|_1 = 0$, 则 $\{f_n\} \subset L^1(X, \mu)$ 为等度可积.

(3) 证明下面的 Vitali 的定理: 若 $\mu(X) < \infty$, $\{f_n\}$ 等度可积, $\{f_n\}$ 几乎处处收敛于 f 且 f 几乎处处有限, 则 $f \in L^1(X, \mu)$ 且 $\lim\limits_{n\to\infty} \|f_n - f\|_1 = 0$.

(4) 证明下面 Vitali 定理的逆命题: 若 $\mu(X) < \infty$, $\{f_n\} \subset L^1(X, \mu)$ 且对任意可测集 E, $\lim\limits_{n\to\infty} \int_E f_n \, d\mu$ 存在, 则 $\{f_n\}$ 等度可积.

(5) 证明下面版本的 Vitali 定理: $\{f_n\} \subset L^1(X, \mu)$, $f \in L^1(X, \mu)$, 则 $\lim\limits_{n\to\infty} \|f_n - f\|_1 = 0$ 等且仅当 ① $\{f_n\}$ 依测度 μ 收敛于 f; ② $\{f_n\}$ 等度可积; ③ 任给 $\varepsilon > 0$, 存在可测集 A 使得 $\mu(A) < \infty$ 且对任一 n, $\int_{X\setminus A} |f_n| \, d\mu < \varepsilon$.

3. 设 (X, μ) 为概率测度空间, f 为 X 上的实可测函数, $\{c_\alpha\}$ 为一族实数. 证明

$$\mu(\{x : f(x) \geq \sup_\alpha c_\alpha\}) \geq \inf_\alpha \mu(\{x : f(x) \geq c_\alpha\}).$$

4. 设 $\{f_n\}$ 为概率测度空间 (X, μ) 上的可测函数序列. 证明下面的表述等价:

(1) $\{f_n\}$ 存在子列 $\{f_{n_k}\}$ 几乎处处收敛于 0;

(2) 存在实数列 $\{t_n\}$ 满足

$$\sum_{n=1}^\infty |t_n| = \infty, \quad \text{且} \quad \sum_{n=1}^\infty |t_n f_n(x)| < \infty, \quad \text{a.e.}$$

5. 设 $f \in L^1(X, \mu)$ 且 $f \geq 0$. 证明下面的等式:

$$\int_X f \, d\mu = \lim_{r \searrow 1} \sum_{n=-\infty}^{+\infty} r^n \mu(\{x : r^n \leq f(x) < r^{n+1}\}).$$

6. 设 $(X, \mathfrak{M}, \mu)$ 为测度空间且 $f \in L^1(X, \mu)$. 证明任给 $\varepsilon > 0$, 存在可测子集 A, $\mu(A) < \infty$ 使得 $\sup\limits_{x\in A} |f(x)| < \infty$ 且 $\int_{X\setminus A} |f| \, d\mu \leq \varepsilon$.

7. 设 $(X, \mathfrak{M}, \mu)$ 为测度空间, 序列 $\{f_n\} \subset L^1(X, \mathfrak{M}, \mu)$ 满足 $\sum\limits_{n=1}^\infty \|f_n\|_1 < \infty$. 证明 $\lim\limits_{n\to\infty} f_n(x) = 0$, μ-a.e.

8. 在 Egoroff 定理中, 条件 "$\mu(X) < \infty$" 可以被 "存在 $g \in L^1(\mu)$ 使得 $|f_n| \leq g$, $n \in \mathbb{N}$" 代替.

9. 设 $(X, \mathfrak{M}, \mu)$ 为概率测度空间, $\{f_n\} \subset L^1(\mu)$, 且存在 $c > 0$ 使得 $\|f_n\| \leq c$, $n \in \mathbb{N}$. 设 $\lambda_n > 0$ 满足 $\sum\limits_{n=1}^\infty \lambda_n^{-1} < \infty$, $A_n = \left\{x : |f_n(x) - \int_X f_n \, d\mu| \geq \lambda_n\right\}$, $n \in \mathbb{N}$. 证明 $m\left(\limsup\limits_{n\to\infty} A_n\right) = 0$.

10. 设 $\mu(X) < \infty$, 对 X 上的实可测函数 f 和 g 定义

$$d(f, g) = \int_X \frac{|f - g|}{1 + |f - g|} \, d\mu.$$

证明 d 定义了 X 上实可测函数空间 $\mathscr{L}$ (模去几乎处处这个等价条件) 的一个度量, 并且序列 $\{f_n\}$ 依度量 d 收敛于 f 当且仅当 $\{f_n\}$ 依测度 μ 收敛于 f.

11. 设 $f_n : [0,1] \to \mathbb{R}$ 为单调递增函数序列, 并且依测度 Lebesgue 测度 m 收敛于可测函数 f. 证明, 若 $x \in (0,1)$ 为 f 的连续点, 则 $\lim\limits_{n\to\infty} f_n(x) = f(x)$.

12. 设 $\{f_n\}$ 及 f 均为 $[0,1]$ 上的实可测函数, 证明

$$f_n \xrightarrow{m} f \text{ 当且仅当 } \lim_{n\to\infty} \int_0^1 (|f_n - f| \wedge 1)\, \mathrm{d}m = 0.$$

13. 设 $f, f_n \in L^1(\mu)$, $n \in \mathbb{N}$. 假设

(1) $\{f_n\}$ 几乎处处收敛于 f;

(2) $\lim\limits_{n\to\infty} \|f_n\|_1 = \|f\|_1$.

证明 $\lim\limits_{n\to\infty} \|f_n - f\|_1 = 0$, 并举例说明若去掉条件 (2) 命题不成立.

第三章

Lebesgue测度

3.1 Lebesgue 测度的构造

为了定义 $\mathbb{R}^n$ 上与 Riemann 积分自然相容的 Lebesgue 积分, 需要找到度量 $\mathbb{R}^n$ 中子集大小的方法. 对于可以被度量的集合 A, 我们赋予一个非负 (广义) 实数 $m(A)$, 称作 A 的 Lebesgue 测度. 在这里, $n \in \mathbb{N}$ 为 Euclid 空间的维数. 一个自然的要求是, 对于 $\mathbb{R}^n$ 中几何体 A, 我们引入的 Lebesgue 测度 $m(A)$ 与 A 的体积 $\mathrm{vol}(A)$ 相等.

整个构造过程是冗长的, 我们将其分成若干步, 贯穿于以下各小节. 需要注意的是, 这个过程将体现所谓 Carathéodory 基于外测度的构造与扩张. 我们将这一抽象理论放在附录中, 作为参考.

3.1.1 开集与紧集上的 Lebesgue 测度

第 0 步: $m(\varnothing) = 0$.

第 1 步: 特殊矩体

定义 3.1 $\mathbb{R}^n$ 中的子集称作**特殊矩体**, 若它具有形式 $I = \prod\limits_{i=1}^{n} [a_i, b_i]$, $a_i \leqslant b_i$. 称特殊矩体 I 为**退化的**, 若存在某 i 使得 $a_i = b_i$.

对于这种所有边均平行于坐标轴的特殊矩体 I, 定义

$$m(I) = \prod_{i=1}^{n} (b_i - a_i). \tag{3.1}$$

命题 3.1 设 $I \subset \mathbb{R}^n$ 为一特殊矩体, 则下面的说法等价:

(1) $m(I) = 0$;

(2) $\overset{\circ}{I} = \varnothing$;

(3) I 包含于某维数小于 n 的 $\mathbb{R}^n$ 的仿射子空间中.

由此可以看出, 特殊矩体 I 为 $\overset{\circ}{I}$ 与其边 (零测集) 无交并.

第 2 步: 特殊多面体

定义 3.2 $\mathbb{R}^n$ 中的子集 P 称作**特殊多面体**, 若 P 可以表示为内部两两不交的特殊矩体之并, 即 $P = \bigcup\limits_{k=1}^{N} I_k$, 其中 $N \in \mathbb{N}$, 并且 $\{I_k\}$ 内部均两两不交.

若 $P = \bigcup\limits_{k=1}^{N} I_k$, 并且 I_k 的内部均两两不交, 定义

$$m(P) = \sum_{k=1}^{N} m(I_k). \tag{3.2}$$

注 3.1　上述定义的关键是考虑到 I_k 的边均落在某个 $\mathbb{R}^n$ 的低维仿射子空间中, 从而对"测度"没有影响. 另外, 对于上述定义, 有一个初等的但必须克服的困难: 对特殊多面体 P, $m(P)$ 与 P 的表示无关. 这个结论的证明是冗长的, 参见文献 [28] 60—63 页.

命题 3.2　特殊多面体定义的 m 满足以下性质:

P1) 若 $P_1 \subset P_2$, 则 $m(P_1) \leqslant m(P_2)$;

P2) 若 $\overset{\circ}{P_1} \cap \overset{\circ}{P_2} = \varnothing$, 则 $m(P_1 \cup P_2) = m(P_1) + m(P_2)$.

证明　这个证明是初等的, 但是很长, 详细证明参见文献 [28] 60—63 页.　□

第 3 步: 开集

对 $\mathbb{R}^n$ 中的非空开集 G, 定义

$$m(G) = \sup\{m(P) : P \subset G, \ P \text{ 为特殊多面体}\}. \tag{3.3}$$

注意, 因为 G 非空, 故必存在特殊多面体 $P \subset G$.

引理 3.1 (Lebesgue 数)　设 (X, d) 为紧度量空间, $\{G_\alpha\}_{\alpha \in A}$ 为 X 的开覆盖. 则存在 $\varepsilon > 0$, 称作 **Lebesgue 数**, 使得任给 $x \in X$, 存在 $\alpha \in A$, 使得 $B(x, \varepsilon) \subset G_\alpha$.

证明　任给 $x \in X$, 存在 $\alpha_x \in A$, 使得 $x \in G_{\alpha_x}$. 故存在 $r_x > 0$ 使得

$$B(x, 2r_x) \subset G_{\alpha_x}.$$

开球族 $\{B(x, r_x)\}_{x \in X}$ 亦构成 X 的开覆盖. 由 X 的紧性, 故存在 $x_1, x_2, \cdots, x_N \in X$, 使得

$$X = \bigcup_{i=1}^{N} B(x_i, r_{x_i}).$$

令 $\varepsilon = \min\limits_{i=1,2,\cdots,N} r_{x_i}$, 则 ε 为所求 Lebesgue 数.　□

命题 3.3　对开集定义的 m 满足以下性质: 设 G, G_k $(k \in \mathbb{N})$ 均为开集, 则

O1) $0 \leqslant m(G) \leqslant \infty$;

O2) $m(G) = 0$ 当且仅当 $G = \varnothing$;

O3) $m(\mathbb{R}^n) = \infty$;

O4) 若 $G_1 \subset G_2$, 则 $m(G_1) \leqslant m(G_2)$;

O5) $m\left(\bigcup_{k=1}^{\infty} G_k\right) \leqslant \sum_{k=1}^{\infty} m(G_k)$;

O6) 若开集列 $\{G_k\}$ 两两不交, 则 $m\left(\bigcup_{k=1}^{\infty} G_k\right) = \sum_{k=1}^{\infty} m(G_k)$;

O7) 若 P 为特殊多面体, 则 $m(P) = m(\overset{\circ}{P})$.

证明   O1) 是平凡的. 若 $G \neq \varnothing$, 则存在特殊多面体 $P \subset G$. 因此 $m(G) \geqslant m(P) > 0$, 故 O2) 成立. 对任意 $a > 0$, 记 $I_a = [-a,a] \times \cdots \times [-a,a]$. $I_a \subset \mathbb{R}^n$ 为特殊多面体, 故 $m(\mathbb{R}^n) \geqslant m(I_a) = (2a)^n$. 由 a 的任意性, 则得到 O3). O4) 由定义直接得到.

下面我们来证明 O5). 设 $P \subset \bigcup\limits_{k=1}^{\infty} G_k$. P 为紧集, $\{G_k\}$ 为 P 的一个开覆盖. 设 ε 为 P 关于开覆盖 $\{G_k\}$ 的 Lebesgue 数. 则任给 $x \in P$, 存在 k 使得 $B(x, \varepsilon) \subset G_k$. 细分 P 使得

$$P = \bigcup_{j=1}^{N} I_j,$$

$\{I_j\}$ 两两内部不交, x_j 为 I_j 中心, $\mathrm{diam}\,(I_j) \leqslant 2\varepsilon$. 则对某 k,

$$I_j \subset B(x_j, \varepsilon) \subset G_k,$$

即每一 I_j 包含于至少一个 G_k. 下面我们用归纳法. 设 P_1 为所有包含于 G_1 的 I_j 之并. 一般对 $k > 1$, 设 P_k 为所有包含于 G_k 的 I_j, 且满足 $I_j \not\subset G_1 \cup \cdots \cup G_{k-1}$. 因此,

$$P = \bigcup_{k=1}^{\infty} P_k,$$

且 P_k 两两内部不交, $P_k \subset G_k$. 故由 P2),

$$m(P) = \sum_k m(P_k) \leqslant \sum_k m(G_k).$$

注意上述求和为有限和. 因此

$$m(P) \leqslant \sum_{k=1}^{\infty} m(G_k).$$

最后由 P 的任意性, O5) 得证.

设 $P_k \subset G_k$, $k = 1, 2, \cdots, N$. 因为 $\{G_k\}$ 两两内部不交, 故 $\{P_k\}$ 亦两两内部不交, 且

$$\bigcup_{k=1}^{N} P_k \subset \bigcup_{k=1}^{N} G_k \subset \bigcup_{k=1}^{\infty} G_k.$$

由 P2),

$$\sum_{k=1}^{N} m(P_k) = m\left(\bigcup_{k=1}^{N} P_k\right) \leqslant m\left(\bigcup_{k=1}^{N} G_k\right).$$

由 $P_k \subset G_k$ 的任意性,

$$\sum_{k=1}^{N} m(G_k) \leqslant m\left(\bigcup_{k=1}^{\infty} G_k\right).$$

再由 N 的任意性,

$$\sum_{k=1}^{\infty} m(G_k) \leqslant m\left(\bigcup_{k=1}^{\infty} G_k\right).$$

结合 O5) 就得到了 O6).

最后验证 O7). 首先对特殊矩体 I 证明

$$m(\overset{\circ}{I}) \geqslant m(I). \tag{3.4}$$

事实上, 任给 $\varepsilon > 0$, 存在特殊矩体 I' 使得

$$I' \subset \overset{\circ}{I}, \qquad m(I') > m(I) - \varepsilon.$$

因此, $m(\overset{\circ}{I}) \geqslant m(I') > m(I) = \varepsilon$. 则 (3.4) 由 ε 的任意性得到. 若 $P = \bigcup_{k=1}^{N} I_k$, $\{I_k\}$ 两两内部不交, 则 $\overset{\circ}{P} \supset \bigcup_{k=1}^{N} \overset{\circ}{I}_k$, $\{\overset{\circ}{I}_k\}$ 两两不交. 故由 O6) 和 (3.4),

$$m(\overset{\circ}{P}) \geqslant \sum_{k=1}^{N} m(\overset{\circ}{I}_k) \geqslant \sum_{k=1}^{N} m(I_k) = m(P).$$

另一方面, 若 Q 为任意特殊多面体, $Q \subset \overset{\circ}{P}$, 则由 P1),

$$m(Q) \leqslant m(P).$$

由 Q 的任意性, $m(\overset{\circ}{P}) \leqslant m(P)$. □

第 4 步: 紧集

定义 3.3 设 $K \subset \mathbb{R}^n$ 为紧集, 定义

$$m(K) = \inf\{m(G) : G \supset K, \ G \ \text{为开集}\}.$$

我们首先澄清一件事. 若紧集 K 为特殊多面体, 则第 2 步与这里的 $m(K)$ 的定义是相容的. 确切地说, 对特殊多面体 P, 设

$$\alpha = m(P), \qquad (\text{第 2 步定义})$$

$$\beta = \inf\{m(G) : G \supset P, \ G \ \text{为开集}\},$$

我们有

$$\alpha = \beta. \tag{3.5}$$

事实上, 若 $P \subset G$, 由 $m(G)$ 的定义, $\alpha \leqslant m(G)$. 再由 G 的任意性, 则 $\alpha \leqslant \beta$. 另一方面, 设 $P = \bigcup_{k=1}^{N} I_k$. 任给 $\varepsilon > 0$, 选取特殊矩体 I_k' 使得

$$I_k \subset (I_k')^\circ, \qquad m(I_k') < m(I_k) + \frac{\varepsilon}{N}, \qquad k = 1, 2, \cdots, N.$$

设 $G = \bigcup_{k=1}^{N} (I_k')^\circ$, 则 G 为开集且 $P \subset G$. 故

$$\beta \leqslant m(G) \leqslant \sum_{k=1}^{N} m((I_k')^\circ) \leqslant \sum_{k=1}^{N} \left(m(I_k) + \frac{\varepsilon}{N} \right) \leqslant \alpha + \varepsilon.$$

由 ε 的任意性, $\beta \leqslant \alpha$. 这就证明了 (3.5).

命题 3.4　对紧集定义的 m 满足以下性质: 设 K, K_1, K_2 均为紧集, 则

C1) $0 \leqslant m(K) < \infty$;

C2) $K_1 \subset K_2 \Rightarrow m(K_1) \leqslant m(K_2)$;

C3) $m(K_1 \cup K_2) \leqslant m(K_1) + m(K_2)$;

C4) 若 $K_1 \cap K_2 = \varnothing$, 则 $m(K_1 \cup K_2) = m(K_1) + m(K_2)$.

证明　C1) 是平凡的, 因为 K 有界. C2) 由定义直接得到.

任给 G_1, G_2 为开集, $K_1 \subset G_1, K_2 \subset G_2$, 则 $K_1 \cup K_2 \subset G_1 \cup G_2$. 故由 O5),

$$m(K_1 \cup K_2) \leqslant m(G_1 \cup G_2) \leqslant m(G_1) + m(G_2).$$

由 G_1, G_2 的任意性就得到了 C3).

假设 K_1, K_2 为紧集且不交, 则 $d(K_1, K_2) = \inf\{d(x, y) : x \in K_1, y \in K_2\} \geqslant \delta > 0$. 若 G 为开集满足 $K_1 \cup K_2 \subset G$, 定义

$$G_i = G \bigcap \left(\bigcup_{x \in K_i} B\left(x, \frac{\delta}{2}\right) \right), \qquad i = 1, 2.$$

则 G_1 和 G_2 均为开集, $G_1 \cap G_2 = \varnothing$ 且 $K_1 \subset G_i \subset G$ $(i = 1, 2)$. 故由 O6),

$$m(K_1) + m(K_2) \leqslant m(G_1) + m(G_2) = m(G_1 \cup G_2) \leqslant m(G).$$

由 G 的任意性, 则 $m(K_1) + m(K_2) \leqslant m(K_1 \cup K_2)$. 相反的不等式由 C3) 得到. □

3.1.2 外测度与内测度

<u>**定义 3.4**</u>　设 $A \subset \mathbb{R}^n$, 定义

$$m^*(A) = \inf\{m(G) : G \supset A,\ G \text{ 为开集}\},$$

$$m_*(A) = \sup\{m(K) : K \subset A,\ K \text{ 为紧集}\}.$$

$m^*(A)$ 和 $m_*(A)$ 分别称作集合 A 的**外测度**和**内测度**.

　　命题 3.5　对 $\mathbb{R}^n$ 的子集定义的 m^* 和 m_* 满足以下性质: 设 $A, B, A_k\ (k \in \mathbb{N})$ 为 $\mathbb{R}^n$ 的任意子集, 则

(1) $m_*(A) \leqslant m^*(A)$;

(2) $A \subset B \Rightarrow m^*(A) \leqslant m^*(B),\ m_*(A) \leqslant m_*(B)$;

(3) $m^*\left(\bigcup_{k=1}^{\infty} A_k\right) \leqslant \sum_{k=1}^{\infty} m^*(A_k)$;

(4) 若 $\{A_k\}$ 两两不交, 则 $m_*\left(\bigcup_{k=1}^{\infty} A_k\right) \geqslant \sum_{k=1}^{\infty} m_*(A_k)$;

(5) 若 A 为开集或紧集, 则 $m^*(A) = m_*(A) = m(A)$.

　　证明　若有紧集 K 和开集 G 使得 $K \subset A \subset G$, 则 $K \subset G$, 从而由 $m(K)$ 的定义, $m(K) \leqslant m(G)$, 则 (1) 的结论得证. (2) 的证明类似于 O4) 和 C2).

　　任给 $\varepsilon > 0$, 存在开集 $G_k \supset A_k$ 使得

$$m(G_k) \leqslant m^*(A_k) + \frac{\varepsilon}{2^k}, \qquad k \in \mathbb{N}.$$

则性质 O5) 表明

$$m^*\left(\bigcup_{k=1}^{\infty} A_k\right) \leqslant m\left(\bigcup_{k=1}^{\infty} G_k\right) \leqslant \sum_{k=1}^{\infty} m(G_k)$$

$$\leqslant \sum_{k=1}^{\infty}\left(m^*(A_k) + \frac{\varepsilon}{2^k}\right) = \left(\sum_{k=1}^{\infty} m^*(A_k)\right) + \varepsilon.$$

由 ε 的任意性, (3) 得证.

　　设 $K_1, K_2, \cdots, K_N$ 分别为 $A_1, A_2, \cdots, A_N$ 的紧子集, 则 $\{K_k\}_{k=1}^{N}$ 两两不交. 故由 C4)

$$m_*\left(\bigcup_{k=1}^{\infty} A_k\right) \geqslant m_*\left(\bigcup_{k=1}^{N} K_k\right) = \sum_{k=1}^{N} m_*(K_k).$$

由 $\{K_k\}$ 的任意性,

$$m_*\left(\bigcup_{k=1}^{\infty} A_k\right) \geqslant \sum_{k=1}^{N} m_*(A_k).$$

再由 N 的任意性, 则证明了 (4).

最后证明 (5). 首先假设 A 为开集, 显然 $m^*(A) = m(A)$. 若 $P \subset A$ 为任意特殊多面体, P 为紧集, 则 $m(P) \leqslant m_*(A)$. 由 P 的任意性, $m(A) \leqslant m_*(A)$. 这就说明 $m^*(A) = m(A) \leqslant m_*(A) \leqslant m^*(A)$. 若 A 为紧集, 显然 $m(A) = m_*(A)$. 但 $m(A)$ 的定义表明 $m(A) = m^*(A)$. □

通常一个定义在 $\mathbb{R}^n$ 子集类上的非负函数 μ^* 称作外测度, 是指满足上面性质 (3), 即对该子集类中任意集合列 $\{A_k\}$ 有

$$\mu^*\left(\bigcup_{k=1}^{\infty} A_k\right) \leqslant \sum_{k=1}^{\infty} \mu^*(A_k).$$

第 5 步: $m^*(A) < \infty$

对于 $m^*(A) = \infty$ 的情形将来再进行处理.

定义 3.5　设 $A \subset \mathbb{R}^n$, $m^*(A) < \infty$, 若 $m^*(A) = m_*(A)$, 则称 A 为 Lebesgue 可测集, 记作 $A \in \mathscr{L}_0$. 对 $A \in \mathscr{L}_0$, 定义 A 的 Lebesgue 测度

$$m(A) = m^*(A) = m_*(A).$$

性质 (5) 的一个直接推论是

命题 3.6　若 A 为开集且 $m^*(A) < \infty$, 或 A 为紧集, 则 $A \in \mathscr{L}_0$.

引理 3.2　若 $A, B \in \mathscr{L}_0$, $A \cap B = \varnothing$, 则 $A \cup B \in \mathscr{L}_0$ 且

$$m(A \cup B) = m(A) + m(B).$$

证明　由性质 (3)、(4) 和 (1),

$$m^*(A \cup B) \leqslant m^*(A) + m^*(B) = m(A) + m(B) = m_*(A) + m_*(B)$$

$$\leqslant m_*(A \cup B) \leqslant m^*(A \cup B).$$

这就证明了结论. □

定理 3.3 (逼近性质)　设 $A \subset \mathbb{R}^n$, $m^*(A) < \infty$. 则 $A \in \mathscr{L}_0$ 当且仅当任给 $\varepsilon > 0$, 存在紧集 K 和开集 G, 使得 $K \subset A \subset G$ 且

$$m(G \setminus K) < \varepsilon. \tag{3.6}$$

证明　首先假设 $A \in \mathscr{L}_0$. 由外、内测度的定义, 任给 $\varepsilon > 0$, 存在紧集 K 和开集 G, 使得 $K \subset A \subset G$ 以及

$$m(G) < m^*(A) + \frac{\varepsilon}{2} = m(A) + \frac{\varepsilon}{2},$$

$$m(K) > m_*(A) - \frac{\varepsilon}{2} = m(A) - \frac{\varepsilon}{2}.$$

由引理 3.2, $m(G) = m(K) + m(G \setminus K)$, 故

$$m(G \setminus K) = m(G) - m(K) < \left(m(A) + \frac{\varepsilon}{2} \right) - \left(m(A) - \frac{\varepsilon}{2} \right) = \varepsilon.$$

因此 (3.6) 成立.

反之, 假设任给 $\varepsilon > 0$, 存在紧集 K 和开集 G, 使得 $K \subset A \subset G$ 且 (3.6)成立. 由引理 3.2,

$$m^*(A) \leqslant m(G) = m(K) + m(G \setminus K) \leqslant m(K) + \varepsilon \leqslant m_*(A) + \varepsilon.$$

由 ε 的任意性, $m^*(A) \leqslant m_*(A)$. 故 $A \in \mathscr{L}_0$. $\qquad \square$

推论 3.4 设 $A, B \in \mathscr{L}_0$, 则 $A \cup B, A \cap B, A \setminus B \in \mathscr{L}_0$.

证明 首先考虑 $A \setminus B$. 由定理 3.3, 对 $A, B \in \mathscr{L}_0$, 任给 $\varepsilon > 0$, 存在紧集 K_1, K_2 和开集 G_1, G_2 满足

$$K_1 \subset A \subset G_1, \qquad m(G_1 \setminus K_1) < \frac{\varepsilon}{2},$$

$$K_2 \subset B \subset G_2, \qquad m(G_2 \setminus K_2) < \frac{\varepsilon}{2}.$$

定义 $K = K_1 \setminus G_2, G = G_1 \setminus K_2$. 则 K 为紧集, G 为开集, 且

$$K \subset A \setminus B \subset G.$$

容易验证

$$G \setminus K \subset (G_1 \setminus K_1) \cup (G_2 \setminus K_2).$$

故

$$m(G \setminus K) \leqslant m(G_1 \setminus K_1) + m(G_2 \setminus K_2) < \varepsilon,$$

从而 $A \setminus B \in \mathscr{L}_0$.

由关系

$$A \cap B = A \setminus (A \setminus B), \quad A \cup B = B \cup (A \setminus B),$$

则若 $A, B \in \mathscr{L}_0$, 有 $A \cup B, A \cap B \in \mathscr{L}_0$. $\qquad \square$

定理 3.5 (可列可加性) 假设 $\{A_k\}_{k \in \mathbb{N}} \subset \mathscr{L}_0$, $A = \bigcup\limits_{k=1}^{\infty} A_k$, $m^*(A) < \infty$. 则 $A \in \mathscr{L}_0$ 且

$$m(A) \leqslant \sum_{k=1}^{\infty} m(A_k). \tag{3.7}$$

若 $\{A_k\}$ 两两不交, 则

$$m(A) = \sum_{k=1}^{\infty} m(A_k). \tag{3.8}$$

证明 首先假设 $\{A_k\}$ 两两不交, 则由命题 3.5(3) 和 (4),

$$m^*(A) \leqslant \sum_{k=1}^{\infty} m^*(A_k) = \sum_{k=1}^{\infty} m(A_k) = \sum_{k=1}^{\infty} m_*(A_k) \leqslant m_*(A) \leqslant m^*(A).$$

这就证明了 (3.8).

一般情形下, 约定 $A_0 = \varnothing$, 定义

$$B_1 = A_1, \qquad B_k = A_k \setminus (A_1 \cup \cdots \cup A_{k-1}), \qquad k \in \mathbb{N}.$$

由推论 3.4, 每一 $B_k \in \mathscr{L}_0$. 并且 $\{B_k\}$ 两两不交, $B_k \subset A_k$, $\bigcup\limits_{k=1}^{\infty} B_k = A$. 从而由前面的讨论以及 (3.8), $A \in \mathscr{L}_0$ 且

$$m(A) = \sum_{k=1}^{\infty} m(B_k) \leqslant \sum_{k=1}^{\infty} m(A_k).$$

证毕. □

推论 3.4 表明 $\mathscr{L}_0$ 构成一集合代数. 定理 3.5 表明, 若满足 $m^*\left(\bigcup\limits_{k} A_k\right) < \infty$, 则 $\mathscr{L}_0$ 在可数并运算下封闭且 m 在 $\mathscr{L}_0$ 上满足可列可加性. 但是一般而言条件 $m^*\left(\bigcup\limits_{k} A_k\right) < \infty$ 是不能保证的. 因此定理 3.5 中的可列可加性是不完整的. 我们需要将 $\mathscr{L}_0$ 扩张到一个更大的集合类上.

3.1.3 扩张与完备化

第 6 步: 任意可测集

定义 3.6 $A \subset \mathbb{R}^n$, 若对任意 $M \in \mathscr{L}_0$ 都有 $A \cap M \in \mathscr{L}_0$, 则称 A 为 **Lebesgue 可测集**. 记 $\mathscr{L}$ 为 $\mathbb{R}^n$ 上所有 Lebesgue 可测集的全体. 对于 $A \in \mathscr{L}$, 定义它的 **Lebesgue 测度**为

$$m(A) = \sup\{m(A \cap M) : M \in \mathscr{L}_0\}.$$

同样, 我们需要说明对于 $\mathscr{L}_0$ 中的 A, 定义 3.6 与第 5 步定义 3.5 中的 $m(A)$ 相容.

命题 3.7 设 $A \subset \mathbb{R}^n$ 且 $m^*(A) < \infty$, 则 $A \in \mathscr{L}_0 \Leftrightarrow A \in \mathscr{L}$. 若 $A \in \mathscr{L}_0$, 则第 5 步与第 6 步中 $m(A)$ 的定义相容.

证明 若 $A \in \mathscr{L}_0$, 由推论 3.4, 对于 $M \in \mathscr{L}_0$, $A \cap M \in \mathscr{L}_0$. 从而 $A \in \mathscr{L}$. 反之, 若 $A \in \mathscr{L}$, 由于开球 $B(0, k) \in \mathscr{L}_0$, 故 $A_k = A \cap B(0, k) \in \mathscr{L}_0$, $k \in \mathbb{N}$. 注意到 $A = \bigcup\limits_{k=1}^{\infty} A_k$ 且 $m^*(A) < \infty$. 则由第 5 步定理 3.5中的可列可加性, $A \in \mathscr{L}_0$.

最后, 设 $A \in \mathscr{L} = \mathscr{L}_0$, 并记 $\bar{m}(A)$ 为定义 3.6中定义的 A 的 Lebesgue 测度, 即

$$\bar{m}(A) = \sup\{m(A \cap M) : M \in \mathscr{L}_0\}.$$

因为 $A \cap M \subset A$, 故 $m(A \cap M) \leqslant m(A)$. 故 $\bar{m}(A) \leqslant m(A)$. 另一方面, 取 $M = A$, 则 $\bar{m}(A) \geqslant m(A)$. 这就证明了 $\bar{m}(A) = m(A)$. $\square$

下面我们讨论 Lebesgue 测度的基本性质, 作为其构造过程的一个总结.

定理 3.6   M1) $A \in \mathscr{L} \Rightarrow A^c \in \mathscr{L}$.

M2) $\mathscr{L}$ 在可列交和可列并运算下封闭.

M3) $A, B \in \mathscr{L} \Rightarrow A \setminus B \in \mathscr{L}$.

M4) 若 $\{A_k\}_{k \in \mathbb{N}} \subset \mathscr{L}$, 则

$$m(A) \leqslant \sum_{k=1}^{\infty} m(A_k).$$

若 $\{A_k\}$ 两两不交, 则

$$m(A) = \sum_{k=1}^{\infty} m(A_k).$$

M5) 若 $\{A_k\}_{k \in \mathbb{N}} \subset \mathscr{L}$ 且单调递增, 则

$$\lim_{k \to \infty} m(A_k) = m\left(\bigcup_{k=1}^{\infty} A_k\right).$$

M6) 若 $\{A_k\}_{k \in \mathbb{N}} \subset \mathscr{L}$ 且单调递减, $m(A_1) < \infty$, 则

$$\lim_{k \to \infty} m(A_k) = m\left(\bigcap_{k=1}^{\infty} A_k\right).$$

M7) $\mathbb{R}^n$ 中所有开集和闭集均可测.

M8) 若 $m^*(A) = 0$, 则 A 可测且 $m(A) = 0$.

M9) (逼近性质) $A \subset \mathbb{R}^n$ 为 Lebesgue 可测集当且仅当任给 $\varepsilon > 0$, 存在闭集 F 和开集 G, 使得

$$F \subset A \subset G, \qquad m(G \setminus F) < \varepsilon.$$

M10) 若 A 为 Lebesgue 可测集, 则 $m^*(A) = m_*(A) = m(A)$.

M11) 若 $A \subset B$ 且 B 为 Lebesgue 可测, 则

$$m^*(A) + m_*(B \setminus A) = m(A).$$

M12) (Carathéodory 判据) $A \subset \mathbb{R}^n$ 为 Lebesgue 可测集当且仅当

$$m^*(E) = m^*(E \cap A) + m^*(E \cap A^c), \qquad \forall E \subset \mathbb{R}^n. \tag{3.9}$$

证明 设 $A \in \mathscr{L}$, 任给 $M \in \mathscr{L}_0$, 由推论 3.4, $A^c \cap M = M \setminus A = M \setminus (A \cap M) \in \mathscr{L}_0$. 则由 M 的任意性, $A^c \in \mathscr{L}$, 这证明了 M1). 若 $\{A_k\}_{k \in \mathbb{N}} \subset \mathscr{L}$, $A = \bigcup\limits_{k=1}^{\infty} A_k$, 则对任意 $M \in \mathscr{L}_0$, $A \cap M = \bigcup\limits_{k=1}^{\infty} (A_k \cap M)$. 因为 $m^*(A \cap M) \leqslant m(M) < \infty$, 则由第 5 步定理 3.5 中的可列可加性, $A \cap M \in \mathscr{L}_0$. 故由 M 的任意性, $A \in \mathscr{L}$. 可数交的情形由 de Morgan 法则得到, 这就证明了 M2). M3) 由等式 $A \setminus B = A \cap B^c$ 以及 M1) 和 M2) 得证.

下面来证明 M4). 设 $A = \bigcup\limits_{k=1}^{\infty} A_k$. 则

$$m(A \cap M) = m\left(\bigcup_{k=1}^{\infty} (A_k \cap M) \right) \leqslant \sum_{k=1}^{\infty} m(A_k \cap M) \leqslant \sum_{k=1}^{\infty} m(A_k).$$

上式对所有 $M \in \mathscr{L}_0$ 取上确界则证明了次可加性. 若 $\{A_k\}$ 两两不交, 任给 $N \in \mathbb{N}$ 及 $M_1, M_2, \cdots, M_N \in \mathscr{L}_0$, $M = \bigcup\limits_{k=1}^{N} M_N$, 则 $M \in \mathscr{L}_0$ 且

$$m(A) \geqslant m(A \cap M) = \sum_{k=1}^{\infty} m(A_k \cap M) \geqslant \sum_{k=1}^{N} m(A_k \cap M) \geqslant \sum_{k=1}^{N} m(A_k \cap M_k).$$

由 $\{M_k\}_{k=1}^{N}$ 的任意性,

$$m(A) \geqslant \sum_{k=1}^{N} m(A_k).$$

最后再由 N 的任意性,

$$m(A) \geqslant \sum_{k=1}^{\infty} m(A_k).$$

结合次可加性, 则证明了可列可加性.

M5) 和 M6) 参见定理 2.3. 任给开集 G, $G = \bigcup\limits_{k=1}^{\infty} G \cap B(0, k)$. 每一 $G \cap B(0, k)$ 均为开集且 $m^*(G \cap B(0, k)) < \infty$, 故由第 5 步, $G \cap B(0, k)$ 可测. 从而由 M2), G 可测. 闭集的可测性再利用 M1) 得到. 这就证明了 M7). M8) 可由 $0 \leqslant m_*(A) \leqslant m^*(A) = 0$ 得到. 注意这里实际上只用到了第 5 步的构造.

下面证明 M9). 首先假设 A 满足逼近性质, 则任给 $k \in \mathbb{N}$, 存在闭集 F_k 和开集 G_k, 使得

$$F_k \subset A \subset G_k, \qquad m(G_k \setminus F_k) < \frac{1}{k}.$$

定义 $B = \bigcup_{k=1}^{\infty} F_k$, 则 B 可测, $B \subset A$, 且

$$A \setminus B \subset G_k \setminus B \subset G_k \setminus F_k, \qquad \forall k \in \mathbb{N}.$$

故 $m^*(A \setminus B) \leqslant m(G_k \setminus F_k) < \dfrac{1}{k}$. 由 k 的任意性, 则 $m^*(A \setminus B) = 0$. 由 M8), $A \setminus B$ 可测. 因此 $A = (A \setminus B) \cup B$ 可测. 反之, 若 A 可测, 定义

$$E_k = B(0, k) \setminus B(x, k-1), \qquad k \in \mathbb{N}.$$

则由第 5 步定理 3.3 的逼近性质, 任给 $\varepsilon > 0$, 存在紧集 K_k 及开集 G_k, 使得

$$K_k \subset A \cap E_k \subset G_k, \qquad m(G_k \setminus K_k) < \frac{\varepsilon}{2^k}, \quad k \in \mathbb{N}.$$

定义 $F = \bigcup_{k=1}^{\infty} K_k$, $G = \bigcup_{k=1}^{\infty} G_k$. 易见 G 为开集, 实际上 F 为闭集[①]. 显然 $F \subset A \subset G$, 且

$$G \setminus F \subset \bigcup_{k=1}^{\infty} (G_k \setminus F) \subset \bigcup_{k=1}^{\infty} (G_k \setminus K_k).$$

因此

$$m(G \setminus F) \leqslant \sum_{k=1}^{\infty} m(G_k \setminus K_k) < \varepsilon.$$

　　M10) 在 $m^*(A) < \infty$ 的情形已知. 下面假设 A 可测且 $m^*(A) = \infty$. 若 $m(A) < \infty$, 则 M9) 的逼近性质, 存在闭集 F 和开集 G, $F \subset A \subset G$, 且 $m(G \setminus F) < 1$. 从而

$$m(G) = m(G \setminus A) + m(A) \leqslant m(G \setminus F) + m(A) \leqslant 1 + m(A) < \infty.$$

这与 $m^*(A) = \infty$ 矛盾. 故有 $m(A) = \infty$. 由 M5) 的单调性质,

$$\lim_{k \to \infty} m(A \cap B(0, k)) = \infty.$$

由于 $m(A \cap B(0, k)) < \infty$, 故

$$m(A \cap B(0, k)) = m_*(A \cap B(0, k)) \leqslant m_*(A).$$

由 k 的任意性, 则 $m_*(A) = \infty$.

　　接下来我们证明 M11). 任给开集 $G \supset A$,

$$m(G) + m_*(B \setminus A) \geqslant m(B \cap G) + m_*(B \setminus A)$$

---

① 事实上, F 的任一极限点必为某有限并 $\bigcup_{k=1}^{N} K_k$ 的极限点.

$$\geqslant m(B \cap G) + m_*(B \setminus G)$$

$$= m(B \cap G) + m(B \setminus G) = m(B).$$

由 G 的任意性,

$$m(A) + m_*(B \setminus A) \geqslant m(B).$$

类似地, 任给紧集 $K \subset B \setminus A$,

$$m^*(A) + m(K) \leqslant m^*(B \setminus K) + m(K) = m(B \setminus K) + m(K) = m(B).$$

由 K 的任意性,

$$m^*(A) + m(B \setminus A) \leqslant m(B).$$

最后验证 M12) 中的 Carathéodory 判据. 首先假设 A 可测, 任给 $E \subset \mathbb{R}^n$ 及开集 $G \supset E$,

$$m(G) = m(G \cap A) + m(G \cap A^c) \geqslant m^*(G \cap A) + m^*(G \cap A^c).$$

由 G 的任意性, 则 $m^*(E) \geqslant m^*(E \cap A) + m^*(E \cap A^c)$. (3.9)反向不等式由命题 3.5(3) 中外测度次可加性得到. 反之, 假设 A 满足 Carathéodory 判据 (3.9). 设 $M \in \mathscr{L}_0$. 在 (3.9) 中取 $E = M$, 则

$$m(M) = m^*(M \cap A) + m^*(M \cap A^c).$$

在 M11) 中分别取 A 和 B 为 $M \cap A^c$ 和 M, 则

$$m(M) = m_*(M \cap A) + m^*(M \cap A^c).$$

比较上面二式得到

$$m^*(M \cap A) = m_*(M \cap A),$$

即 $M \cap A \in \mathscr{L}_0$. 由 M 的任意性, A 可测. □

思考题　任给 $A \subset \mathbb{R}^n$, 证明

$$m^*(A) = \inf \left\{ \sum_{k=1}^{\infty} m(I_k) : \{I_k\} \text{ 为特殊矩体}, \ A \subset \bigcup_{k=1}^{\infty} I_k \right\}.$$

思考题　若 $A \cup B$ 可测且满足

$$m(A \cup B) = m^*(A) + m^*(B) < \infty.$$

证明 A, B 均可测.

  思考题 任给 $A, B \subset \mathbb{R}^n$, 证明

$$m^*(A) + m^*(B) \geqslant m^*(A \cup B) + m^*(A \cup B),$$

$$m_*(A) + m_*(B) \leqslant m_*(A \cup B) + m_*(A \cup B).$$

  思考题 设 $E \subset \mathbb{R}$, 证明存在可测集 A, 使得 $E \subset A$ 并且 $m_*(A \setminus E) = 0$. 这样的 A 称作集合 E 的**等测包**.

  思考题 证明: 若 $\{E_k\}$ 为 $\mathbb{R}^n$ 的递增集合列, 则

$$\lim_{k \to \infty} m^*(E_k) = m^* \left(\bigcup_{k=1}^{\infty} E_k \right).$$

  思考题 设 $A, B \subset \mathbb{R}^n$, 且 $d(A, B) = \inf\{|x - y| : x \in A, y \in B\} > 0$. 证明 $m^*(A \cup B) = m^*(A) + m^*(B)$.

  思考题 设 $A \subset \mathbb{R}^n$ 为 Lebesgue 可测集, $m(A) > 0$, $\{x_k\} \subset \mathbb{R}^n$ 为有界序列, $A_k = x_k + A$, $k \in \mathbb{N}$. 证明 $m(A) \leqslant m \left(\limsup_{k \to \infty} A_k \right)$.

  思考题 证明存在集合列 $\{E_n\} \subset \mathbb{R}^n$, $n \in \mathbb{N}$, 使得 $m^* \left(\bigcup_{n \in \mathbb{N}} E_n \right) < \sum_{n \in \mathbb{N}} m^*(E_n)$.

3.2 Lebesgue 测度的不变性

  所谓测度的不变性是指测度在变换群下的不变性. 本节主要讨论在刚体运动下 Lebesgue 测度的不变性. 一个重要的特殊情形是 Lebesgue 测度的平移不变性. 有关在拓扑群上关于群作用不变的 Haar 测度可以看成 Lebesgue 的一种推广 (参见文献 [21]).

  <u>**定义 3.7**</u> 设 $(X, \mathscr{B}(X), \mu)$ 为 Borel 测度空间, $\varPhi : \mathbb{R}^n \to \mathbb{R}^n$ 为 Borel 映射, μ 称作 $\varPhi$-**不变测度**, 若 $\varPhi_\# \mu = \mu$, 即

$$\mu(\varPhi^{-1}(E)) = \mu(E), \qquad \forall E \in \mathscr{B}(X).$$

  本节我们首先讨论, 作为 Borel 测度, 前面定义的 Lebesgue 测度 m 在仿射变换下的不变性.

  <u>**定义 3.8**</u> 设 $\varPhi : \mathbb{R}^n \to \mathbb{R}^n$.

(1) $\varPhi$ 称作**仿射变换**, 若存在一个线性映射 $T : \mathbb{R}^n \to \mathbb{R}^n$ 及 $z \in \mathbb{R}^n$ 使得

$$\varPhi(x) = T(x) + z, \qquad x \in \mathbb{R}^n.$$

若 T 为正交变换, 则称 $\varPhi$ 为**刚体运动**.

(2) $\varPhi$ 称作**等距同构**, 若

$$|\varPhi(x) - \varPhi(y)| = |x - y|, \qquad x, y \in \mathbb{R}^n.$$

思考题　证明变换 $\varPhi$ 为等距同构当且仅当它为刚体运动.

设 $A, B \subset \mathbb{R}^n, z \in \mathbb{R}^n, r \in \mathbb{R}$, 定义

$$A \pm B = \{x \pm y : x \in A, y \in B\}, \quad A \pm z = A \pm \{z\}, \quad rA = \{rx : x \in A\}.$$

类似地, 可定义集合 $-A = (-1)A, A - B = A + (-1)B$. 集合 $A + B$ 称作集合 A 和 B 的 **Minkowski 和**或**代数和**.

我们讨论一下上一节构造的 Lebesgue 测度在仿射变换下的性质.

(1) 首先, 对于平移变换 $x \mapsto x + z$, 对特殊矩体 I, 显然平移变换下 I 变成特殊矩体 $I + z$. 从而对特殊多面体 P, 平移变换下 P 变成特殊矩体 $P + z$, 并且 $m(P) = m(P + z)$.

(2) 对于开集 G 和紧集 K, $G + z$ 为开集, $K + z$ 为紧集. 由定义, 必有 $m(G) = m(G + z)$ 和 $m(K) = m(K + z)$ 成立. 因此必有

$$m^*(E) = m^*(E + z), \qquad m_*(E) = m_*(E + z), \qquad \forall E \subset \mathbb{R}^n.$$

这表明, 若 $m^*(E) < \infty$, 则 E 可测当且仅当 $E + z$ 可测, 且此时 $m(E) = m(E + z)$.

(3) 最后, 由测度的扩张, 我们有: $E \in \mathscr{L}$ 当且仅当 $E + z \in \mathscr{L}$, 并且此时 $m(E) = m(E + z)$.

(4) 综上所述: Lebesgue 可测集在平移变换下保持可测性, 且 Lebesgue 测度在平移变换下不变. 或者说, 设 $T_z : \mathbb{R}^n \to \mathbb{R}^n, T_z(x) = x + z$, 为平移变换, 则 $(T_z)_\# m = m$.

类似于上面的讨论, 我们来分析 Lebesgue 测度在线性变换下的性质.

(1) 若 $T : \mathbb{R}^n \to \mathbb{R}^n$ 为线性变换, 当 T 退化时, 其值域 $T(\mathbb{R}^n)$ 包含于某低维线性子空间. 从而有前一节的讨论, $m^*(T(\mathbb{R}^n)) = 0$, 因此 $T(\mathbb{R}^n)$ 为零测集. 注意此时 $\det(T) = 0$.

(2) 下面均假设 T 非退化. 我们知道, 对于特殊矩体 I, $T(I)$ 为一平行多面体, 其体积为 $|\det(T)| \cdot \mathrm{vol}(I)$. 重复上面的讨论可得

$$\begin{aligned} m^*(T(E)) &= |\det(T)| \cdot m^*(E), \\ m_*(T(E)) &= |\det(T)| \cdot m_*(E), \end{aligned} \qquad \forall E \subset \mathbb{R}^n.$$

(3) 再由测度的扩张, 若 T 非退化, $E \in \mathscr{L}$ 当且仅当 $T(E) \in \mathscr{L}$, 并且此时 $m(T(E)) = |\det(T)| \cdot m(E)$.

上面的讨论总结起来, 我们有

定理 3.7 (Lebesgue 测度的不变性)　假设 $\varPhi : \mathbb{R}^n \to \mathbb{R}^n$ 具有形式 $\varPhi(x) = T(x) + z$, $x \in \mathbb{R}^n$, 其中 $T : \mathbb{R}^n \to \mathbb{R}^n$ 为线性变换, 则

$$m^*(T(E)) = |\det(T)| \cdot m^*(E),$$
$$m_*(T(E)) = |\det(T)| \cdot m_*(E), \qquad \forall E \subset \mathbb{R}^n.$$

(1) 若 E 可测, 则 $T(E)$ 可测, 且 $m(T(E)) = |\det(T)| \cdot m(E)$.

(2) 特别地, 若 $\varPhi$ 为刚体运动, 则 m 是 $\varPhi$-不变的, 即 $\varPhi_\# m = m$.

下面的定理说明 Lebesgue 测度 m 的不变性意味着关于 m 的 Lebesgue 积分的不变性.

定理 3.8 (变量代换公式 I)　假设 $\varPhi : \mathbb{R}^n \to \mathbb{R}^n$ 具有形式 $\varPhi(x) = T(x) + z$, $x \in \mathbb{R}^n$, 其中 $T : \mathbb{R}^n \to \mathbb{R}^n$ 为线性变换, $f : \mathbb{R}^n \to \mathbb{R}$ 非负可测, $E \subset \mathbb{R}^n$ 为 Lebesgue 可测, 则

$$\int_{\varPhi(E)} f(y)\, \mathrm{d}m(y) = \int_E f \circ \varPhi(x) \cdot |\det(T)|\, \mathrm{d}m(x).$$

思考题　证明定理 3.8, 并试给出 $f \in L^1(\mathbb{R}^n)$ 时的结论.

思考题　设 $T : \mathbb{R}^n \to \mathbb{R}^n$ 为局部 Lipschitz 映射, 即对任意紧集 $K \subset \mathbb{R}^n$, 存在 $M_K > 0$ 使得 $|T(x) - T(y)| \leqslant M_K |x - y|$, $x, y \in K$.

(1) 证明: 若 $A \subset \mathbb{R}^n$ 有界则 $m^*(T(A)) < \infty$;

(2) 证明: 若 A 可测, 则 $T(A)$ 可测;

(3) 若 A 可测且 $m(A) < \infty$, 一定有 $m(T(A)) < \infty$?

思考题　假设 $\{A_i\}_{i \in I}$ 为一族 $\mathbb{R}^n$ 的可测集, 并且 A_i 两两不交, 每一 A_i 均为正测集. 证明 I 至多可数.

思考题　证明存在 $[0,1]$ 中的单调递减的子集列 $\{A_k\}$ 使得, $\bigcap\limits_{k \in \mathbb{N}} A_k = \varnothing$, 但对所有 k, $m^*(A_k) = 1$.

3.3　关于 Lebesgue 测度的注记

本节将讨论关于 Lebesgue 测度的一些相关问题, 主要包括 Lebesgue 不可测集的存在性, Borel 集与 Lebesgue 可测集的关系, 可测集的代数和 (Minkowski 和) 集的测度性质. 最后还将 Lebesgue 测度的内外正则性推广到一般 Radon 测度, 给出测度、积分与泛函相互联系的重要一环: Riesz 表示定理.

3.3.1　不可测集

定理 3.9 (Vitali)　*存在 $E \subset \mathbb{R}^n$, E 不为 Lebesgue 可测.*

证明　不难验证, 若 $x, x' \in \mathbb{R}^n$, 则

$$x + \mathbb{Q}^n = x' + \mathbb{Q}^n \quad \text{或} \quad (x + \mathbb{Q}^n) \cap (x' + \mathbb{Q}^n) = \varnothing.$$

因此我们可引入等价关系

$$x + \mathbb{Q}^n \sim x' + \mathbb{Q}^n \Longleftrightarrow x + \mathbb{Q}^n = x' + \mathbb{Q}^n \Longleftrightarrow x - x' \in \mathbb{Q}^n.$$

因为 $\mathbb{R}^n$ 中每一点属于且仅属于某陪集 $x + \mathbb{Q}^n$, 由**选择公理**, 在 $\{x + \mathbb{Q}^n\}_{x \in \mathbb{R}^n}$ 每一陪集中选取唯一的元, 记所得的集合为 E. 我们观察到, 因为 $\mathbb{R}^n$ 中每一点属于唯一的 $x + \mathbb{Q}^n$, $x \in E$, 故

$$\mathbb{R}^n = \bigcup_{x \in E}(x + \mathbb{Q}^n). \quad \text{(无交并)}$$

另一方面, 记 $\mathbb{Q}^n = \{r_1, r_2, \cdots\}$, 则

$$\mathbb{R}^n = \bigcup_{k=1}^{\infty}(r_k + E). \quad \text{(无交并)}$$

(1) $m^*(E) > 0$. 否则 $m(E) = 0$, 从而 $m(r_k + E) = 0$, $k \in \mathbb{N}$. 则表明 $m(\mathbb{R}^n) = 0$. 矛盾.

(2) $m_*(E) = 0$. 事实上, 任给紧集 $K \subset E$. 设 $D = \mathbb{Q}^n \cap B(0, 1)$, 则 D 为可数集且 $\bigcup_{r \in D}(r + E)$ 为无交并. 因此

$$\sum_{r \in D} m(K) = \sum_{r \in D} m(r + K) \leqslant m\left(\bigcup_{r \in D}(r + K)\right) < \infty.$$

这表明 $m(K) = 0$. 再由 K 的任意性, $m_*(E) = 0$.

综上, $0 = m_*(E) < m^*(E)$ 表明 E 非 Lebesgue 可测. □

一个常见好用的推论是

推论 3.10　设 $A \subset \mathbb{R}^n$ 可测且 $m(A) > 0$, 则必存在 A 的不可测子集 B.

证明　设 E 为定理 3.9 中的 Vitali 不可测集. 则

$$A = \bigcup_{k=1}^{\infty}[(r_k + E) \cap A].$$

则必有某个 $B = (r_k + E) \cap A$ 具有正的外测度 $m^*(B) > 0$. 另一方面

$$m_*(B) = m_*((r_k + E) \cap A) \leqslant m_*(r_k + E) = m_*(E) = 0.$$

故 $0 = m_*(B) < m^*(B)$, 从而 $B \subset A$ 非 Lebesgue 可测. □

思考题　证明存在 $A, B \subset \mathbb{R}^n$, $A \cap B = \varnothing$, 同时满足

$$m^*(A \cup B) < m^*(A) + m^*(B),$$

$$m_*(A \cup B) > m_*(A) + m_*(B).$$

定理 3.9 中 Vitali 不可测集的构造是基于 Lebesgue 测度平移不变性的. 历史上, 另一个重要的不可测集存在性例子是所谓 Banach-Tarski 悖论 (定理)[48]. 下面是其中一个版本.

定理 3.11 (Banach-Tarski)　设 $A, B \subset \mathbb{R}^3$ 为有界集, 均具有非空内部. 则可以有有限的无交并分解

$$A = \bigcup_{k=1}^{N} A_k, \qquad B = \bigcup_{k=1}^{N} B_k,$$

且存在刚体运动 $\Phi_k : \mathbb{R}^3 \to \mathbb{R}^3$ 使得 $\Phi(A_k) = B_k$, $k = 1, 2, \cdots, N$.

由上述 Banach-Tarski 定理容易看出 $\mathbb{R}^3$ 上不可测集的存在性. 需要指出, Banach-Tarski 定理和 Vitali 的例子均本质性依赖选择公理. 1970 年, Solovay 证明了以下主要结论[43]: 在 Zermelo-Fraenkel 公理中不能证明 $\mathbb{R}$ 上 Lebesgue 不可测集的存在性, 甚至当允许某种可数选择公理时亦如此.

思考题　证明 $\mathbb{R}^n$ 的 Lebesgue 不可测集的全体构成的集合类的基数不小于 2^c.

3.3.2 Lebesgue 与 Borel

定理 3.12　$\mathscr{B} \subsetneqq \mathscr{L}$, 其中 $\mathscr{B}$ 和 $\mathscr{L}$ 分别为 $\mathbb{R}$ 上 Borel 集类和 Lebesgue 可测集类.

证明　我们只需构造一个集合 $A \subset \mathscr{L} \setminus \mathscr{B}$. 设 $C \subset [0,1]$ 为标准 Cantor 三分集, f 为相应的 Lebesgue-Cantor 函数. 修改 f 得到一严格单调的函数 $g : [0,1] \to \mathbb{R}$,

$$g(x) = f(x) + x, \qquad x \in [0,1].$$

g 为从 $[0,1]$ 到 $[0,2]$ 的严格单调连续函数, 从而为同胚. 由前面 C 的构造,

$$C = [0,1] \setminus \bigcup_{r \in \mathbb{D}} J_r.$$

对每一 J_r 中的 x, $g(x) = x + r$. 因此 g 将 J_r 映到一具有相同长度的开区间, 即 $m(g(J_r)) = m(J_r)$. 故

$$m(g(C)) = m([0,2]) - \sum_{r \in \mathbb{D}} m(g(J_r)) = 2 - \sum_{r \in \mathbb{D}} m(J_r) = 2 - 1 = 1 > 0.$$

故必存在 $g(C)$ 的子集 $B \notin \mathscr{L}$. 定义

$$A = g^{-1}(B),$$

则 $A \subset C, m^*(A) \leqslant m^*(C) = 0$, 因此 $A \in \mathscr{L}$. 但 $A \notin \mathscr{B}$. 事实上, 因为 g 为一同胚, 若 $A \in \mathscr{B}$, 则 $B \in \mathscr{B}$. 矛盾. □

> **注 3.2**　定理 3.12 证明中的例子表明:
>
> (1) 即便是同胚, 也不一定能将 Lebesgue 可测集映成 Lebesgue 可测集, 虽然一定将 Borel 集映成 Borel 集.
>
> (2) 注意以下等式
>
> $$\mathbf{1}_B = \mathbf{1}_A \circ g^{-1}.$$
>
> 其中 $A \in \mathscr{L}, g$ 为同胚, 但 $B \notin \mathscr{L}$. 这在后面的坐标变换公式中还会遇到. 实际上, 这也顺便给出了这样一个例子, Lebesgue 可测性在函数复合时不一定能被保持.
>
> (3) 设函数 $f : \mathbb{R} \to \mathbb{R}$, 若 f 满足 Lebesgue 可测集原像为 Lebesgue 可测集的性质, 称作 $\mathscr{L} - \mathscr{L}$ 可测. 这个例子说明函数 g^{-1} 为同胚, 从而 Borel 可测, 但非 $\mathscr{L} - \mathscr{L}$ 可测.

> **注 3.3**　从集合论角度, 可以证明 card $(\mathscr{B}) \leqslant c$, 但 card $(\mathscr{L}) > c$. 实际上, Lebesgue 测度性质的 M9) 表明, 一个 Lebesgue 可测集与某个 Borel 集仅相差一个零测集. 零测 Cantor 集不可数, 而它的子集均可测, 从而 Lebesgue 可测集全体的基数不小于 Cantor 集幂集的基数.

> **注 3.4**　另一个有趣的历史事件也值得一提. 我们知道, 紧性在连续映射下被保持. 从而, 若一个 Borel 集可以表示可数个紧集之并, 则其在连续映射下的像必然是 Borel 集. 这是基于这样的事实: 对集合列 $\{S_k\}$ 和映射 f, $f\left(\bigcup_{k=1}^{\infty} S_k\right) = \bigcup_{k=1}^{\infty} f(S_k)$. Lebesgue 在 1905 年的论文[1] 中使用了下面错误的命题: 若 $\{S_k\}$ 为 $\mathbb{R}^2$ 上单调递减集合列, $\pi : \mathbb{R}^2 \to \mathbb{R}$ 为其一个投影映射. 则 $\pi\left(\bigcap_{k=1}^{\infty} S_k\right) = \bigcap_{k=1}^{\infty} \pi(S_k)$. 由此得到下面的推论: $\mathbb{R}^2$ 上 Borel 集在投影映射下的像为 $\mathbb{R}$ 上的 Borel 集. 事实上, $\mathbb{R}^2$ 上 G_δ 集到 x 轴投影不一定是 Borel 集. 10 年以后, Mikhail Suslin, 作为 Luzin 的学生, 他研读了 Lebesgue 的论文, 指出了 Lebesgue 的错误, 并且在他短暂的一生发表的唯一一篇论

---

[1] H Lebesgue. Sur les fonctions représentables analytiquement. Journal Math. Pures Appl., 1905, 1(6): 139-216.

文[①] 中, 他刻画了 Borel 集投影所得集合的结构. 今天这类集合称作解析集或 Suslin 集. 该项工作实质性开辟了一个新的数学学科: 描述集合论.

3.3.3 Minkowski 和

为了理解 Minkowski 和, 我们先来看下面的结果.

定理 3.13 (Steinhaus) 设 $A \subset \mathbb{R}^n$ 可测, $m(A) > 0$, 则 $A - A$ 包含了原点 0 的一个开邻域.

证明 由 Lebesgue 测度的逼近性质, 存在紧集 $K \subset A$ 使得 $m(K) > 0$. 选取 U 为开集, $K \subset U$, 并且 $m(U) < 2m(K)$. 由 K 的紧性, 存在 $\varepsilon > 0$ 使得若 $|h| < \varepsilon$, 则 $K + h \in U$. 此时 $K \cup (K + h) \subset U$. 故

$$m(K \cup (K + h)) \leqslant m(U) < 2m(K) \leqslant m(K) + m(K + h).$$

这意味着 $K \cap (K + h) \neq \varnothing$, 即 $h \in K - K \subset A - A$. 因此 $B(0, \varepsilon) \subset A - A$. □

例 3.1 注意到, 在 Steinhaus 定理中, 并没有断言 $A - A$ 为可测集! 一般, 对于可测集 $A, B \subset \mathbb{R}^n$, 其 Minkowski 和是否一定可测呢? 我们来看下面的例子.

(1) 若 A, B 为开集, 则 $A + B$ 为开集, 从而可测.

(2) 若 A, B 为紧集, 则 $A + B$ 为紧集, 从而可测.

(3) 若 A, B 为闭集, 则 $A + B$ 为 F_σ 集, 从而可测.

(4) 若 A, B 为凸集, 则 $A + B$ 为凸集, 从而可测.

思考题 试解决下面关于 Minkowski 合集的一些问题:

(1) 证明存在 $\mathbb{R}$ 中的闭集 A, B, $m(A) = m(B) = 0$, 但 $m(A + B) > 0$.

(2) 若 C 为 Cantor 三分集, $A = C$, $B = \frac{1}{2}C$, 则 $A + B \supset [0, 1]$.

(3) 设 $I \subset \mathbb{R}$ 为有界闭区间, $A = I \times \{0\}$, $B = \{0\} \times I$, 证明 $A + B = I \times I$.

*3.3.4 Brunn-Minkowski 不等式

一个重要问题是如何刻画 $m(A)$, $m(B)$ 和 $m(A+B)$ 之间的关系. 如果假设 $A, B, A+B$ 均可测, 上述思考题表明, 即便 $m(A) = m(B) = 0$, 也可能有 $m(A + B) > 0$. 因此无望利用 $m(A)$ 和 $m(B)$ 来给出 $m(A + B)$ 的上界, 但是相反的方向是可能的.

我们试图建立形如

[①] M Suslin, Sur une définition des ensembles measurables B sans nombres transfinis. C. R. Acad. Sci. Paris: 1917, 164: 88-91.

$$m(A+B)^\alpha \geqslant c_\alpha(m(A)^\alpha + m(B)^\alpha), \quad \forall A, B \subset \mathbb{R}^n$$

的一般不等式, 这里 $C_\alpha > 0$ 为常数. 若设 A 为凸集, $B = \lambda A \ (\lambda > 0)$, 此时 $A + B = A + \lambda A = (1 + \lambda)A$, 则上式变成

$$(1+\lambda)^{n\alpha} \geqslant c_\alpha(1+\lambda^{n\alpha}), \quad \forall \lambda > 0.$$

由熟知的不等式

$$(a+b)^\gamma \geqslant a^\gamma + b^\gamma, \quad a, b > 0, \gamma \geqslant 1,$$

我们可以判断出 $n\alpha \geqslant 1$. 因此, 一个自然的猜想是

$$m(A+B)^{\frac{1}{n}} \geqslant m(A)^{\frac{1}{n}} + m(B)^{\frac{1}{n}}. \tag{3.10}$$

定理 3.14 (Brunn-Minkowski 不等式 I)   假设 $A, B \subset \mathbb{R}^n$, $A, B, A + B$ 均可测, 则不等式 (3.10) 成立.

证明 (梗概)   先假设 A, B 为特殊矩体, 其边长分别为 $\{a_j\}$ 和 $\{b_j\}$. 则 $A + B$ 亦为特殊矩体, 其边长为 $\{a_j + b_j\}$. 此时 (3.10) 变成

$$\left(\prod_{j=1}^{n}(a_j+b_j)\right)^{\frac{1}{n}} \geqslant \left(\prod_{j=1}^{n}a_j\right)^{\frac{1}{n}} + \left(\prod_{j=1}^{n}b_j\right)^{\frac{1}{n}}. \tag{3.11}$$

注意到上式中的齐性: 若将 a_j, b_j 分别用 $\lambda_j a_j$, $\lambda_j b_j$ 代替, 则上式两边均乘 $(\lambda_1\lambda_2\cdots\lambda_n)^{\frac{1}{n}}$. 为此, 只需取 $\lambda_j = (a_j + b_j)^{\frac{1}{n}}$, 则 (3.11)可归结为 $a_j + b_j = 1$ 的情形, 即

$$1 \geqslant \left(\prod_{j=1}^{n}\frac{a_j}{a_j+b_j}\right)^{\frac{1}{n}} + \left(\prod_{j=1}^{n}\frac{b_j}{a_j+b_j}\right)^{\frac{1}{n}}.$$

利用算术–几何平均不等式

$$\frac{1}{n}\sum_{j=1}^{n}x_j \geqslant \left(\prod_{j=1}^{n}x_j\right)^{\frac{1}{n}},$$

取 x_j 分别为 $\dfrac{a_j}{a_j+b_j}$ 和 $\dfrac{b_j}{a_j+b_j}$, 相加即证明了 (3.11).

假设 A, B 为特殊多面体, 我们固定其分划及构成. 不妨设构成 A 和 B 特殊矩体的个数总数为 k. 由 Lebesgue 测度的平移不变性, 不等式 (3.10) 在 A 和 B 的任意平移

下不变. 定义超平面 $\Pi_j = \{x = (x_1, x_2, \cdots, x_n) : x_j = 0\}$. 通过垂直于 Π_j 的平移将 A 和 B 分别分离成两块, 即

$$A^+ = A \cap \{x_j \geqslant 0\}, \quad A^- = A \cap \{x_j \leqslant 0\},$$

$$B^+ = B \cap \{x_j \geqslant 0\}, \quad B^- = B \cap \{x_j \geqslant 0\},$$

且

$$\frac{m(B^\pm)}{m(B)} = \frac{m(A^\pm)}{m(A)}.$$

事实上, 可以先沿垂直于 Π_j 方向平移 A, 使其构成特殊矩体的边落在 Π_j 上, 再移动 B 并利用以下事实: B 沿垂直于 Π_j 的平移且被 Π_j 分离的 $B^\pm$ 的测度是连续变化的. 另外, 注意到 $A + B \supset (A^+ + B^+) \cup (A^- + B^-)$, 并且右端的并是内部无交的. 这是因为 $A^+ + B^+$ 与 $A^- + B^-$ 被 Π_j 分离. 而且 A^+ 与 B^+, 或 A^- 与 B^- 构成特殊矩体的总数小于 k. 则可由归纳假设

$$m(A + B) \geqslant m(A^+ + B^+) + m(A^- + B^-)$$
$$\geqslant \left(m(A^+)^{\frac{1}{n}} + m(B^+)^{\frac{1}{n}}\right)^n + \left(m(A^-)^{\frac{1}{n}} + m(B^-)^{\frac{1}{n}}\right)^n$$
$$= m(A^+)\left(1 + \left[\frac{m(B^+)}{m(A^+)}\right]^{\frac{1}{n}}\right)^n + m(A^-)\left(1 + \left[\frac{m(B^-)}{m(A^-)}\right]^{\frac{1}{n}}\right)^n$$
$$= (m(A^+) + m(A^-))\left(1 + \left[\frac{m(B)}{m(A)}\right]^{\frac{1}{n}}\right)^n$$
$$= m(A)\left(1 + \left[\frac{m(B)}{m(A)}\right]^{\frac{1}{n}}\right)^n = m(A)^{\frac{1}{n}} + m(B)^{\frac{1}{n}}.$$

这证明了当 A, B 为特殊多面体时不等式 (3.10) 成立.

若 A, B 为具有有限测度的开集, 由 Lebesgue 测度的构造, 任给 $\varepsilon > 0$, 存在特殊多面体 $A_\varepsilon \subset A$, $B_\varepsilon \subset B$, 使得

$$m(A) < m(A_\varepsilon) + \varepsilon, \quad m(B) < m(B_\varepsilon) + \varepsilon.$$

由于 $A + B \supset A_\varepsilon + B_\varepsilon$, 则对不等式

$$m(A + B)^{\frac{1}{n}} \geqslant m(A_\varepsilon + B_\varepsilon)^{\frac{1}{n}} \geqslant m(A_\varepsilon)^{\frac{1}{n}} + m(B_\varepsilon)^{\frac{1}{n}}$$
$$\geqslant (m(A) - \varepsilon)^{\frac{1}{n}} + (m(B) - \varepsilon)^{\frac{1}{n}}$$

令 $\varepsilon \to 0$ 得到不等式 (3.10).

若 A, B 均为紧集, 首先注意到 $A + B$ 亦为紧集. 若定义

$$A^\varepsilon = \{x : d_A(x) < \varepsilon\},$$

则 A^ε 为测度有限的开集, 且当 $\varepsilon \searrow 0$ 时 $A^\varepsilon \searrow A$. 类似定义 B^ε 和 $(A+B)^\varepsilon$. 又

$$A + B \subset A^\varepsilon + B^\varepsilon \subset (A+B)^{2\varepsilon}.$$

故对不等式

$$m((A+B)^{2\varepsilon})^{\frac{1}{n}} \geqslant m(A^\varepsilon + B^\varepsilon)^{\frac{1}{n}} \geqslant m(A^\varepsilon)^{\frac{1}{n}} + m(B^\varepsilon)^{\frac{1}{n}} \geqslant m(A)^{\frac{1}{n}} + m(B)^{\frac{1}{n}}$$

令 $\varepsilon \to 0$ 得到不等式 (3.10).

一般情形下, 若 $A, B, A+B$ 均可测, 类似用紧集从内部逼近 A 和 B 得到. $\qquad\square$

思考题 证明定理 3.14 中, 若不假设 $A, B, A+B$ 可测, 则不等式当 m 换成 m_* 时成立. (提示: 需要补齐上述定理的证明.)

注 3.5 对紧凸集 $K, H \subset \mathbb{R}^n$, Brunn-Minkowski 不等式实际上说明映射

$$\lambda \mapsto (m(\lambda K + (1-\lambda)H))^{\frac{1}{n}}$$

为凹函数. Brunn-Minkowski 不等式等号成立当且仅当 K 与 H 是相似的.

注 3.6 Brunn-Minkowski 不等式的一个重要推论是所谓等周不等式. 设 $C \subset \mathbb{R}^n$ 为一开区域, 定义 C 的周长为

$$\mathrm{Area}\,(\partial C) = \lim_{\varepsilon \to 0^+} \frac{m(C + \varepsilon B) - m(C)}{\varepsilon},$$

其中 B 为 $\mathbb{R}^n$ 中闭单位球. 则

$$m(C + \varepsilon B) \geqslant (m(C)^{\frac{1}{n}} + \varepsilon m(B)^{\frac{1}{n}})^n \geqslant m(C) + \varepsilon n m(C)^{\frac{n-1}{n}} m(B)^{\frac{1}{n}}.$$

故

$$\mathrm{Area}\,(\partial C) \geqslant n m(C)^{\frac{n-1}{n}} m(B)^{\frac{1}{n}}.$$

特别当 $n = 2$ 时,

$$\mathrm{Area}\,(\partial C)^2 \geqslant 4\pi m(C).$$

Brunn-Minkowski 不等式在当今热门的最优运输领域有许多应用. 上述的推导不是严格的, 其严格化需要借助几何测度论的工具, $\mathrm{Area}\,(\partial C)$ 的定义需要借助所谓 **Caccioppoli 集**的概念 (参见文献 [17], 在该书中称作**有限周长集**).

3.3.5　Lebesgue 测度的正则性 · Radon 测度 · Riesz 表示定理

回忆前面我们讨论的 Lebesgue 测度的逼近性质, 如果把 Lebesgue 测度看成限制在 Borel 集类上的 Borel 测度, 可以抽象出一般测度的正则性概念.

定义 3.9　设 μ 为 X 上的 Borel 测度, $E \subset X$ 为 Borel 集. 测度 μ 称作**在 E 上外正则**, 若

$$\mu(E) = \inf\{\mu(G) : G \supset E, G \text{ 为开集}\}.$$

μ 称作**在 E 上内正则**, 若

$$\mu(E) = \sup\{\mu(K) : K \subset E, K \text{ 为紧集}\}.$$

若 μ 在任意 Borel 集上既为外正则也为内正则, 则称 μ 为**正则测度**.

测度的正则性要求太高了, 对非 σ-紧空间 X (即 X 可以表示成可数紧集之并) 或其他比如 Polish 空间, 很难保证.

定理 3.15　若 X 为局部紧 Hausdorff 空间且其任意开子集均为 σ-紧集, 则对 X 上的任意 Borel 测度 μ, 若 μ 在任意紧集上有限, 则 μ 为正则的.

证明　参见文献 [40, Theorem 2.18], 证明依赖于下面的 Riesz 表示定理.　□

为此我们引入以下概念:

定义 3.10　X 上的 Borel 测度称作 **Radon 测度**, 若 μ 在任意紧集上有限, 对任意 Borel 集为外正则, 且对所有开集为内正则.

定理 3.16 (Riesz 表示定理)　假设 X 为局部紧 Hausdorff 空间, $I : C_c(X) \to \mathbb{R}$ 为正线性泛函, 即对于 $f \geqslant 0$ 有 $I(f) \geqslant 0$. 则存在 X 上唯一的 Radon 测度 μ 使得

$$I(f) = \int_X f \,\mathrm{d}\mu, \quad \forall f \in C_c(X),$$

并且 μ 满足

$$\mu(U) = \sup\{I(f) : f \in C_c(X), f \prec U\}, \quad U \text{ 是开集},$$

$$\mu(K) = \inf\{I(f) : f \in C_c(X), K \prec f\}, \quad K \text{ 是紧集}.$$

证明　参见文献 [40].　□

注 3.7　事实上, 上述 Riesz 表示定理蕴涵了更强的结论. 我们不仅得到了一个 Borel 测度 μ, 而且得到一个 μ 的扩张 $\bar{\mu}$. 对任意 $E \subset X$, 定义

$$\bar{\mu} = \inf\{\mu(B) : B \in \mathscr{B}(X), B \supset E\}.$$

$\bar{\mu}$ 为如命题 A.1 决定的外测度. 由定理 A.5, 若 μ 为 σ-有限的, 则 $\bar{\mu}$ 为 μ 的完备化.

思考题　证明 Lebesgue 测度作为 $\mathbb{R}^n$ 上的 Borel 测度是正则的, 从而是 Radon 测度.

思考题　假设 X 为局部紧 Hausdorff 空间, μ 为 X 上 σ-有限的 Radon 测度, $E \subset X$ 为 Borel 集.

(1) 任给 $\varepsilon > 0$, 存在开集 U 和闭集 F, $F \subset E \subset U$ 且 $\mu(U \setminus F) < \varepsilon$.

(2) 存在 F_σ 集 A 和 G_δ 集 B, $A \subset E \subset B$ 且 $\mu(B \setminus A) = 0$.

思考题　设 μ^* 为注 3.7 定义的外测度, 证明, 若 $\{A_n\}$ 为 X 中一列单调递增的子集列, 则 $\lim_{n\to\infty} \mu^*(A_n) = \mu^*\left(\bigcup_n A_n\right)$.

*3.3.6　Hausdorff 测度与 Hausdorff 维数

Hausdorff 测度主要用来刻画 $\mathbb{R}^n$ 中的低维对象, 它可以用来度量 $\mathbb{R}^n$ 中 "非常小" 的子集, 其构造依赖于 Carathéodory 构造 (参见附录 A).

定义 3.11　设 $A \subset \mathbb{R}^n$, $s \in [0, +\infty)$, $\delta \in (0, +\infty]$.

(1) 记

$$\mathcal{H}^s_\delta(A) = \inf\left\{ \sum_{j=1}^\infty \alpha(s)\left(\frac{\operatorname{diam} C_j}{2}\right)^s : A \subset \bigcup_{j=1}^\infty C_j,\ \operatorname{diam} C_j \leqslant \delta \right\},$$

其中 $\alpha(s) = \pi^{s/2}/\Gamma(s/2+1)$, $\operatorname{diam} C$ 为集合 C 的直径. 这里 $\Gamma(s) = \int_0^\infty \mathrm{e}^{-x} x^{s-1}\,\mathrm{d}x$, $0 < s < \infty$ 为 Γ 函数.

(2) 定义

$$\mathcal{H}^s(A) = \lim_{\delta\to 0^+} \mathcal{H}^s_\delta(A) = \sup_{\delta>0} \mathcal{H}^s_\delta(A).$$

(3) $\mathcal{H}^s$ 作用在幂集 $\mathscr{P}(\mathbb{R}^n)$ 上称作 $\mathbb{R}^n$ 上的 s 维 Hausdorff (外) 测度.

定理 3.17　对任意 $s \in [0, \infty)$, $\mathcal{H}^s$ 为 Borel 正则测度.

证明　首先证明 $\mathcal{H}^s$ 为外测度. 设 $\{A_k\}$ 为 $\mathbb{R}^n$ 中集合列, 且 $A_k \subset \bigcup_{j=1}^\infty C_j^k$, $\operatorname{diam} C_j^k \leqslant \delta$. 则 $\{C_j^k\}_{j,k}$ 为 $\bigcup_{k=1}^\infty A_k$ 的覆盖. 因此

$$\mathcal{H}^s_\delta\left(\bigcup_{k=1}^\infty A_k\right) \leqslant \sum_{k=1}^\infty \sum_{j=1}^\infty \alpha(s)\left(\frac{\operatorname{diam} C_j^k}{2}\right)^s,$$

并取下确界, 得到

$$\mathcal{H}_\delta^s\left(\bigcup_{k=1}^\infty A_k\right) \leqslant \sum_{k=1}^\infty \mathcal{H}_\delta^s(A_k).$$

这表明 $\mathcal{H}_\delta^s$ 为外测度. 从而

$$\mathcal{H}_\delta^s\left(\bigcup_{k=1}^\infty A_k\right) \leqslant \sum_{k=1}^\infty \mathcal{H}_\delta^s(A_k) \leqslant \sum_{k=1}^\infty \mathcal{H}^s(A_k).$$

令 $\delta \to 0^+$, 则证明了 $\mathcal{H}^s$ 为外测度.

下面证明 $\mathcal{H}^s$ 为 Borel 测度. 任给 $A, B \subset \mathbb{R}^n$, $\mathrm{dist}(A, B) > 0$. 选取 $0 < \delta < \frac{1}{4}\mathrm{dist}(A, B)$. 假设 $A \cup B \subset \bigcup_{k=1}^\infty C_k$, $\mathrm{diam}C_k \leqslant \delta$. 记 $\mathcal{A} = \{C_j : C_j \cap A \neq \varnothing\}$, $\mathcal{B} = \{C_j : C_j \cap B \neq \varnothing\}$. 则

$$A \subset \bigcup_{C_j \in \mathcal{A}} C_j, \qquad B \subset \bigcup_{C_j \in \mathcal{B}} C_j,$$

且若 $C_i \in \mathcal{A}$, $C_j \in \mathcal{B}$, 则 $C_i \cap C_j = \varnothing$. 因此

$$\sum_{j=1}^\infty \alpha(s)\left(\frac{\mathrm{diam}\, C_j}{2}\right)^s \geqslant \sum_{C_j \in \mathcal{A}} \alpha(s)\left(\frac{\mathrm{diam}\, C_j}{2}\right)^s + \sum_{C_j \in \mathcal{B}} \alpha(s)\left(\frac{\mathrm{diam}\, C_j}{2}\right)^s$$

$$\geqslant \mathcal{H}_\delta^s(A) + \mathcal{H}_\delta^s(B).$$

由 $\{C_j\}$ 的任意性, 则 $\mathcal{H}_\delta^s(A \cup B) \geqslant \mathcal{H}_\delta^s(A) + \mathcal{H}_\delta^s(B)$. 令 $\delta \to 0^+$, 则 $\mathcal{H}^s(A \cup B) \geqslant \mathcal{H}^s(A) + \mathcal{H}^s(B)$. 这表明若 $\mathrm{dist}(A, B) > 0$, 则

$$\mathcal{H}^s(A \cup B) = \mathcal{H}^s(A) + \mathcal{H}^s(B).$$

由 Carathéodory 判据 (本章末习题 11), $\mathcal{H}^s$ 为 Borel 测度.

最后证明 $\mathcal{H}^s$ 为 Borel 正则测度. 注意到, 对任意 $C \subset \mathbb{R}^n$ 有 $\mathrm{diam}\,\bar{C} = \mathrm{diam}\,C$. 则

$$\mathcal{H}_\delta^s(A) = \inf\left\{\sum_{j=1}^\infty \alpha(s)\left(\frac{\mathrm{diam}\, C_j}{2}\right)^s : A \subset \bigcup_{j=1}^\infty C_j, \ \mathrm{diam}\, C_j \leqslant \delta, C_j \text{ 为闭集}\right\}.$$

选取 $A \subset \mathbb{R}^n$ 使得 $\mathcal{H}^s(A) < \infty$. 则对任意 $\delta > 0$, $\mathcal{H}_\delta^s(A) < \infty$. 对任意 $k \in \mathbb{N}$, 选取闭集列 $\{C_j^k\}_{j \in \mathbb{N}}$ 使得 $\mathrm{diam}\, C_j^k \leqslant 1/k$, $A \subset \bigcup_{j=1}^\infty C_j^k$ 且

$$\sum_{j=1}^\infty \alpha(s)\left(\frac{\mathrm{diam}\, C_j^k}{2}\right)^s \leqslant \mathcal{H}_{1/k}^s(A) + \frac{1}{k}.$$

令 $A_k = \bigcup\limits_{j=1}^{\infty} C_j^k$, $B = \bigcap\limits_{k=1}^{\infty} A_k$. B 为 Borel 集, 对任意 k 有 $A \subset A_k$, 从而 $A \subset B$. 并且

$$\mathcal{H}_{1/k}^s(B) \leqslant \sum_{j=1}^{\infty} \alpha(s) \Big(\frac{\operatorname{diam} C_j^k}{2} \Big)^s \leqslant \mathcal{H}_{1/k}^s(A) + \frac{1}{k}.$$

令 $k \to \infty$, 得到 $\mathcal{H}^s(B) \leqslant \mathcal{H}^s(A)$. 又 $A \subset B$, 从而 $\mathcal{H}^s(B) = \mathcal{H}^s(A)$.   □

下面是 Hausdorff 测度的一些基本性质.

定理 3.18   记 $\mathcal{L}^1$ 为 $\mathbb{R}$ 上的 Lebesgue 外测度.

(1) $\mathcal{H}^0$ 为计数测度;

(2) 在 $\mathbb{R}$ 上 $\mathcal{H}^1 = \mathcal{L}^1$;

(3) 在 $\mathbb{R}^n$ 上, 若 $s > n$, 则 $\mathcal{H}^s \equiv 0$;

(4) 任给 $A \subset \mathbb{R}^n$, $\lambda > 0$, $\mathcal{H}^s(\lambda A) = \lambda^s \mathcal{H}^s(A)$;

(5) 任给 $A \subset \mathbb{R}^n$, $L : \mathbb{R}^n \to \mathbb{R}^n$ 为刚体运动, 则 $\mathcal{H}^s(L(A)) = \mathcal{H}^s(A)$.

证明   (4) 和 (5) 的证明直接由定义得到.

注意到 $\alpha(0) = 1$. 从而 $\mathcal{H}^0(\{a\}) = 1$, 对任意 $a \in \mathbb{R}^n$. 这就得到了 (1).

任给 $A \subset \mathbb{R}$, $\delta > 0$. 因为 $\Gamma(3/2) = \sqrt{\pi}/2$, 故 $\alpha(1) = 2$. 则

$$\mathcal{L}^1(A) = \inf \Big\{ \sum_{j=1}^{\infty} \operatorname{diam} C_j : A \subset \bigcup_{j=1}^{\infty} C_j \Big\}$$

$$\leqslant \inf \Big\{ \sum_{j=1}^{\infty} \operatorname{diam} C_j : A \subset \bigcup_{j=1}^{\infty} C_j, \ \operatorname{diam} C_j \leqslant \delta \Big\}$$

$$= \mathcal{H}_\delta^1(A).$$

从而 $\mathcal{L}^1(A) \leqslant \mathcal{H}^1(A)$. 另一方面, 对任意整数 k, 设 $I_k = [k\delta, (k+1)\delta]$. 则 $\operatorname{diam}(C_j \cap I_k) \leqslant \delta$ 且

$$\sum_{k \in \mathbb{Z}} \operatorname{diam}(C_j \cap I_k) \leqslant \operatorname{diam} C_j.$$

因此

$$\mathcal{L}^1(A) = \inf \Big\{ \sum_{j=1}^{\infty} \operatorname{diam} C_j : A \subset \bigcup_{j=1}^{\infty} C_j \Big\}$$

$$\geqslant \inf \Big\{ \sum_{j=1}^{\infty} \sum_{k \in \mathbb{Z}} \operatorname{diam}(C_j \cap I_k) : A \subset \bigcup_{j=1}^{\infty} C_j \Big\}$$

$$\geqslant \mathcal{H}_\delta^1(A).$$

这说明对任意 $\delta > 0$, $\mathcal{L}^1(A) = \mathcal{H}_\delta^1(A)$. 因此在 $\mathbb{R}$ 上 $\mathcal{L}^1 = \mathcal{H}^1$. 这就证明了 (2).

最后证明 (3). 固定整数 $m \geqslant 1$. $\mathbb{R}^n$ 中对单位立方体 Q 可以分解为 m^n 个子立方体, 每个子立方体的边长为 $1/m$, 直径为 $\sqrt{n}/m$. 因此

$$\mathcal{H}^s_{\sqrt{n}/m}(Q) \leqslant \sum_{i=1}^{m^n} \alpha(s) \left(\frac{\sqrt{n}}{m} \right)^s = \alpha(s) n^{\frac{s}{2}} m^{n-s}.$$

令上式最后一项中 $m \to \infty$, 则若 $s > n$ 有 $\mathcal{H}^s(Q) = 0$. 因此 $\mathcal{H}^s(\mathbb{R}^n) = 0$. $\qquad\square$

思考题 设 $A \subset \mathbb{R}^n$, 且对某 $\delta \in (0, +\infty)$ 有 $\mathcal{H}^s_\delta(A) = 0$. 证明 $\mathcal{H}^s(A) = 0$.

下面引入 $\mathbb{R}^n$ 中子集 Hausdorff 维数的概念. 为理解这个概念, 我们先来看下面的结论.

引理 3.19 设 $A \subset \mathbb{R}^n$, $0 \leqslant s < t < \infty$.

(1) 若 $\mathcal{H}^s(A) < +\infty$, 则 $\mathcal{H}^t(A) = 0$.

(2) 若 $\mathcal{H}^t(A) > 0$, 则 $\mathcal{H}^s(A) = +\infty$.

证明 假设 $\mathcal{H}^s(A) < +\infty$ 且 $\delta > 0$. 则存在 $\{C_j\}_{j \in \mathbb{Z}}$, $\mathrm{diam}\, C_j \leqslant \delta$, $A \subset \bigcup_{j \in \mathbb{Z}} C_j$ 且

$$\sum_{j=1}^{\infty} \alpha(s) \left(\frac{\mathrm{diam}\, C_j}{2} \right)^s \leqslant \mathcal{H}^s_\delta(A) + 1 \leqslant \mathcal{H}^s(A) + 1.$$

从而

$$\begin{aligned} \mathcal{H}^t_\delta(A) &\leqslant \sum_{j=1}^{\infty} \alpha(s) \left(\frac{\mathrm{diam}\, C_j}{2} \right)^t \\ &= \frac{\alpha(t)}{\alpha(s)} \cdot 2^{s-t} \sum_{j=1}^{\infty} \alpha(s) \left(\frac{\mathrm{diam}\, C_j}{2} \right)^s (\mathrm{diam}\, C_j)^{t-s} \\ &\leqslant \frac{\alpha(t)}{\alpha(s)} 2^{s-t} \delta^{t-s} (\mathcal{H}^s(A) + 1). \end{aligned}$$

令 $\delta \to 0^+$, 则 $\mathcal{H}^t(A) = 0$. 这证明了 (1). (2) 直接由 (1) 得到. $\qquad\square$

定义 3.12 设 $A \subset \mathbb{R}^n$, 则称

$$\mathcal{H}_{\dim}(A) = \inf\{0 \leqslant s < \infty : \mathcal{H}^t(A) = 0\}$$

为集合 A 的 Hausdorff 维数.

注 3.8 注意到若 $A \subset \mathbb{R}^n$, 则 $\mathcal{H}_{\dim}(A) \leqslant n$. 若 $\mathcal{H}_{\dim}(A) = s$, 由上面的引理, 当 $t > s$ 时, $\mathcal{H}^t(A) = 0$; 当 $t < s$ 时, $\mathcal{H}^t(A) = +\infty$. 集合 A 的 Hausdorff 维数在 0 与 ∞ 之间.

一个集合 A 的 Hausdorff 维数 $\mathcal{H}_{\dim}(A)$ 不一定为整数. 即便 $\mathcal{H}_{\dim}(A)$ 为正整数 k 且 $0 < \mathcal{H}^t(A) < \infty$, 集合 A 也不必为一个 k 维曲面. 可以参见文献 [18–20] 中一些极端的类 Cantor 集的例子.

思考题   计算标准 Cantor 集, 以及 Lebesgue-Cantor 函数图像的 Hausdorff 维数, 并与注 1.10 作比较.

3.4   可测函数的连续性

在这一节, 假设 X 为局部紧 Hausdorff 空间且 μ 为 X 上的 σ-有限 Radon 测度 (由本章末习题 9, μ 为正则). 其中的一个特例是 $\mathbb{R}^n$ 上的 Lebesgue 测度. 此时一个自然的问题是: Borel 可测函数与连续或半连续函数存在怎样的关系. 下面的 Luzin 定理和 Vitali-Carathéodory 定理分别刻画了这两种逼近性质. 而且这些结论对一般 σ-有限 Radon 测度空间 $(X, \mathscr{B}(X), \mu)$ 的完备化也是正确的.

定理 3.20 (Luzin)   假设 X 为局部紧 Hausdorff 空间且 μ 为 X 上的 σ-有限 Radon 测度, f 为 X 上实值 Borel 可测函数. $A \subset X$ 为 Borel 集, $\mu(A) < \infty$ 且 f 限制在 A^c 上恒为 0. 则任给 $\varepsilon > 0$, 存在 $g \in C_c(X)$, 使得

$$\mu(\{x \in X : f(x) \neq g(x)\}) < \varepsilon, \tag{3.12}$$

且 $\sup\limits_{x \in X} |g(x)| \leqslant \sup\limits_{x \in X} |f(x)|$.

证明   首先假设 $0 \leqslant f < 1$, 且 A 为紧集. 注意到可测函数的构造定理, 存在 Borel 可测的非负简单函数 $\{s_n\}$ 单调递增逐点收敛于 f. 令 $t_1 = s_1$, $t_k = s_k - s_{k-1}$ $(k \geqslant 2)$, 则 $f = \sum\limits_{k \geqslant 1} t_k$. 事实上每一 $2^k t_k$ 均为某 Borel 可测集 $E_k \subset A$ 上的特征函数, 即

$$f = \sum_{k \geqslant 1} 2^{-k} \mathbf{1}_{E_k}.$$

固定开集 V 使得 $\overline{V}$ 紧且 $A \subset V$. 对每一 k, 存在开集 V_k 和紧集 K_k 使得 $K_k \subset E_k \subset V_k \subset V$, 且 $\mu(V_k \setminus K_k) < 2^{-k}\varepsilon$. 由 Urysohn 引理, 存在连续函数 h_k, $K_k \prec h_k \prec V_k$. 定义

$$g = \sum_{k \geqslant 1} 2^{-k} h_k.$$

则 g 连续以及 $\mathrm{supp}\,(g) \subset \overline{V}$, 且 $\{x \in X : f(x) \neq g(x)\} \subset \bigcup\limits_{k \geqslant 1} (V_k \setminus K_k)$. 因此 (3.12) 成立.

很显然, 我们已证明了当 f 有界且 A 紧时 (3.12) 成立. 如果去掉 A, 由 μ 的正则性, 存在紧集 $K \subset A$ 且 $\mu(A \setminus K) < \varepsilon$. 通过稍微修改上面的证明, 去掉集合 $A \setminus K$, (3.12) 成立. 若 f 无界, 定义 $B_k = \{x : |f(x)| > k\}$, 则 $\bigcap\limits_{k \geqslant 1} B_k = \varnothing$ 且 $\lim\limits_{k \to \infty} \mu(B_k) = 0$. 对充分大的 k 考虑函数 $(1 - \mathbf{1}_{B_k})f$, 则得到了 (3.12) 一般情形的证明.

若 $R = \sup\limits_{x \in X} |f(x)| = \infty$, 最后一个结论平凡. 否则, 借助函数

$$\Phi(z) = \begin{cases} z, & |z| \leqslant R, \\ R \cdot \dfrac{z}{|z|}, & |z| > R, \end{cases}$$

并定义 $g_1 = \Phi \circ g$. 则函数 g_1 满足 (3.12)和最后的结论. $\qquad\square$

注 3.9　关于上述 Luzin 定理, 有以下说明:

(1) Luzin 定理可以运用到 Radon 测度 μ 完备化的测度 $\bar{\mu}$ 上. 事实上, 假设 $(X, \mathfrak{M}^*, \bar{\mu})$ 为 Radon 测度空间 $(X, \mathscr{B}(X), \mu)$ 的完备化 (见注 3.7). 因为若 f 为 $\mathfrak{M}^*$-可测函数, 则存在 Borel 可测函数 g 使得 $f = g$, $\bar{\mu}$-a.e.

(2) 特别地, Luzin 定理可以运用到 $X = \mathbb{R}^n$ 上的 Lebesgue 测度空间、Lebesgue 可测函数 f 以及 Lebesgue 可测集 A.

(3) 若去掉 Luzin 定理中集合 A 的限制, 当 Radon 测度空间 $(X, \mathscr{B}(X), \mu)$ 为 σ-有限时, 除去 g 具有紧支集这一性质, 其他结论依然成立.

定理 3.21 (Vitali-Carathéodory)　假设 X 为局部紧 Hausdorff 空间且 μ 为 X 上的 σ-有限 Radon 测度, f 为 X 上实值 Borel 可测函数, 且 $f \in L^1(X, \mathscr{B}(X), \mu)$, 则任给 $\varepsilon > 0$, 存在上半连续函数 v 和下半连续函数 u, 使得 $v \leqslant f \leqslant u$ 以及

$$\int_X (u - v) \, \mathrm{d}\mu < \varepsilon.$$

证明　首先假设 $f \geqslant 0$. 由定理 3.20 的证明, 存在 Borel 可测集列 $\{E_k\}$ 和正数列 $\{\alpha_k\}$, 使得

$$f = \sum_{k \geqslant 1} \alpha_k \mathbf{1}_{E_k}.$$

因为 $f \in L^1$, 由单调收敛定理, $\int_X f \, \mathrm{d}\mu = \sum\limits_{k \geqslant 1} \alpha_k \mu(E_k) < \infty$. 故存在 $N \in \mathbb{N}$ 使得

$$\sum_{k=N+1}^{\infty} \alpha_k \mu(E_k) < \varepsilon/2. \tag{3.13}$$

由正则性, 对任意 k, 存在紧集 K_k 和开集 V_k, 使得 $K_k \subset E_k \subset V_k$, 并且

$$\alpha_k \mu(V_k \setminus K_k) < 2^{-(k+1)} \varepsilon. \tag{3.14}$$

定义

$$u = \sum_{k=1}^{\infty} \alpha_k \mathbf{1}_{V_k}, \quad v = \sum_{k=1}^{N} \alpha_k \mathbf{1}_{K_k}.$$

则 v 为上半连续函数, u 为且下半连续函数, 且

$$u - v = \sum_{k=1}^{\infty} \alpha_k \mathbf{1}_{V_k} - \sum_{k=1}^{N} \alpha_k \mathbf{1}_{K_k} \leqslant \sum_{k=1}^{\infty} \alpha_k (\mathbf{1}_{V_k} - \mathbf{1}_{K_k}) + \sum_{k=N+1}^{\infty} \alpha_k \mathbf{1}_{E_k}.$$

因此

$$\int_X (u - v) \, \mathrm{d}\mu \leqslant \sum_{k=1}^{\infty} \alpha_k \mu(V_k \setminus V_k) + \sum_{k=N+1}^{\infty} \alpha_k \mu(E_k) < \varepsilon/2 + \varepsilon/2 = \varepsilon.$$

一般地, $f = f^+ - f^-$. 存在上半连续函数 $v^{\pm}$ 和下半连续函数 $u^{\pm}, v^{\pm} \leqslant f^{\pm} \leqslant u^{\pm}$, 且 $\int_X (u^{\pm} - v^{\pm}) \, \mathrm{d}\mu < \varepsilon/2$. 因为 $v = v^+ - u^- \leqslant f^+ - f^- \leqslant u^+ - v_- = u$, 则 v 为上半连续函数, u 为下半连续函数且

$$\int_X (u - v) \, \mathrm{d}\mu \leqslant \int_X (u^+ - v_-) - (v^+ - u^-) \, \mathrm{d}\mu$$

$$= \int_X (u^+ - v^+) + (u^- - v^-) \, \mathrm{d}\mu < \varepsilon. \qquad \square$$

注 3.10　同注 3.9, 上述 Vitali-Carathéodory 定理对于 Lebesgue 测度空间亦成立 (甚至适合 σ-有限 Radon 测度空间 $(X, \mathscr{B}(X), \mu)$ 的完备化情形). 同时注意到, 在 f 非负情形下, $v = \sum_{k=1}^{N} \alpha_k \mathbf{1}_{K_k}$ 是有界的, $u = \sum_{k=1}^{\infty} \alpha_k \mathbf{1}_{V_k}$ 下有界, $u, v \in L^1$. 从而对一般的 f, 我们相应的有 $u, v \in L^1$, u 下有界, v 上有界.

思考题　在 Vitali-Carathéodory 定理中, 如果 $v \leqslant f \leqslant u$, u 为上半连续, v 为下半连续, 定理是否成立? 试考虑 $[0,1]$ 上正测 Cantor 集 K 的特征函数 $\mathbf{1}_K$.

思考题　假设 $V \subset \mathbb{R}^n$ 为开集, $f \geqslant 0$, $f \in L^1(\mathbb{R}^n)$. 试问函数 $x \mapsto \int_{x+V} f \, \mathrm{d}m$ $(x \in \mathbb{R}^n)$ 是否连续? 如果不是, 请问它是半连续的吗?

3.5　Riemann 积分与 Lebesgue 积分的关系

为了在 Lebesgue 积分框架下重新审视 Riemann 积分, 我们先来回顾一下有界函数 $f : I \to \mathbb{R}$ ($I \subset \mathbb{R}^n$ 为特殊矩体) Riemann 积分的定义. 我们很方便采用 Darboux 的刻画.

定义 3.13　设 $I \subset \mathbb{R}^n$ 为 (非退化) 特殊矩体, 若 $I = \bigcup_{j=1}^{N} I_j$, I_j 均为非退化矩体且内部两两不交, 则称 $\{I_j\}_{j=1}^{N}$ 为 I 的**一个分划**. 设 $f : I \to \mathbb{R}$ 为有界函数, 若存在 I 的一个分划 $\{I_j\}_{j=1}^{N}$, 使得 f 限制在每一 $\overset{\circ}{I_j}$ 上为常值, 则 f 称作**阶梯函数**.

> **注 3.11**　若有界函数 $f : I \to \mathbb{R}$ 为阶梯函数, 很明显它是 Lebesgue 可测的, 实际上除去一个零测集 (所有 I_j 边界上的点均落在有限个低维仿射子空间中), 它是一特殊的简单函数并且几乎处处连续. 并且阶梯函数 f 的 Riemann 积分与 Lebesgue 积分相等.

定义 3.14　有界函数 $f : I \to \mathbb{R}$ 称作 **Riemann 可积**, 若任给 $\varepsilon > 0$, 存在 I 上的阶梯函数 σ 和 τ, 满足

$$\sigma \leqslant f \leqslant \tau, \quad \int_I (\tau - \sigma)\, \mathrm{d}m < \varepsilon.$$

若 f 为 Riemann 可积, 定义其 Riemann 积分

$$(R)\int_I f\mathrm{d}m = \sup\left\{\int_I \sigma\mathrm{d}m : \sigma \text{ 为阶梯函数且 } \sigma \leqslant f\right\}$$

$$= \inf\left\{\int_I \tau\mathrm{d}m : \tau \text{ 为阶梯函数且 } \tau \geqslant f\right\}.$$

定理 3.22　设 f 为特殊矩体 I 上的有界函数.

(1) f 为 Riemann 可积当且仅当 f 几乎处处连续;

(2) 若 f 为 Riemann 可积, 则 f 为 Lebesgue 可积且

$$(R)\int_I f\mathrm{d}m = \int_I f\mathrm{d}m.$$

证明　首先假设 f 为 Riemann 可积. 由定义, 存在阶梯函数序列 $\{\sigma_k\}$ 和 $\{\tau_k\}$ 使得

$$\sigma_k \leqslant f \leqslant \tau_k, \quad \int_I (\tau_k - \sigma_k)\, \mathrm{d}m < \frac{1}{k}.$$

由于阶梯函数几乎处处连续, 则

$$\sigma_k \leqslant \underline{f} \leqslant \overline{f} \leqslant \tau_k, \quad \text{a.e.}$$

定义 $g = \sup_k \sigma_k$, $h = \inf_k \tau_k$. 则 g, h 均 Lebesgue 可测, 且

$$g \leqslant \underline{f} \leqslant \overline{f} \leqslant h, \quad \text{a.e.}$$

由于 $0 \leqslant h - g \leqslant \tau_k - \sigma_k\ (k \in \mathbb{N})$, 则

$$\int_I (h - g)\, \mathrm{d}m \leqslant \int_I (\tau_k - \sigma_k)\, \mathrm{d}m < \frac{1}{k}, \quad k \in \mathbb{N}.$$

故 $\displaystyle\int_I (h-g)\,\mathrm{d}m = 0$, 从而 $g = h$, a.e. 因此 $g = \underline{f} = \overline{f} = h$, a.e. 从而 f 几乎处处连续. 这就证明了 (1) 的一半.

我们先来证明 (2). 因为 $f = g = h$, a.e., 故 f 为 Lebesgue 可测, 并且

$$(R)\int_I f\,\mathrm{d}m \leqslant \int_I \tau_k\,\mathrm{d}m < \int_I \sigma_k\,\mathrm{d}m + \frac{1}{k} \leqslant \int_I f\,\mathrm{d}m + \frac{1}{k}.$$

由 k 的任意性, 则 $(R)\displaystyle\int_I f\,\mathrm{d}m \leqslant \int_I f\,\mathrm{d}m$. 相反的不等号类似.

现在证明 (1) 的另一半. 假设 f 几乎处处连续. 将 I 分划成 2^{nk} 个全等的特殊矩体, 并定义 I 上的阶梯函数如下: 若 J 为任意这样的小特殊矩体, 定义 $\sigma_k|_J = \inf\limits_J f$. 因为 f 有界, 不妨设 $\alpha \leqslant f \leqslant \beta$, 则在 ∂J 上定义 $\sigma_k = \alpha$. 不难看出, 除去相关特殊矩体的边界, $\sigma_k \leqslant \sigma_{k+1}$. 因此

$$\sigma_k \leqslant \sigma_{k+1}, \text{ a.e.} \quad \text{且} \quad \sigma_k \leqslant f \quad (k \in \mathbb{N}).$$

下面证明

$$\lim_{k\to\infty} \sigma_k \geqslant \underline{f}, \quad \text{a.e.} \tag{3.15}$$

事实上, 假设 x 不是上述 σ_k 中小特殊矩体的边界点 (边界点构成零测集). 若 $\underline{f}(x) > a$, 则在 x 的某邻域上, $f > a$. 故存在 $N \in \mathbb{N}$, 对 $k \geqslant N$, σ_k 定义中包含 x 的特殊矩体含于该邻域. 因此对 $k \geqslant N$, $\sigma_k(x) > a$. 由于 $\sigma_k(x)$ 单调递增, 故 $\lim\limits_{k\to\infty} \sigma_k \geqslant a$. 这就证明了 (3.15).

类似地, 存在阶梯函数序列 $\{\tau_k\}$, 使得

$$\tau_k \geqslant \tau_{k+1}, \text{ a.e.} \quad \text{且} \quad \tau_k \geqslant f \quad (k \in \mathbb{N}),$$

满足

$$\lim_{k\to\infty} \tau_k \leqslant \overline{f}, \quad \text{a.e.} \tag{3.16}$$

因为 f 几乎处处连续, $f = \underline{f} = \overline{f}$, a.e. 故由 (3.15)和 (3.16),

$$\lim_{k\to\infty} \sigma_k = \lim_{k\to\infty} \tau_k = f, \quad \text{a.e.}$$

因为上述函数均有上界 β 和下界 α, 由控制收敛定理,

$$\lim_{k\to\infty} \int_I \sigma_k\,\mathrm{d}m = \lim_{k\to\infty} \int_I \tau_k\,\mathrm{d}m = \int_I f\,\mathrm{d}m.$$

这就证明了 $\lim\limits_{k\to\infty}\displaystyle\int_I (\sigma_k - \tau_k)\,\mathrm{d}m = 0$. 因此 f 为 Riemann 可积. $\qquad\square$

最后出于一些历史的趣味, 我们来探讨一下所谓 Jordan 容量.

定义 3.15　有界集 $A \subset \mathbb{R}^n$ 称作 **Jordan 可测**, 是指 $\mathbf{1}_A$ 为 Riemann 可积. 由于历史的原因, 此时我们称 $m(A)$ 为 A 的 **Jordan 容量**.

定理 3.23　有界集 $A \subset \mathbb{R}^n$ 为 Jordan 可测当且仅当 $m(\partial A) = 0$.

证明　假设 $A \subset \mathbb{R}^n$ 为有界集. 由定理 3.22, A 为 Jordan 可测当且仅当 $\mathbf{1}_A$ 几乎处处连续. 容易看出

$$x \in \mathbb{R}^n \text{ 为 } \mathbf{1}_A \text{ 的连续点} \quad \Longleftrightarrow \quad x \in \overset{\circ}{A} \text{ 或 } x \in (A^c)^{\circ}.$$

因此 A 为 Jordan 可测当且仅当 $(\overset{\circ}{A} \cup (A^c)^{\circ})^c$ 为零测集. 由关系 $\partial A = (\overset{\circ}{A} \cup (A^c)^{\circ})^c$, 定理得证. □

思考题　术语 "f 几乎处处连续" 与 "f 与某连续函数 g 几乎处处相等" 是完全不同的概念. 构造定义在 $[0,1] \subset \mathbb{R}$ 上的函数, 使得

(1) g 为连续函数, $f = g$, a.e., 但 f 非几乎处处连续;

(2) f 几乎处处连续但不存在连续函数 g 使得 $f = g$, a.e.

思考题　证明 $[a,b]$ 上的单调函数是 Riemann 可积的.

思考题　举例存在 $G \subset \mathbb{R}^n$ 为开集但 ∂G 为正测集.

思考题　设 $K \subset [0,1]$ 为正测 Cantor 集, 证明 $\mathbf{1}_K$ 不是 Jordan 可测的, 也不存在连续函数 $f: [0,1] \to \mathbb{R}$ 使得 $f = \mathbf{1}_K$, a.e.

思考题　证明存在 $\mathbb{R}$ 上的 Jordan 可测集但非 Borel 可测.

3.6　$\mathbb{R}^n$ 上的 Fubini 定理

Fubini 定理的主要任务是解决分析学里的一个基本问题: 假设 f 为 $[a,b] \times [c,d]$ 上的连续函数, 我们知道此时

$$\iint_{[a,b]\times[c,d]} f(x,y) \,\mathrm{d}x\mathrm{d}y = \int_a^b \left(\int_c^d f(x,y)\mathrm{d}y \right)\mathrm{d}x.$$

计算上面右端的累次积分是计算高维重积分的主要手段. 但如果 f 不连续, 如

$$f(x,y) = \frac{x^2 - y^2}{(x^2+y^2)^2}, \qquad x,y \in [0,1]$$

在原点 $(0,0)$ 处不连续. 简单地计算表明

$$\int_0^1 \left(\int_0^1 f(x,y)\mathrm{d}y \right)\mathrm{d}x = \frac{\pi}{4}, \qquad \int_0^1 \left(\int_0^1 f(x,y)\mathrm{d}x \right)\mathrm{d}y = -\frac{\pi}{4}.$$

在 Lebesgue 积分意义下, 上述累次积分与次序无关并等于重积分的问题首先由意大利数学家 Guido Fubini 和 Leonida Tonelli 开始研究. Fubini 的工作并不是完善的,

后续主要工作由 Lebesgue 完成, 而 Tonelli 只是将 Lebesgue 的工作从有界可测函数推广到一般情形. 但是, 今天我们仍然习惯于称之为 Fubini 定理, 或者 Fubini-Tonelli 定理. 虽然我们仅仅讨论 Euclid 空间的 Fubini 定理, 但是其思想不难推广到一般测度空间 (参见文献 [40]).

3.6.1   Fubini-Tonelli 定理

设 l, m 为正整数, $l + m = n$. $\mathbb{R}^n$ 可以表示成 $\mathbb{R}^n = \mathbb{R}^l \times \mathbb{R}^m$, 即任给 $z \in \mathbb{R}^n$, 存在唯一的 $x \in \mathbb{R}^l$, $y \in \mathbb{R}^m$, 使得 $z = (x, y)$. 固定 $y \in \mathbb{R}^m$, $f : \mathbb{R}^n \to [-\infty, +\infty]$, 定义 $f_y : \mathbb{R}^l \to [-\infty, +\infty]$,

$$f_y(x) = f(x, y)$$

称作 f 的y-截面. 对 $A \subset \mathbb{R}^n$, 定义 A 的 y-截面为

$$A_y = \{x \in \mathbb{R}^l : (x, y) \in A\}.$$

容易验证 $(\mathbf{1}_A)_y = \mathbf{1}_{A_y}$.

对于 $f : \mathbb{R}^n \to [-\infty, +\infty]$ 及 $y \in \mathbb{R}^m$, 定义

$$F(y) = \int_{\mathbb{R}^l} f_y(x) \, \mathrm{d}x.$$

这里我们用 $\mathrm{d}x$ 代替 $\mathbb{R}^l$ 上的 Lebesgue 测度 $\mathrm{d}m_l$ 是为了便于读者理解. 此时有两种情况:

(I) $f_y \geqslant 0$, $0 \leqslant F(y) \leqslant +\infty$.

(II) $f_y \in L^1(\mathbb{R}^l)$, $F(y)$ 存在且 $-\infty < F(y) < +\infty$.

据此我们希望得到重积分等于累次积分的结论:

$$\int_{\mathbb{R}^m} F(y) \, \mathrm{d}y = \int_{\mathbb{R}^n} f(z) \, \mathrm{d}z.$$

综上可以看出, 上式右端有定义需要 f 在 $\mathbb{R}^n$ 上 Lebesgue 可测甚至可积, 而左端又必须使得 f_y 可测, 进而保证 $F(y)$ 对几乎所有的 y 有定义, 并且 F 在 $\mathbb{R}^m$ 上 Lebesgue 可测甚至可积.

例 3.2   设 $A \subset \mathbb{R}$ 为不可测集, $y_0 \in \mathbb{R}$, $E = A \times \{y_0\}$. 则 $E \subset \mathbb{R} \times \{y_0\}$ 为 $\mathbb{R}^2$ 中的 Lebesgue 可测集, 但对 $y_0 \in \mathbb{R}$, E 的 y_0-截面 $E_{y_0} = A$ 不可测. 运用到函数 $\mathbf{1}_E$, 则其 y_0-截面 $(\mathbf{1}_E)_{y_0} = \mathbf{1}_{E_{y_0}}$ 不是 $\mathbb{R}$ 中的可测函数. 这说明上面分析的条件 "f_y 可测" 并不能对所有的 y 成立. 从一个侧面, 也说明下面的 Fubini-Tonelli 定理是一个深刻定理.

定理 3.24 (Fubini-Tonelli (非负情形))   设 $f \to [0, +\infty]$ 为 Lebesgue 可测, 则对几乎所有的 $y \in \mathbb{R}^m$, 函数 $f_y : \mathbb{R}^l \to [0, +\infty]$ 为 Lebesgue 可测, 故

$$F(y) = \int_{\mathbb{R}^l} f_y(x) \, \mathrm{d}x$$

可定义. 并且 F 在 $\mathbb{R}^m$ 上可测,

$$\int_{\mathbb{R}^m} F(y)\,\mathrm{d}y = \int_{\mathbb{R}^n} f(z)\,\mathrm{d}z.$$

证明　首先对特征函数 $\mathbf{1}_A$ 证明. 此时 A 为 $\mathbb{R}^n$ 中的可测集, 而且

$$\int_{\mathbb{R}^m} m(A_y)\,\mathrm{d}m = m(A). \tag{3.17}$$

历史上 (3.17) 称作 Cavalieri 原理或祖暅原理.

我们先证明 (3.17). 证明过程是冗长的, 将之分解成如下步骤:

(1) 假设 J 为特殊矩体, $J = J' \times J''$, J' 和 J'' 分别为 $\mathbb{R}^l$ 和 $\mathbb{R}^m$ 中的特殊矩体. 则任给 $y \in \mathbb{R}^m$,

$$J_y = \begin{cases} J', & y \in J'', \\ \varnothing, & y \notin J'', \end{cases} \quad 且 \quad m(J_y) = \begin{cases} m(J'), & y \in J'', \\ 0, & y \notin J''. \end{cases}$$

即 $m(J_y) = m(J')\mathbf{1}_{J''}(y)$. 因此

$$\int_{\mathbb{R}^m} m(J_y)\,\mathrm{d}y = m(J')m(J'') = m(J).$$

(2) 假设 $G \subset \mathbb{R}^n$ 为开集. 则存在两两不交的特殊矩体 (不必为闭) J_k, 使得 $G = \bigcup_k J_k$. 故任给 $y \in \mathbb{R}^m$, $G_y = \bigcup_k (J_k)_y$ (仍为无交并), $m(G_y) = \sum_k m((J_k)_y)$, 再由单调收敛定理和 (1),

$$\int_{\mathbb{R}^m} m(G_y)\,\mathrm{d}y = \sum_k \int_{\mathbb{R}^m} m((J_k)_y)\,\mathrm{d}m = \sum_k m(J_k) = m(G).$$

(3) 假设 $K \subset \mathbb{R}^n$ 为紧集. 选取有界开集 $G \supset K$, 则对开集 $G \setminus K$ 运用 (2) 并注意 $(G \setminus K)_y = G_y \setminus K_y$, 有

$$\int_{\mathbb{R}^m} m(G_y \setminus K_y)\,\mathrm{d}y = m(G \setminus K),$$

$$\int_{\mathbb{R}^m} m(G_y)\,\mathrm{d}y - \int_{\mathbb{R}^m} m(K_y)\,\mathrm{d}y = m(G) - m(K)$$

再对 G 运用 (2) 并注意到 $m(G) < \infty$, 则

$$\int_{\mathbb{R}^m} m(K_y)\,\mathrm{d}y = m(K).$$

(4) 若 $\{K_j\}$ 为 $\mathbb{R}^n$ 中单调递增的紧集序列, 定义 $B = \bigcup_j K_j$. 因为 $B_y = \bigcup_j (K_j)_y$, 故 B_y 可测且 $m(K_j) = \lim_{j \to \infty} m((K_j)_y)$. 由单调收敛定理,

$$\int_{\mathbb{R}^m} m(B_y)\,\mathrm{d}y = \lim_{j \to \infty} \int_{\mathbb{R}^m} m((K_j)_y)\,\mathrm{d}y = \lim_{j \to \infty} m(K_j) = m(B).$$

(5) 若 $\{G_j\}$ 为 $\mathbb{R}^n$ 中单调递减的有界开集序列, 定义 $C = \bigcap\limits_j G_j$. 选取紧集 $K \supset G_1$, 对 $K \setminus C$ 运用 (4) 并注意到 $K \setminus C = \bigcup\limits_j (K \setminus G_j)$,

$$\int_{\mathbb{R}^m} m(K_y \setminus C_y)\,\mathrm{d}y = m(K \setminus C),$$

$$\int_{\mathbb{R}^m} m(K_y)\,\mathrm{d}y - \int_{\mathbb{R}^m} m(C_y)\,\mathrm{d}y = m(K) - m(C).$$

再对 K 运用 (4), 故有

$$\int_{\mathbb{R}^m} m(C_y)\,\mathrm{d}y = m(C).$$

(6) (关键一步) 设 $A \subset \mathbb{R}^n$ 为有界可测集, 则存在单调递增的紧集列 $\{K_j\}$ 和单调递减的有界开集列 $\{G_j\}$, 使得

$$K_1 \subset K_2 \subset \cdots \subset A \subset \cdots \subset G_2 \subset G_1,$$

且

$$\lim_{j \to \infty} m(K_j) = m(A) = \lim_{j \to \infty} m(G_j).$$

定义 $B = \bigcup\limits_j K_j$ 和 $C = \bigcap\limits_j G_j$, 则 $B \subset A \subset C$ 且 $m(B) = m(A) = m(C)$. 综合 (4) 和 (5),

$$\int_{\mathbb{R}^m} m(B_y)\,\mathrm{d}y = m(B), \quad \int_{\mathbb{R}^m} m(C_y)\,\mathrm{d}y = m(C).$$

两式相减得到

$$\int_{\mathbb{R}^m} (m(C_y) - m(B_y))\,\mathrm{d}y = 0.$$

由于 $m(C_y) - m(B_y) \geqslant 0$, 故对几乎所有的 y 有 $m(C_y) - m(B_y) = 0$. 对这样的 y, $B_y \subset A_y \subset C_y$, 因此 A_y 为 B_y 与某零测集之并, 从而可测, 且 $m(A_y) = m(B_y) = m(C_y)$. 所以, $m(A_y)$ 关于 y 为 Lebesgue 可测, 且

$$\int_{\mathbb{R}^m} m(A_y)\,\mathrm{d}y = \int_{\mathbb{R}^m} m(B_y)\,\mathrm{d}y = m(B) = m(A).$$

(这里特别提醒, A_y 不必对所有的 y 均可测, 请参考例 3.2.)

(7) 我们断言: 若定理对 $\mathbb{R}^n$ 上单调递增的非负可测函数 $\{f_j\}$ 均成立, 则对 $f = \lim\limits_{j \to \infty} f_j$ 成立.

事实上, 因为 $(f_j)_y$ 单调递增收敛于 f_y, 故 f_y 对几乎所有的 y 均可测. 对几乎所有的 $y \in \mathbb{R}^m$, 由单调收敛定理,

$$F(y) = \int_{\mathbb{R}^l} f_y(x) \, \mathrm{d}x = \lim_{j \to \infty} \int_{\mathbb{R}^l} (f_j)_y(x) \, \mathrm{d}x = \lim_{j \to \infty} F_j(y),$$

其中 $F_j(y) = \int_{\mathbb{R}^l} (f_j)_y(x) \, \mathrm{d}x$. 注意, 上述极限亦为单调递增取得, 又 F_j 均可测, 故 F 可测. 再次运用单调收敛定理

$$\int_{\mathbb{R}^m} F(y) \, \mathrm{d}y = \lim_{j \to \infty} \int_{\mathbb{R}^m} F_j(y) \, \mathrm{d}y = \lim_{j \to \infty} \int_{\mathbb{R}^n} f_j(z) \, \mathrm{d}z = \int_{\mathbb{R}^n} f(z) \, \mathrm{d}z.$$

(8) 去掉 (6) 中 A 有界的假设. 事实上, 只需令 $f_j = \mathbf{1}_{A \cap B(0,j)}$, 再运用 (6) 和 (7) 即可.

(9) 一般情形下, $f: \mathbb{R}^n \to [0, +\infty]$ 可测. 由 (8), 定理对任意非负可测简单函数成立. 存在单调递增的非负简单函数序列 $\{s_j\}$ 逐点收敛于 f, 定理对每一 s_j 均成立. 再利用 (7) 即可. $\qquad\square$

定理 3.25 (Fubini-Tonelli (可积情形))　设 $f \in L^1(\mathbb{R}^n)$, 则对几乎所有的 $y \in \mathbb{R}^m$, 函数 $f_y \in L^1(\mathbb{R}^l)$, 故

$$F(y) = \int_{\mathbb{R}^l} f_y(x) \, \mathrm{d}x$$

有定义, 并且

$$\int_{\mathbb{R}^m} F(y) \, \mathrm{d}y = \int_{\mathbb{R}^n} f(z) \, \mathrm{d}z.$$

证明　对 $f = f^+ - f^-$, 运用定理 3.24, 对几乎所有的 $y \in \mathbb{R}^m$, $(f^\pm)_y$ 均可测. 定义

$$G(y) = \int_{\mathbb{R}^l} (f^-)_y \, \mathrm{d}x, \quad H(y) = \int_{\mathbb{R}^l} (f^+)_y \, \mathrm{d}x.$$

则有

$$\int_{\mathbb{R}^m} G(y) \, \mathrm{d}y = \int_{\mathbb{R}^n} f^-(z) \, \mathrm{d}z, \quad \int_{\mathbb{R}^m} H(y) \, \mathrm{d}y = \int_{\mathbb{R}^n} f^+(z) \, \mathrm{d}z.$$

上述积分均有限, 故 $G(y), H(y) < +\infty$ 对几乎所有的 $y \in \mathbb{R}^m$. 对这样的 y,

$$\int_{\mathbb{R}^l} (f^-)_y \, \mathrm{d}x < +\infty, \quad \int_{\mathbb{R}^l} (f^+)_y \, \mathrm{d}x < +\infty.$$

这表明 $f_y \in L^1(\mathbb{R}^l)$. 并且对这样的 y, 因为 $F(y) = H(y) - G(y)$, 故 $F \in L^1(\mathbb{R}^m)$ 且

$$\int_{\mathbb{R}^m} F(y) \, \mathrm{d}y = \int_{\mathbb{R}^m} H(y) \, \mathrm{d}y - \int_{\mathbb{R}^m} G(y) \, \mathrm{d}y$$

$$= \int_{\mathbb{R}^n} f^+(z) \, \mathrm{d}z - \int_{\mathbb{R}^n} f^-(z) \, \mathrm{d}z = \int_{\mathbb{R}^n} f(z) \, \mathrm{d}z$$

这就完成了证明. $\qquad\square$

注 3.12 若将 $f(z)\mathrm{d}z$ 写成 $f(x,y)\mathrm{d}x\mathrm{d}y$, 则 Fubini 定理表明累次积分和重积分在一定条件下 (比如 $f \geqslant 0$ 可测或 $f \in L^1$) 相等:

$$\int_{\mathbb{R}^m} \mathrm{d}y \int_{\mathbb{R}^l} f(x,y)\,\mathrm{d}x = \int_{\mathbb{R}^n} f(x,y)\,\mathrm{d}x\mathrm{d}y. \tag{3.18}$$

当然此时两个累次积分相等. 在实际应用中, 定理 3.25的条件一般并不好直接验证. 但是, 如果能够验证

$$\int_{\mathbb{R}^m} \mathrm{d}y \int_{\mathbb{R}^l} |f(x,y)|\,\mathrm{d}x < \infty,$$

根据定理 3.24, $f \in L^1(\mathbb{R}^m)$, 因此就可以利用定理 3.25来保证 (3.18). 另外还需要注意到, 上面的讨论中, 我们还要验证 $f(x,y)$ 整体是可测的. 关于这一点, 一个最常见的条件是所谓的 Carathéodory 条件 (参见思考题).

思考题 设 $f : \mathbb{R} \times \mathbb{R}^n \to \mathbb{R}$, $f(x,\cdot)$ 对任意 $x \in \mathbb{R}$ 为 Borel 可测, $f(\cdot,y)$ 对任意 $y \in \mathbb{R}^n$ 连续. 则 f 为 Borel 可测.

思考题 假设 $f : \mathbb{R}^l \times \mathbb{R}^m \to \mathbb{R}$, $E \subset \mathbb{R}^l$ 为稠密子集. 若 $f(x,\cdot)$ 对所有 $x \in E$ 在 $\mathbb{R}^m$ 上 Lebesgue 可测, $f(\cdot,y)$ 对几乎所有的 $y \in \mathbb{R}^m$ 连续, 则 f 在 $\mathbb{R}^{l+m}$ 上 Lebesgue 可测.

思考题 设 $A \subset \mathbb{R}^l$, $B \subset \mathbb{R}^m$, 则对 $A \times B \subset \mathbb{R}^l \times \mathbb{R}^m$ 有

$$m^*(A \times B) = m^*(A)m^*(B).$$

3.6.2 Fubini 定理的应用

Fubini 定理 (以及相关测度空间的乘积问题) 是测度论中十分基本的结果. 它的应用是广泛的, 下面给出一些例子. 我们先从几个测度论方面基本的应用开始.

例 3.3 设 E_1, E_2 分别为 $\mathbb{R}^l$ 和 $\mathbb{R}^m$ 中的 Lebesgue 可测集, 则 $E_1 \times E_2$ 为 $\mathbb{R}^l \times \mathbb{R}^m$ 中的 Lebesgue 可测集, 且有 $m(E_1 \times E_2) = m(E_1)m(E_2)$.

证明 首先证明 $E_1 \times E_2$ 为 $\mathbb{R}^l \times \mathbb{R}^m$ 中的可测集. 由 Lebesgue 测度的构造, 存在 A 和 B 为紧集或零测集, 使得 $E_1 \times E_2$ 为至多可数这样的 $A \times B$ 之并.

(1) 若 A 为零测集. 任给 $\varepsilon > 0$, 存在 $\mathbb{R}^l$ 中的特殊矩体 $\{I_k\}$ 及 $\mathbb{R}^m$ 中的特殊矩体 $\{J_i\}$, 使得

$$\bigcup_{k=1}^{\infty} I_k \supset A, \quad \sum_{k=1}^{\infty} m(I_k) < \varepsilon,$$

$$\bigcup_{i=1}^{\infty} J_i \supset B, \quad \sum_{i=1}^{\infty} m(J_i) < \infty.$$

显然 $E_1 \times E_2$ 被 $\{I_k \times J_i\}$ 所覆盖, 故

$$m^*(A \times B) \leqslant m\left(\bigcup_{k,i} I_k \times J_i\right) \leqslant \sum_{k,i} m(I_k \times J_i) \leqslant \varepsilon \cdot \sum_i m(J_i).$$

由 ε 的任意性, $A \times B$ 为 $\mathbb{R}^l \times \mathbb{R}^m$ 中的零测集.

(2) 若 A, B 均为紧集, 则 $A \times B$ 为紧集.

综上, $E_1 \times E_2$ 为 $\mathbb{R}^l \times \mathbb{R}^m$ 中的可测集. 并且, 注意到 $\mathbf{1}_{E_1 \times E_2}(x, y) = \mathbf{1}_{E_1}(x) \cdot \mathbf{1}_{E_2}(y)$, 则由 Fubini 定理,

$$m(E_1 \times E_2) = \int_{\mathbb{R}^l \times \mathbb{R}^m} \mathbf{1}_{E_1 \times E_2}(x, y) \, \mathrm{d}x\mathrm{d}y$$

$$= \int_{\mathbb{R}^l} \mathbf{1}_{E_1}(x) \, \mathrm{d}x \cdot \int_{\mathbb{R}^m} \mathbf{1}_{E_2}(y) \, \mathrm{d}y = m(E_1)m(E_2).$$

这就完成的证明. □

例 3.4　设 $E \subset \mathbb{R}^n$ 可测, $f : E \to [0, +\infty)$ 可测. 则 f 在 E 上的函数图像

$$G_E(f) = \{(x, y) \in \mathbb{R}^n \times \mathbb{R} : x \in E, y = f(x)\}$$

为 $\mathbb{R}^{n+1}$ 中的零测集.

证明　不妨设 $m(E) < \infty$. 任给 $\delta > 0$, 定义集合

$$E_k = \{x : k\delta \leqslant f(x) < (k+1)\delta\}, \quad k = 0, 1, \cdots,$$

则 $G_E(f) = \displaystyle\bigcup_{k=0}^\infty G_{E_k}(f)$. 故

$$m^*(G_E(f)) \leqslant \sum_{k=0}^\infty m^*(G_{E_k}(f)) \leqslant \sum_{k=0}^\infty \delta \cdot m(E_k) = \delta m(E).$$

由 δ 的任意性, $m^*(G_E(f)) = 0$.

一般情形下, 考虑 $A_j = E \cap B(0, j)$, 再令 $j \to \infty$ 得到. □

下面我们给出 Fubini 定理另一个应用: 分布函数及其性质.

定义 3.16　设 $(X, \mathfrak{M}, \mu)$ 为 σ-有限的测度空间, $f : X \to [0, +\infty]$ 可测. 函数

$$t \mapsto \mu\{f > t\} = \mu(\{x \in X : f(x) > t\}), \quad t \in [0, +\infty)$$

称作 f(**关于测度 μ 的**) **分布函数**. 分布函数单调递减, 从而 Borel 可测.

定理 3.26　设 m 为 $\mathbb{R}^n$ 上的 Lebesgue 测度, $f : \mathbb{R}^n \to [0, +\infty]$ 可测, $m\{f > t\}$ 为 m 和 f 决定的分布函数. $\phi : [0, +\infty] \to [0, +\infty]$ 单调, 在 $(0, +\infty)$ 上连续可微, $\phi(0) = 0$ 且 $\displaystyle\lim_{t \to +\infty} = \phi(+\infty)$. 则

$$\int_X (\phi \circ f) \, \mathrm{d}m = \int_0^{+\infty} m\{f > t\}\phi'(t) \, \mathrm{d}t. \tag{3.19}$$

证明　设 $E = \{(x, t) \in \mathbb{R}^n \times [0, +\infty) : f(x) > t\}$. 集合 E 的可测性由思考题可知. 任给 t, $E_t = \{x \in X : f(x) > t\}$ 可测. 在

$$m(E_t) = \int_X \mathbf{1}_E(x, t) \, \mathrm{d}m(x)$$

两边乘 $\phi'(t)$ 然后积分, 并由 Fubini 定理得

$$\int_0^\infty m(E_t) \phi'(t) \, \mathrm{d}t = \int_X \mathrm{d}m(x) \int_0^\infty \mathbf{1}_E(x, t) \phi'(t) \, \mathrm{d}t.$$

注意 $\mathbf{1}_E(x, t) = \mathbf{1}_{\{t : 0 \leqslant t < f(x)\}}(t)$ 和条件 $\phi(0) = 0$, 因此

$$\int_0^\infty m(E_t) \phi'(t) \, \mathrm{d}t = \int_X \mathrm{d}m(x) \int_0^{f(x)} \phi'(t) \, \mathrm{d}t = \int_X (\phi \circ f)(x) \, \mathrm{d}m(x).$$

这就完成了证明.　　　　　　　　　　　　　　　　　　　　　　　　　□

注 3.13　公式 (3.19) 在概率论中是基本的.

(1) 实际上, 这个公式对于 σ-有限的测度空间 $(X, \mathfrak{M}, \mu)$, 并且 ϕ 在任意区间 $[0, T]$, $T > 0$, 上绝对连续时, 也是成立的.

(2) 取 $\phi(t) = t^p$, $t > 0$, $p \geqslant 1$. 则 $\phi'(t) = pt^{p-1}$, 从而公式 (3.19) 变成

$$\int_X f^p \, \mathrm{d}\mu = p \int_0^{+\infty} \mu\{f > t\} t^{p-1} \, \mathrm{d}t.$$

这建立了分布函数与数学期望之间的联系.

另一个重要的应用是卷积.

定义 3.17　设 $f, g \in L^1(\mathbb{R}^n)$, 定义函数

$$(f * g)(x) = \int_{\mathbb{R}^n} f(x - y) g(y) \, \mathrm{d}y, \quad x \in \mathbb{R}^n,$$

则称 $f * g$ 为 f 和 g 的**卷积**.

定理 3.27　设 $f, g \in L^1(\mathbb{R}^n)$. 则对几乎所有的 $x \in \mathbb{R}^n$,

$$\int_{\mathbb{R}^n} |f(x - y) g(y)| \, \mathrm{d}y < \infty.$$

对这样的 x, $(f * g)(x)$ 有限 (卷积的定义是有意义的), $f * g \in L^1(\mathbb{R}^n)$, 且

$$\|f * g\|_1 \leqslant \|f\|_1 \|g\|_1. \tag{3.20}$$

证明　不失一般性, 假设 f, g 均为 Borel 可测. 事实上, 存在 Borel 可测函数 f_0 和 g_0, 使得 $f = f_0$, $g = g_0$, a.e. 而卷积定义中的积分, 对任意固定的 x, 用 f_0, g_0 代替 f, g 不会改变.

定义 $F(x,y) = f(x-y)g(y)$, 则 F 为 $\mathbb{R}^n \times \mathbb{R}^n$ 上的 Borel 可测函数. 事实上, 定义函数 $\phi(x,y) = x-y$, $\psi(x,y) = y$, $\phi, \psi : \mathbb{R}^n \times \mathbb{R}^n \to \mathbb{R}^n$, 则 $f(x-y) = (f \circ \phi)(x,y)$, $g(y) = (g \circ \psi)(x,y)$. $f \circ \phi$ 和 $g \circ \psi$ Borel 可测, 故乘积亦 Borel 可测.

对非负可测函数 $|F|$ 运用 Fubini 定理, 并由 Lebesgue 测度的平移不变性, 则

$$\int_{\mathbb{R}^n \times \mathbb{R}^n} |F(x,y)|\, \mathrm{d}x\mathrm{d}y = \int_{\mathbb{R}^n} |g(y)|\, \mathrm{d}y \int_{\mathbb{R}^n} |f(x-y)|\, \mathrm{d}x = \|f\|_1 \|g\|_1 < \infty.$$

这说明 $F \in L^1(\mathbb{R}^n \times \mathbb{R}^n)$, 并且 $f * g$ 几乎处处有限. 再次运用 Fubini 定理,

$$\int_{\mathbb{R}^n} |(f*g)(x)|\, \mathrm{d}x \leqslant \int_{\mathbb{R}^n} \mathrm{d}x \int_{\mathbb{R}^n} |F(x,y)|\, \mathrm{d}y$$
$$= \int_{\mathbb{R}^n} |g(y)|\, \mathrm{d}y \int_{\mathbb{R}^n} |f(x-y)|\, \mathrm{d}x = \|f\|_1 \|g\|_1.$$

这就证明了 (3.20). $\qquad\qquad\qquad\qquad\qquad\qquad\qquad\qquad\qquad\qquad\square$

注 3.14   在 $L^1(\mathbb{R}^n)$ 中, 卷积实际上定义了一个乘法. Young 不等式 (3.20) 保证赋予了卷积为乘法后, $L^1(\mathbb{R}^n)$ 构成一个交换实 Banach 代数. 在第 4 章, 我们将说明 $L^1(\mathbb{R}^n)$ 为完备的赋范线性空间, 即 Banach 空间. 一个 Banach 空间 $(X, \|\cdot\|)$ 称作 **Banach 代数**, 如果赋予了乘法 $*$, 并且满足

(1) 满足 Young 不等式: 任给 $x, y \in X$, $\|x*y\| \leqslant \|x\|\|y\|$.

(2) 乘法 $*$ 满足结合律、分配律和数乘的关系: 对任给 $x, y, z \in X$, $\alpha \in \mathbb{R}$,

$$x * (y * z) = (x * y) * z,$$

$$x * (y + z) = x * y + x * z, \quad (y + z) * x = y * x + z * x,$$

$$(\alpha x) * y = x * (\alpha y) = \alpha(x * y).$$

如果考虑复值的 $L^1(\mathbb{R}^n)$, Fourier 变换建立了复 Banach 代数 $L^1(\mathbb{R}^n)$ 到复 Banach 代数 $C_0(\mathbb{R}^n)$ 的代数同构. Banach 代数 $L^1(\mathbb{R}^n)$ 不存在乘法单位元. 也就是说, 不存在 $e \in L^1(\mathbb{R}^n)$, 使得 $e * f = f * e = f$, 对任意 $f \in L^1(\mathbb{R}^n)$. 如果将 $L^1(\mathbb{R}^n)$ 加入乘法单位元, 该单位元恰为原点处的 Dirac 测度 μ_0.

思考题   按下面思路证明卷积作为乘法无单位元. 假设存在 ϕ, 使得 $\mathbf{1}_{B(0,r)} * \phi = \mathbf{1}_{B(0,r)}$, 证明存在 $x \in B(0,r)$ 使得 $(\mathbf{1}_{B(0,r)} * \phi)(x) = 1$. 由此证明

$$\int_{B(0,2r)} |\phi(x)|\, \mathrm{d}x \geqslant 1,$$

并说明这会导出矛盾.

Fubini 定理的另一大类应用是关于积分的计算.

例 3.5 计算

$$\int_E y \sin x \mathrm{e}^{-xy} \,\mathrm{d}x\mathrm{d}y,$$

其中 $E = \{(x,y) : 0 < x < \infty, 0 < y < 1\}$.

由于 $f(x,y) = y \sin x \mathrm{e}^{-xy}$ 连续, 故 Borel 可测. 由于

$$F(y) = \int_0^\infty y \sin x \mathrm{e}^{-xy} \,\mathrm{d}x = \frac{y}{y^2 + 1}.$$

故

$$\int_0^1 F(y) \,\mathrm{d}y = \frac{1}{2} \log 2.$$

从而计算得到上面的积分.

为了严格, 我们验证 f 可积. 因为 $|f(x,y)| \leqslant y\mathrm{e}^{-xy}$, 故

$$\int_E |f(x,y)| \,\mathrm{d}x\mathrm{d}y \leqslant \int_E y\mathrm{e}^{-xy} \,\mathrm{d}x\mathrm{d}y = \int_0^1 \mathrm{d}y \int_0^\infty y\mathrm{e}^{-xy} \,\mathrm{d}x = 1.$$

若我们计算另一个累次积分,

$$\int_0^1 y \sin x \mathrm{e}^{-xy} \,\mathrm{d}y = \frac{\sin x}{x} \cdot \left(\frac{1 - \mathrm{e}^{-x}}{x} - \mathrm{e}^{-x} \right).$$

于是我们得到等式

$$\int_0^\infty \frac{\sin x}{x} \cdot \left(\frac{1 - \mathrm{e}^{-x}}{x} - \mathrm{e}^{-x} \right) \,\mathrm{d}x = \frac{1}{2} \log 2.$$

思考题 利用 $f(x,y) = x\mathrm{e}^{-x^2(1+y^2)}$ 计算

$$\int_0^\infty \mathrm{e}^{-t^2} \,\mathrm{d}t = \frac{\sqrt{\pi}}{2}.$$

思考题 利用 $f(x,y) = \sin x \mathrm{e}^{-xy}$, 计算

$$\int_0^a \frac{\sin x}{x} \,\mathrm{d}x = \frac{\pi}{2} - \cos a \int_0^\infty \frac{\mathrm{e}^{-ay}}{1 + y^2} \,\mathrm{d}y - \sin a \int_0^\infty \frac{y\mathrm{e}^{-ay}}{1 + y^2} \,\mathrm{d}y.$$

思考题 利用上一思考题计算

$$\lim_{a \to \infty} \int_0^a \frac{\sin x}{x} \,\mathrm{d}x = \frac{\pi}{2}.$$

思考题   证明 $\dfrac{\sin x}{x}$ 非 $(0, +\infty)$ 上的可积函数.

思考题   设 f, g 为 $\mathbb{R}$ 上的函数, $f = \mathbf{1}_{(-a,a)}$, $g = \mathbf{1}_{(-b,b)}$, 其中 $0 < b \leqslant a$. 验证

$$(f * g)(x) = \begin{cases} 2b, & |x| \leqslant a - b, \\ a + b - |x|, & a - b \leqslant |x| \leqslant a + b, \\ 0, & a + b \leqslant |x|. \end{cases}$$

思考题   设 f 为 $\mathbb{R}$ 上的函数, $a > 0$, $f(x) = 1/(a^2 + x^2)$. 验证

$$(f * f)(x) = \frac{2\pi/a}{4a^2 + x^2}.$$

思考题   设 f, g 为 $\mathbb{R}$ 上的函数, $f(x) = \mathrm{e}^{-a|x|}$, $g(x) = \mathrm{e}^{-b|x|}$, $a, b \in \mathbb{R}$.

(1) 若 $a + b > 0$, $a \neq b$, 验证

$$(f * g)(x) = 2\frac{b\mathrm{e}^{-a|x|} - a\mathrm{e}^{-b|x|}}{b^2 - a^2}.$$

(2) 若 $a = b > 0$, 验证

$$(f * g)(x) = \left(|x| + \frac{1}{a}\right)\mathrm{e}^{-a|x|}.$$

思考题   设 f, g 为 $\mathbb{R}$ 上的函数, $a, b \in \mathbb{R}$,

$$f(x) = \begin{cases} \mathrm{e}^{-ax}, & x \geqslant 0, \\ 0, & x < 0, \end{cases} \qquad g(x) = \begin{cases} \mathrm{e}^{-bx}, & x \geqslant 0, \\ 0, & x < 0. \end{cases}$$

(1) 若 $a \neq b$, 验证

$$(f * g)(x) = \begin{cases} \dfrac{\mathrm{e}^{-ax} - \mathrm{e}^{-bx}}{b - a}, & x \geqslant 0, \\ 0, & x < 0. \end{cases}$$

(2) 若 $a = b$, 证明 $(f * g)(x) = x\mathrm{e}^{-ax}$, $x \geqslant 0$.

思考题   设 f, g 为 $\mathbb{R}^n$ 上的函数, $f(x) = \mathrm{e}^{-a|x|^2}$, $g(x) = \mathrm{e}^{-b|x|^2}$, $a + b > 0$.

(1) 若 $n = 1$, 证明 $(f * g)(x) = \sqrt{\dfrac{\pi}{a + b}} \cdot \mathrm{e}^{-\frac{ab}{a+b}x^2}$.

(2) 一般的 n, 证明

$$(f * g)(x) = \left(\frac{\pi}{a + b}\right)^{\frac{n}{2}} \cdot \mathrm{e}^{-\frac{ab}{a+b}|x|^2}.$$

思考题   设 T 为 $\mathbb{R}^n$ 上的可逆线性变换, 证明

$$(f * g) \circ T = |\det(T)|(f \circ T) * (g \circ T).$$

思考题   证明: 若 f 和 g 在 $\mathbb{R}^n$ 的刚体旋转下不变, 则 $f * g$ 亦在刚体旋转下不变.

习题

1. 设 μ 为局部紧 Hausdorff 空间 X 上的 Radon 测度, 集合

$$\operatorname{supp}(\mu) = \{x \in X : \text{任给开集 } U,\, x \in U,\, \text{有 } \mu(U) > 0\}$$

称作 μ 的支集.

(1) 证明 $\operatorname{supp}(\mu)^c$ 恰为 X 中最大的 μ-零测开集, 即 $\operatorname{supp}(\mu)^c$ 为 X 中所有零测开集之并; (为什么仍为零测集?)

(2) 证明 $x \in \operatorname{supp}(\mu)$ 当且仅当对所有 $f \in C_c(X, [0,1])$, $f(x) > 0$, 有 $\int_X f \, d\mu > 0$;

(3) 设 $0 < \lambda < \infty$, 且 $\mu(X) = \lambda$, 则对 $\operatorname{supp}(\mu)$ 的任意紧的真子集 K, $\mu(K) < \lambda$;

(4) 对 $\mathbb{R}^n$ 上任意紧子集, 构造概率测度 μ 使得 $\operatorname{supp}(\mu) = K$;

(5) 设 $f \in C_c(\mathbb{R}^n)$ 非负, m 为 $\mathbb{R}^n$ 上的 Lebesgue 测度, $\mu(E) = \int_E f \, dm$ 定义了 $\mathbb{R}^n$ 上的有限 Borel 测度, 证明 f 的支集

$$\operatorname{supp}(f) := \overline{\{f(x) \neq 0\}} = \operatorname{supp}(\mu);$$

(6) 设 $f : \mathbb{R}^n \to [-\infty, +\infty]$ 为 Lebesgue 可测, 此时 f 的支集 $\operatorname{supp}(f)$ 可以如下定义:

$$x \notin \operatorname{supp}(f) \quad \Longleftrightarrow \quad \text{存在 } x \text{ 的邻域 } U,\, \text{使得 } f = 0,\, \text{a.e.},\, x \in U,$$

证明 $\operatorname{supp}(f)$ 为闭集, 且与连续函数情形的支集定义相一致;

(7) 证明

$$\operatorname{supp}(f * g) \subset \overline{\operatorname{supp}(f) + \operatorname{supp}(g)}.$$

2. 假设 f 为 $\mathbb{R}$ 上有界可测函数.

(1) $f_n(x) = f\left(x + \dfrac{1}{n}\right)$ 几乎处处收敛于 $f(x)$ 吗?

(2) 是否存在单调正自然数序列 $n_k \to \infty$ $(k \to \infty)$, 使得 f_{n_k} 几乎处处 f $(k \to \infty)$?

3. 设 $\{E_k\}_{k \in \mathbb{N}} \subset [0,1]$ 为可测集序列, 且 $m(E_k) \geqslant \delta > 0$, $k \in \mathbb{N}$, $\{a_k\}_{k \in \mathbb{N}}$ 为正数序列. 若对几乎所有的 $x \in [0,1]$, $g(x) = \sum\limits_{k=1}^{\infty} a_k \chi_{E_k}(x) < \infty$, 证明 $\sum\limits_{k=1}^{\infty} a_k < \infty$.

4. 设 $A \subset \mathbb{R}^n$ 为可测集且 $m(A) > N$, 其中 $N \in \mathbb{N}$. 证明 $A - A$ 中存在至少 N 个整数坐标的点.

5. 设 $\{a_n\}$ 为实数序列, $\{\lambda_n\}$ 为正实数序列使得 $\sum\limits_{n=1}^{\infty} \sqrt{\lambda_n} < \infty$. 证明,

$$\sum_{n=1}^{\infty} \frac{\lambda_n}{|x - a_n|} < \infty, \text{a.e.}, x \in \mathbb{R}.$$

6. 设 $f \in L^1(\mathbb{R})$, $c > 0$. 若对任意区间 $I \subset \mathbb{R}$, $m(I) = c$, $\displaystyle\int_I f \, dm = 0$, 证明 $f = 0$, m-a.e.

7. 设 $E \subset \mathbb{R}^n$ 可测, $f : E \to [0, +\infty)$. 定义

$$H_E(f) = \{(x, y) \in \mathbb{R}^n \times \mathbb{R} : 0 \leqslant y \leqslant f(x)\}.$$

证明, f 为 Lebesgue 可测当且仅当 $H_E(f) \subset \mathbb{R}^{n+1}$ 可测. 此时 $m(H_E(f)) = \displaystyle\int_E f \, dm$. (参见第二章习题 1(4))

8. 设 (X, d) 为度量空间, 外测度 μ^* 称作度量外测度, 若对任意 $E_1, E_2 \subset X$,

$$d(E_1, E_2) = \inf\{d(x_1, x_2) : x_1 \in E_1, x_2 \in E_2\} > 0$$

蕴涵了

$$\mu^*(E_1 \cup E_2) = \mu^*(E_1) + \mu^*(E_2).$$

证明: 若 μ^* 为度量外测度, 则任意 Borel 集均为 μ^*-可测的.

9. 假设 X 为局部紧 Hausdorff 空间, 证明 X 上的 Radon 测度 μ 可定义在任意 σ-有限的 Borel 集上. 从而 X 上的任意 σ-有限的 Radon 测度必为正则的.

10. 设 g 为 $[0, 1]$ 上的实可测函数, $f(x, y) = g(x) - g(y)$ 在 $[0, 1] \times [0, 1]$ 上可积, 证明 g 在 $[0, 1]$ 上可积.

11. (Carathéodory) 设 μ 为 $\mathbb{R}^n$ 上的外测度, 若对任意 $A, B \subset \mathbb{R}^n$, $\text{dist}(A, B) > 0$, 有

$$\mu(A \cup B) = \mu(A) + \mu(B),$$

证明 μ 为 Borel 测度.

第四章

L^p 空间

对任意测度空间 $(X, \mathfrak{M}, \mu)$, $p > 0$, 我们将研究一类函数空间, 称作 L^p 空间. 这一类基本的函数空间, 在分析学中扮演着重要角色.

定义 4.1   设 $(X, \mathfrak{M}, \mu)$ 为测度空间, $p > 0$. 对任意 X 上的可测函数 f, 引入

$$\|f\|_p = \left(\int_X |f|^p \, \mathrm{d}\mu \right)^{\frac{1}{p}}.$$

所有满足 $\|f\|_p < \infty$ 的可测函数 f 组成的函数空间记作 $L^p(X, \mathfrak{M}, \mu)$, 简记为 $L^p(X)$ 或 $L^p(\mu)$. 该函数空间称作 L^p **空间**. 特别地, 如果集合 X 上考虑计数测度, 此时的 L^p 空间记作 $\ell^p(X)$, 称作 ℓ^p **空间**.

我们将更多关心当 $p \geqslant 1$ 时的 L^p 空间, 此时 $\| \cdot \|_p$ 给出了 $L^p(X, \mathfrak{M}, \mu)$ 上的一个范数, 而且 $(L^p(X, \mathfrak{M}, \mu), \| \cdot \|_p)$, $p \geqslant 1$, 为 Banach 空间. 与之对应的, 当 $0 < p < 1$ 时, $L^p(X, \mathfrak{M}, \mu)$(作为一拓扑线性空间) 是不可以赋范的.

4.1   凸不等式

当 $p \geqslant 1$ 时, L^p 空间理论的一个重要特征是与凸性相关. 为建立相关理论, 我们需要一些重要的凸不等式.

现在回忆一些基本的凸性概念.

定义 4.2   集合 $C \subset \mathbb{R}^n$ 称作**凸集**, 若任给 $x, y \in C$, $\lambda \in [0, 1]$, $\lambda x + (1 - \lambda)y \in C$. 假设 $C \subset \mathbb{R}^n$ 为凸集, 函数 $f : C \to \mathbb{R}$ 称作**凸函数**, 若任给 $x, y \in C$, $\lambda \in [0, 1]$,

$$f(\lambda x + (1 - \lambda)y) \leqslant \lambda f(x) + (1 - \lambda)f(y). \tag{4.1}$$

若上面的不等式对所有 $\lambda \in (0, 1)$ 取得严格不等号, 则称 f 为**严格凸**. 类似地, 若 $-f$ 为凸函数, 则称 f 为**凹函数**.

定理 4.1 (Jensen 不等式)   设 $(X, \mathfrak{M}, \mu)$ 为概率测度空间, $f \in L^1(\mu)$. 假设 f 的值域包含于 (a, b), $\phi : (a, b) \to \mathbb{R}$ 为凸函数. 则

$$\phi \left(\int_X f \, \mathrm{d}\mu \right) \leqslant \int_X (\phi \circ f) \, \mathrm{d}\mu.$$

注 4.1   不排除 $a = -\infty$ 和 $b = +\infty$ 的情况. 并且 $\phi \circ f$ 有可能不属于 $L^1(\mu)$, 但此时 $\phi \circ f$ 的积分为 $+\infty$.

证明   令 $t = \displaystyle\int_X f \, \mathrm{d}\mu$, 则 $a < t < b$. 由 ϕ 的凸性, 则

$$\frac{\phi(t) - \phi(s)}{t - s} \leqslant \beta \leqslant \frac{\phi(r) - \phi(t)}{r - t}, \quad a < s < t < r < b,$$

其中 $\beta = \sup\limits_{s<t} \dfrac{\phi(t) - \phi(s)}{t - s}$. 上面两个不等式综合起来得到

$$\phi(s) \geqslant \phi(t) + \beta(s - t), \quad a < s < b.$$

将 $s = f(x)$ 代入上式并积分得

$$\int_X \phi(f(x))\, \mathrm{d}\mu(x) \geqslant \int_X \phi(t)\, \mathrm{d}\mu(x) + \beta \int_X (f(x) - t)\, \mathrm{d}\mu(x)$$

$$= \phi(t) + \beta \left(\int_X f(x)\, \mathrm{d}\mu(x) - t \right)$$

$$= \phi \left(\int_X f(x)\, \mathrm{d}\mu(x) \right).$$

这就完成了证明. $\qquad\square$

由 Jensen 不等式可以推导出许多大家熟悉的不等式. 这里记 $\mathbf{N} = \{1, 2, \cdots, n\}$.

(1) 在可测空间 $(\mathbf{N}, \mathscr{P}(\mathbf{N}))$ 上引入概率测度 μ, 使得 $\mu(\{i\}) = \lambda_i > 0$ 且 $\sum\limits_{i=1}^n \lambda_i = 1$. 设 $f : \mathbf{N} \to \mathbb{R}$, 则 f 可测, 且 f 由 $f(i) = x_i \in \mathbb{R}$, $i \in \mathbf{N}$ 决定. 则 $\int_{\mathbf{N}} f\, \mathrm{d}\mu = \sum\limits_{i\in\mathbf{N}} \lambda_i x_i$, $\int_X \phi \circ f\, \mathrm{d}\mu = \sum\limits_{i\in\mathbf{N}} \lambda_i \phi(x_i)$. 此时 Jensen 不等式变成: 任给 $x_1, x_2, \cdots, x_n \in \mathbb{R}$, $\lambda_i \geqslant 0 (i \in \mathbf{N})$ 且 $\sum\limits_{i\in\mathbf{N}} \lambda_i = 1$,

$$\phi \left(\sum_{i\in\mathbf{N}} \lambda_i x_i \right) \leqslant \sum_{i\in\mathbf{N}} \lambda_i \phi(x_i).$$

(2) 考虑 $\phi(t) = \mathrm{e}^t$. 则上式变成

$$\mathrm{e}^{\lambda_1 x_1 + \cdots + \lambda_n x_n} \leqslant \lambda_1 \mathrm{e}^{x_1} + \cdots + \lambda_n \mathrm{e}^{x_n}.$$

若令 $y_i = \mathrm{e}^{x_i}$, 则 $y_i > 0$ 且

$$y_1^{\lambda_1} \cdots y_n^{\lambda_n} \leqslant \lambda_1 y_1 + \cdots + \lambda_n y_n. \tag{4.2}$$

特别地, 取 $\lambda_i = \dfrac{1}{n}$, 则得到算术–几何平均不等式

$$(y_1 \cdots y_n)^{\frac{1}{n}} \leqslant \frac{1}{n}(y_1 + \cdots + y_n).$$

(3) 在(4.2)中取 $n = 2$, $\lambda_1 = \dfrac{1}{p}$, $\lambda_2 = \dfrac{1}{q}$, $a = y_1^{\frac{1}{p}}$, $b = y_2^{\frac{1}{q}}$. 则(4.2)变成: 任给 $a, b \geqslant 0$, $p, q > 1$ 满足 $\dfrac{1}{p} + \dfrac{1}{q} = 1$,

$$ab \leqslant \frac{1}{p} a^p + \frac{1}{q} b^q. \tag{4.3}$$

不等式(4.3)称作 **Young 不等式**. 它是今后推导 Hölder 不等式的关键.

一个与(4.3)相关的问题是凸函数的所谓 Fenchel-Legendre 对偶.

定义 4.3 函数 $f : \mathbb{R}^n \to \mathbb{R}$ 称作**超线性**, 若当 $|x| \to +\infty$ 时 $f(x)/|x| \to +\infty$. 假设 $f : \mathbb{R}^n \to \mathbb{R}$ 为超线性的凸函数, 定义 $f^* : \mathbb{R}^n \to \mathbb{R}$ 为

$$f^*(y) = \sup_{x \in \mathbb{R}^n} \{y \cdot x - f(x)\}, \quad y \in \mathbb{R}^n.$$

函数 f^* 称作函数 f **在凸分析意义下的对偶**或 **Fenchel-Legendre 对偶**.

注意到我们在定义中加上了 f 为超线性的限制, 此时 f^* 处处有限. 首先我们知道若 $g : \mathbb{R}^n \to \mathbb{R}$ 是超线性的连续函数, 则对任意 $M \in \mathbb{R}$, 下水平集 $\Lambda_M = \{x \in \mathbb{R}^n : g(x) \leqslant M\}$ 若非空则为有界集, 从而为紧集. 事实上, 不妨仅对 $M > 0$ 证明. 由 g 的超线性, 则任给 $M > 0$, 存在 $R > 0$, 使得若 $|x| > R$ 则 $g(x)/|x| > M$. 换言之, $g(x)/|x| \leqslant M \implies |x| \leqslant R$. 任给 $x \in \Lambda_M$, 若 $|x| > 1$, 则 $g(x) \leqslant M \implies g(x)/|x| \leqslant M/|x| < M$, 因此 $|x| \leqslant R$. 这说明, 对 $R_1 = \max\{1, R\}$, $\Lambda_M \subset \overline{B(0, R_1)}$. 这儿 "对任意 M, Λ_M 有界" 一般称作**强制性条件**. 超线性条件蕴涵了强制性条件.

因此, 若 f 为超线性的凸函数, 则任给 $y \in \mathbb{R}^n$, $f^*(y)$ 定义右端的 sup 可以取到. 这是因为: 若 $g : \mathbb{R}^n \to \mathbb{R}$ 为下半连续且满足强制性条件, 则存在 $x \in \mathbb{R}^n$ 使得 $g(x) = \inf_{y \in \mathbb{R}^n} g(y)$. 事实上, 设 $M = \inf_{y \in \mathbb{R}^n} g(y)$, 则 $M < +\infty$, 且 $\inf_{y \in \mathbb{R}^n} g(y) = \inf_{y \in \Lambda_{M+1}} g(y)$. 又 Λ_{M+1} 为紧集, 故存在 $x \in \Lambda_{M+1}$, 使得 $g(x) = \inf_{y \in \mathbb{R}^n} g(y)$.

若 f 进而连续可微, 此时最大值在满足 $y = f'(x)$(历史上称作 **Legendre 变换**) 的点 x 处取得. 若 f 为 C^2 函数, 严格凸性保证了 $f'' > 0$, 因此由隐函数定理, f' 为 C^1-微分同胚. 从而上述最大值点是唯一的.

由定义, 立刻有如下 **Fenchel-Young 不等式**

$$f(x) + f^*(y) \geqslant y \cdot x.$$

例 4.1 假设 $p, q > 1$ 满足 $\dfrac{1}{p} + \dfrac{1}{q} = 1$. 定义函数 $f : \mathbb{R} \to \mathbb{R}$ 为 $f(x) = \dfrac{1}{p}|x|^p$. f 为超线性的凸函数并且连续可微. 下面我们来计算 f^*. 为找到定义中的极大点, 对 $y \geqslant 0$ 解方程 $y = f'(x)$, 则 $y = x^{p-1}$(此时 $x \geqslant 0$). 解得 $x = y^{\frac{1}{p-1}}$. 因此

$$f^*(y) = y \cdot y^{\frac{1}{p-1}} - \frac{1}{p}\left(y^{\frac{1}{p-1}}\right)^p = \left(1 - \frac{1}{p}\right) y^{\frac{p}{p-1}} = \frac{1}{q} y^q.$$

这也证明了 Young 不等式(4.3). 特别地, 还可以看出, Young 不等式(4.3)等号成立的条件恰为 $y = f'(x)$, 即 $y = x^{p-1}$.

思考题 证明函数 $f(x) = x \log(x) - x$, $x > 0$ 是凸函数. 若定义

$$g(y) = \sup_{x > 0} \{xy - f(x)\}, \quad y > 0.$$

则 $g(y) = \mathrm{e}^y$. 由此证明不等式

$$x \log(x) - x + 1 \geqslant 0, \quad x > 0.$$

定义 4.4 设 $p > 1, q > 0$ 由 $p^{-1} + q^{-1} = 1$ 决定, 则 q 称作 p 的**共轭指数**. 事实上, $q > 1$. 当 $p = 1$ 时, 我们约定 p 的共轭指数为 $q = \infty$.

定理 4.2 (Hölder 不等式) 设 $p > 1, q$ 为 p 的共轭指数, f, g 为测度空间 $(X, \mathfrak{M}, \mu)$ 上的非负可测函数. 则

$$\int_X fg \, \mathrm{d}\mu \leqslant \left(\int_X f^p \, \mathrm{d}\mu \right)^{\frac{1}{p}} \cdot \left(\int_X g^q \, \mathrm{d}\mu \right)^{\frac{1}{q}}.$$

证明 假设 $A = \left(\int_X f^p \, \mathrm{d}\mu \right)^{\frac{1}{p}}, B = \left(\int_X g^q \, \mathrm{d}\mu \right)^{\frac{1}{q}}$. 若 $A = 0$, 则 $f = 0$, a.e., 故 $fg = 0$, a.e., 平凡. 若 $A > 0$ 但 $B = \infty$, 不等式右端为 ∞, 仍然平凡. 因此我们假设 $A, B \in (0, \infty)$. 此时, 定义

$$F = \frac{f}{A}, \quad G = \frac{g}{B}.$$

由 Young 不等式, 则 $FG \leqslant \dfrac{1}{p} F^p + \dfrac{1}{q} G^q$, 两边积分得到

$$\int_X FG \, \mathrm{d}\mu \leqslant \frac{1}{p} \int_X F^p \, \mathrm{d}\mu + \frac{1}{q} \int_X G^q \, \mathrm{d}\mu = \frac{1}{p} \int_X \frac{f^p}{A^p} \, \mathrm{d}\mu + \frac{1}{q} \int_X \frac{g^q}{B^q} \, \mathrm{d}\mu$$

$$= \frac{1}{p} + \frac{1}{q} = 1.$$

这就表明了 $\displaystyle\int_X fg \, \mathrm{d}\mu \leqslant AB$. $\square$

定理 4.3 (Minkowski 不等式) 设 $p > 1, f, g$ 为测度空间 $(X, \mathfrak{M}, \mu)$ 上的非负可测函数. 则

$$\left\{ \int_X (f+g)^p \, \mathrm{d}\mu \right\}^{\frac{1}{p}} \leqslant \left\{ \int_X f^p \, \mathrm{d}\mu \right\}^{\frac{1}{p}} + \left\{ \int_X g^p \, \mathrm{d}\mu \right\}^{\frac{1}{p}}.$$

证明 假设 q 为 p 的共轭指数. 对等式

$$(f+g)^p = f(f+g)^{p-1} + g(f+g)^{p-1}$$

两边积分并运用 Hölder 不等式, 得到

$$\int_X (f+g)^p \, \mathrm{d}\mu$$

$$\leqslant \int_X f(f+g)^{p-1} \, \mathrm{d}\mu + \int_X g(f+g)^{p-1} \, \mathrm{d}\mu$$

$$\leqslant \left(\left\{ \int_X f^p \, \mathrm{d}\mu \right\}^{\frac{1}{p}} + \left\{ \int_X g^p \, \mathrm{d}\mu \right\}^{\frac{1}{p}} \right) \cdot \left\{ \int_X (f+g)^{q(p-1)} \, \mathrm{d}\mu \right\}^{\frac{1}{q}}$$

$$= \left(\left\{ \int_X f^p \, \mathrm{d}\mu \right\}^{\frac{1}{p}} + \left\{ \int_X g^p \, \mathrm{d}\mu \right\}^{\frac{1}{p}} \right) \cdot \left\{ \int_X (f+g)^p \, \mathrm{d}\mu \right\}^{\frac{1}{q}}. \tag{4.4}$$

若 $\int_X (f+g)^p \, \mathrm{d}\mu = 0$, 则不等式平凡. 若 $\int_X (f+g)^p \, \mathrm{d}\mu = \infty$, 由不等式

$$2^{-p}(f+g)^p \leqslant \frac{1}{2}(f^p + g^p),$$

则 $\int_X f^p \, \mathrm{d}\mu$ 与 $\int_X g^p \, \mathrm{d}\mu$ 至少有一个为 ∞. 从而不等式亦平凡. 现在, 不等式(4.4)两边除以 $\left\{ \int_X (f+g)^p \, \mathrm{d}\mu \right\}^{\frac{1}{q}}$, 定理得证. □

注 4.2   探究上述 Hölder 不等式与 Minkowski 不等式等号成立的条件, 这是十分有意义的.

(1) 从 Hölder 不等式的证明中可以看出, 等号成立当且仅当 $\int_X FG \, \mathrm{d}\mu = 1$. 这意味着 Young 不等式 $FG \leqslant \frac{1}{p}F^p + \frac{1}{q}G^q$ 必须几乎处处等号成立. 由例 4.1, 我们知道这等价于说 "$G = F^{p-1}$, a.e.". 综上, Hölder 不等式等号成立当且仅当 $G^q = F^p$, a.e.

(2) 同理, 在 Minkowski 不等式的证明中, 如果 $A, B < \infty$, 则 Minkowski 不等式等号成立当且仅当存在不全为 0 的常数 α 和 β, 使得 $\alpha f^p = \beta g^q$, a.e.

思考题   证明, 任给 $\varepsilon > 0$, 存在 $C_\varepsilon > 0$ 使得

$$xy \leqslant \varepsilon x^2 + C_\varepsilon y^2, \quad \forall x, y > 0.$$

请给出 C_ε 的一个表达式.

思考题   假设 $f : \mathbb{R}^n \to \mathbb{R}$ 为超线性凸函数, f^* 为其 Fenchel-Legendre 对偶.

(1) f^* 亦为超线性凸函数;

(2) 若 f 严格凸, 则 f^* 可微; 若 f 可微, 则 f^* 严格凸;

(3) $f^{**} = (f^*)^* = f$.

4.2 L^p 空间

若 $p \geqslant 1$, Minkowski 不等式表明 $\|\cdot\|_p$ 为 $L^p(\mu)$ 上的一个范数. 换句话说, $\|\cdot\|_p$ 满足: 若 $f, g \in L^p(\mu)$, 则

(1) $\|f\|_p \geqslant 0$, $\|f\|_p = 0$ 当且仅当 $f = 0$, a.e.;

(2) 任给 $\alpha \in \mathbb{R}$, $\|\alpha f\|_p = |\alpha| \|f\|_p$;

(3) $\|f+g\|_p \leqslant \|f\|_p + \|g\|_p$.

因此 $(L^p(\mu), \|\cdot\|_p)$ 为赋范线性空间. 但对 $0 < p < 1$, $\|\cdot\|_p$ 不为 $L^p(\mu)$ 上的范数. 若定义

$$d(f,g) = \int_X |f - g|^p \, \mathrm{d}\mu, \quad f, g \in L^p(\mu),$$

则 d 为 $L^p(\mu)$ 上的一个度量. 此时 $(L^p(\mu), d)$ 为线性度量空间 (在拓扑向量空间意义下). 事实上, 有以下结论: 当 $p \in (0,1)$ 时, $L^p(\mu)$ 赋予上述度量 d, 则 $L^p(\mu)$ 中唯一的非空开凸集为全空间 $L^p(\mu)$[14]. 在拓扑向量空间理论中, 可赋范的一个必要条件是存在原点的凸邻域. 因此, 当 $p \in (0,1)$ 时 $L^p(\mu)$ 不是局部凸空间, 不可赋范.

定义 4.5　设 f 为测度空间 $(X, \mathfrak{M}, \mu)$ 上的非负可测函数. $S = \{a \in \mathbb{R} : \mu(\{f > a\}) = 0\}$. 若 $S = \varnothing$, 定义 $\beta = \infty$, 否则 $\beta = \inf S$. 称 β 为 f(关于 μ) 的本性上确界. 若 f 为 X 上的实可测函数, 定义 $\|f\|_\infty$ 为 $|f|$ 的本性上确界. 若 $\|f\|_\infty < \infty$, 称 $f \in L^\infty(X, \mathfrak{M}, \mu)$. 若 μ 为 X 上的计数测度, 此时的 L^∞ 空间记作 $\ell^\infty(X)$.

注意, 在本性上确界定义中,

$$\{f > \beta\} = \bigcup_{k \in \mathbb{N}} \left\{f > \beta + \frac{1}{k}\right\},$$

故 $\beta \in S$. 容易验证 $\|\cdot\|_\infty$ 为一范数, 并且 $\|f\|_\infty \leqslant \lambda$ 当且仅当 $|f| \leqslant \lambda$, a.e.

注 4.3　在 L^p 空间定义中, 范数定义中的性质 (1) 并不满足. 也就是说, $\|f\|_p = 0$ 并不能推出 $f \equiv 0$, 而仅能推出 $f = 0$, a.e. 因此, 为了满足性质 (1), 需要将 L^p 空间中元素看成等价类, 即若 $f, g \in L^p(\mu)$, $f \sim g$ 当且仅当 $f = g$, a.e. 因为习惯, 在没有歧义的情况下不区分 $L^p(\mu)$ 和关于这个等价关系 $\sim$ 的商空间 $L^p(\mu)/\sim$.

定理 4.4　设 f 为测度空间 $(X, \mathfrak{M}, \mu)$ 上的非负可测函数, $1 \leqslant p \leqslant \infty$. 则 $L^p(X, \mathfrak{M}, \mu)$ 为完备的赋范线性空间, 即 **Banach 空间**.

证明　定理的证明对于 $1 \leqslant p < \infty$ 与 $p = \infty$ 情形不同. 我们首先假设 $p \in [1, \infty)$, 设 $\{f_n\}$ 为 $L^p(\mu)$ 中的 Cauchy 序列. 则存在子列 $\{f_{n_i}\}$ 满足

$$\|f_{n_{i+1}} - f_{n_i}\| < 2^{-i}, \quad i \in \mathbb{N}.$$

记

$$g_k = \sum_{i=1}^k |f_{n_{i+1}} - f_{n_i}|, \qquad g = \sum_{i=1}^\infty |f_{n_{i+1}} - f_{n_i}|.$$

显然对任给 k 有 $\|g_k\|_p < 1$. 则由 Fatou 引理, $\|g\|_p \leqslant 1$. 故 g 几乎处处有限. 所以对几乎所有的 x, 级数

$$f_{n_1}(x) + \sum_{i=1}^\infty (f_{n_{i+1}}(x) - f_{n_i}(x))$$

绝对收敛. 记 f 为这个极限函数, 即 $f = \lim\limits_{i \to \infty} f_{n_i}$, a.e.

下面证明 f 即为 $\{f_n\}$ 在 L^p 下的极限. 任给 $\varepsilon > 0$, 存在 $N \in \mathbb{N}$ 使得若 $m, n < N$, 则 $\|f_m - f_n\|_p < \varepsilon$. 由 Fatou 引理

$$\int_X |f - f_m|^p \, \mathrm{d}\mu \leqslant \liminf_{i \to \infty} \int_X |f_{n_i} - f_m|^p \, \mathrm{d}\mu < \varepsilon^p.$$

故 $f - f_m \in L^p(\mu)$, 从而 $f \in L^p(\mu)$. 并且, 当 $m \to \infty$ 时, $\|f - f_m\|_p \to 0$.

考虑 $p = \infty$ 的情形. 设 $\{f_n\}$ 为 $L^\infty(\mu)$ 中的 Cauchy 序列, 定义

$$A_k = \{x \in X : |f_k(x)| \geqslant \|f_k\|_\infty\}$$

$$B_{m,n} = \{x \in X : |f_n(x) - f_m(x)| \geqslant \|f_n - f_m\|_\infty\}.$$

令 $E = \bigcup\limits_{k,m,n \in \mathbb{N}} (A_k \cup B_{m,n})$, 则 $\mu(E) = 0$. 在 E^c 上, $\{f_n\}$ 一致收敛于有界函数 f, 在 E 上定义 $f = 0$. 则 $f \in L^\infty(\mu)$ 并且 $\lim\limits_{n \to \infty} \|f_n - f\|_\infty = 0$. $\qquad\square$

我们的证明实际上蕴涵了如下结论:

推论 4.5 若 $1 \leqslant p \leqslant \infty$, $\{f_n\} \subset L^p(\mu)$ 收敛于 f, 则必存在子列 $\{f_{n_i}\}$ 几乎处处收敛于 f.

定理 4.6 若 $1 \leqslant p < \infty$, 记

$$\mathcal{S} = \{s : X \to \mathbb{R} : s \text{ 为 } X \text{ 上的简单函数且 } \mu(\{s \neq 0\}) < \infty\},$$

则 $\mathcal{S} \subset L^p(\mu)$ 并在 $L^p(\mu)$ 中稠密.

证明 结论 $\mathcal{S} \subset L^p(\mu)$ 是显然的. 假设 $f \in L^p(\mu)$ 且 $f \geqslant 0$, 若设简单函数序列 $\{s_n\}$ 由定理 2.6 决定, 则 $0 \leqslant s_n \leqslant f$, 从而 $s_n \in L^p(\mu)$, $s_n \in \mathcal{S}$. 因为 $|f - s_n| \leqslant f$, 由控制收敛定理, 当 $n \to \infty$ 时 $\|f - s_n\|_p \to 0$. 因此 f 包含于 $\mathcal{S}$ 的 L^p-闭包. 一般情况由此同样得到. $\qquad\square$

下面关于 L^p 模的刻画是十分有用的.

定理 4.7 设 $f \in L^p(\mu)$, $p \in [1, \infty)$, 则

$$\|f\|_p = \sup\left\{\int_X fg \, \mathrm{d}\mu : g \in L^q(\mu), \|g\|_q = 1\right\},$$

其中 q 为 p 的共轭指数.

证明 不失一般性, 假设 $f \not\equiv 0$. 由 Hölder 不等式

$$\sup\left\{\int_X fg \, \mathrm{d}\mu : g \in L^q(\mu), \|g\|_q = 1\right\} \leqslant \|f\|_p.$$

(1) 若 $p \in (1, \infty)$, 注意到

$$g^* = \frac{|f|^{p-2} f}{\|f\|_p^{\frac{p}{q}}} \in L^q(\mu), \quad \text{且} \quad \|g^*\|_q = 1.$$

因此

$$\sup\left\{\int_X fg \,\mathrm{d}\mu : g \in L^q(\mu), \|g\|_q = 1\right\} \geqslant \int_X fg^* \,\mathrm{d}\mu = \|f\|_p.$$

(2) 若 $p = \infty$, 取 $g^* = \mathrm{sign}f \in L^\infty(\mu)$, 证明类似.

$\square$

思考题　(积分形式 Minkowski 不等式) 设 f 为 $\mathbb{R}^{l+m}$ 上非负可测函数. $p \geqslant 1$, 证明

$$\left[\int_{\mathbb{R}^l}\left(\int_{\mathbb{R}^m} f(x,y) \,\mathrm{d}y\right)^p \mathrm{d}x\right]^{1/p} \leqslant \int_{\mathbb{R}^m}\left[\int_{\mathbb{R}^l} f(x,y)^p \,\mathrm{d}x\right]^{1/p} \mathrm{d}y.$$

粗略地说, "和的 p 模不大于 p 模的和".

4.3　连续函数逼近 L^p 函数

在本节, 假设 X 为局部紧 Hausdorff 空间, 且 $(X, \mathfrak{M}, \mu)$ 为 σ-有限的 Radon 测度空间 (μ 正则), 其中 Lebesgue 测度空间满足这些条件. 定理 4.6 刻画了 $L^p(\mu)$ 的一个稠密子集 $\mathcal{S}$. 注意到 $C_c(X) \subset L^p(\mu)(1 \leqslant p \leqslant \infty)$.

定理 4.8　若 $1 \leqslant p < \infty$, 则 $C_c(X)$ 为 $L^p(\mu)$ 的稠密子集.

证明　由定理 4.6, 我们仅需说明 $\mathcal{S}$ 中元可用 $C_c(X)$ 中的元逼近. 设 $s \in \mathcal{S}$, 由 Luzin 定理, 任给 $\varepsilon > 0$, 存在 $g \in C_c(X)$, 使得对 $E = \{g \neq f\}$, $\mu(E) < \varepsilon$, 且 $|g| \leqslant \|s\|_\infty$. 因此

$$\|g - s\|_p^p = \int_E |g - s|^p \,\mathrm{d}\mu + \int_{E^c} |g - s|^p \,\mathrm{d}\mu = \int_E |g - s|^p \,\mathrm{d}\mu < 2\|s\|_\infty^p \varepsilon.$$

这就证明了结论.

$\square$

注 4.4　定理 4.8 实际上说明: 当 $1 \leqslant p < \infty$ 时, $C_c(X)$ 在范数 $\|\cdot\|_p$ 下的完备化恰为 $L^p(\mu)$. 但是这个结论对 $p = \infty$ 不成立. 事实上, $C_c(X)$ 在范数 $\|\cdot\|_\infty$ 下的完备化恰为 $C_0(X)$. $C_0(X)$ 为无穷远处为 0 的连续函数空间, $C_0(X) = \{f \in C(X, \mathbb{R})\}: \forall \varepsilon > 0, \exists$ 某 K, 使得 $|f(x)| < \varepsilon, \forall x \in X \backslash K$.

当我们考虑 Lebesgue 测度空间时, 是否可以给出一个构造性的逼近过程来用 $C_c(\mathbb{R}^n)$ (甚至 $C_c^\infty(\mathbb{R}^n)$) 中的元逼近 $L^p(\mathbb{R}^n)$ 函数呢? 这里注意到定理 4.8 中的逼近是非构造性的.

我们回忆一下前面引入的卷积. 为简洁起见, 定义两个算子: 任给 $\mathbb{R}^n$ 上的实函数 f, 令

$$(\tau_a f)(x) = f(x - a), \quad \check{f}(x) = f(-x), \quad x \in \mathbb{R}^n,$$

其中 $a \in \mathbb{R}^n$.

任给 $a, b \in \mathbb{R}^n$, 明显地有

$$\tau_a(\tau_b f) = \tau_{a+b} f, \quad \tau_a \breve{f} = (\tau_{-a} f)\breve{}, \quad \tau_0 f = f.$$

现在验证上面第二个等式. 设 $g = \breve{f}$, 则对任意 $x \in \mathbb{R}^n$, $g(x) = f(-x)$, 因此 $\tau_a \breve{f}(x) = \tau_a g(x) = g(x-a) = f(a-x)$. 另一方面, 设 $(\tau_{-a} f)\breve{} = h$, 则 $\breve{h} = \tau_{-a} f$, 即任给 $x \in \mathbb{R}^n$, $\breve{h}(x) = \tau_{-a} f(x) = f(x+a)$. 从而任给 $x \in \mathbb{R}^n$, $h(x) = f(a-x)$.

由 Lebesgue 测度在刚体运动下的不变性, 算子 $f \mapsto \tau_a f$ 和 $f \mapsto \breve{f}$ 建立了 $L^p(\mathbb{R}^n)$ 到 $L^p(\mathbb{R}^n)$ 的等距同构. 若 f, g 为 $\mathbb{R}^n$ 上的实函数, 且卷积 $f * g$ 有意义, 则

$$(f * g)(x) = \int_{\mathbb{R}^n} (\tau_x \breve{f}) g \, \mathrm{d}m.$$

引理 4.9(积分的平均连续性)　设 $1 \leqslant p < \infty$, $f \in L^p(\mathbb{R}^n)$. 则映射 $a \mapsto \tau_a f$ 为一致连续的.

证明　注意到 $\{\tau_a\}$ 构成了由 $L^p(\mathbb{R}^n)$ 等距同构组成的 Abel(阿贝尔) 群, 故

$$\|\tau_a f - \tau_b f\|_p = \|\tau_{a-b} f - f\|_p, \quad \forall a, b \in \mathbb{R}^n.$$

因此只需证明映射 $a \mapsto \tau_a f$ 在 0 处连续.

先假设 $f \in C_c(\mathbb{R}^n)$, 从而 f 一致连续. 故任给 $\varepsilon > 0$, 存在 $\delta > 0$ 使得若 $|y - y'| < \delta$, 则 $|f(y) - f(y')| < \varepsilon$. 因此若 $|a| < \delta$, 则

$$\|\tau_a f - f\|_p = \left(\int_{\mathbb{R}^n} |f(x-a) - f(x)|^p \, \mathrm{d}m(x) \right)^{1/p} \leqslant \varepsilon \cdot [2m(\operatorname{supp}(f))]^{1/p}$$

故 $a \mapsto \tau_a f$ 在 0 处连续.

一般地, 设 $f \in L^p(\mathbb{R}^n)$. 任给 $\varepsilon > 0$, 存在 $g \in C_c(\mathbb{R}^n)$, 使得 $\|f - g\|_p < \varepsilon/3$. 对 g, 存在 $\delta > 0$ 使得若 $|a| < \delta$, 则 $\|\tau_a g - g\|_p < \varepsilon/3$. 因此

$$\|\tau_a f - f\|_p \leqslant \|\tau_a f - \tau_a g\|_p + \|\tau_a g - g\|_p + \|g - f\|_p < \varepsilon.$$

证毕.　　　　　　　　　　　　　　　　　　　　　　　　　　　　　$\square$

注 4.5　上述引理当 $p = 1$ 时称作**积分平均连续性**, 引理表明

$$\lim_{a \to 0} \int_{\mathbb{R}^n} |f(x+a) - f(x)| \, \mathrm{d}m(x) = 0.$$

设 $\phi \in C_c(\mathbb{R}^n)$ 满足 $\phi \geqslant 0$, $\displaystyle\int_{\mathbb{R}^n} \phi \, \mathrm{d}m = 1$. 对任意 $k \in \mathbb{N}$ 定义

$$\phi_k(x) = k^n \phi(kx), \quad x \in \mathbb{R}^n. \tag{4.5}$$

则 $\phi_k \in C_c(\mathbb{R}^n)$, $\phi_k \geqslant 0$ 且 $\displaystyle\int_{\mathbb{R}^n} \phi_k \, dm = 1$. 序列 $\{\phi_k\}$ 称作 **Dirac 测度逼近序列**. 这是因为

$$\lim_{k\to\infty} \int_{\mathbb{R}^n} f\phi_k \, dm = \int_{\mathbb{R}^n} f \, d\mu_0 = f(0), \quad \forall f \in C_c(\mathbb{R}^n).$$

这里 μ_0 为 $0 \in \mathbb{R}^n$ 处的 Dirac 测度. 注意到, 当 $k \to \infty$ 时, $\mathrm{supp}\,(\phi_k)$ 收缩到 $\{0\}$.

引理 4.10　设 $1 \leqslant p < \infty$, $f \in C_c(\mathbb{R}^n)$, $g \in L^\infty(\mathbb{R}^n)$ 且具有紧支集. 则

$$\mathrm{supp}\,(f * g) \subset \mathrm{supp}\,(f) + \mathrm{supp}\,(g).$$

证明　任给 $x \in \mathbb{R}^n$, 首先我们有等式

$$\mathrm{supp}\,(\tau_x \check{f}) \cap \mathrm{supp}\,(g) = (x - \mathrm{supp}\,(f)) \cap \mathrm{supp}\,(g). \tag{4.6}$$

事实上, 假设 $y \in \mathrm{supp}\,(\tau_x \check{f}) \cap \mathrm{supp}\,(g)$, 则存在序列 $\{z_i\}$, $|f(x-z_i)| > 0$, 且 $\lim\limits_{i\to\infty} z_i = y$. 令 $w_i = x - z_i$, 则 $|f(w_i)| > 0$, 因此 $w_i \in \mathrm{supp}\,(f)$. 且 $y = x - \lim\limits_{i\to\infty} w_i$, 因此 $y \in x - \mathrm{supp}\,(f)$.

假设 $x \notin \mathrm{supp}\,(f) + \mathrm{supp}\,(g)$, 则由(4.6), $(x - \mathrm{supp}\,(f)) \cap \mathrm{supp}\,(g) = \varnothing$. 从而 $\mathrm{supp}\,(\tau_x \check{f}) \cap \mathrm{supp}\,(g)$. 因此 $(f * g)(x) = 0$. 又 $\mathrm{supp}\,(f) + \mathrm{supp}\,(g)$ 为紧集, 故 $x \notin \mathrm{supp}\,(f * g)$. □

注 4.6　若 f, g 为 $\mathbb{R}^n$ 上的可测函数, 使得 $f * g$ 有定义, 则

$$\mathrm{supp}\,(f * g) \subset \overline{\mathrm{supp}\,(f) + \mathrm{supp}\,(g)}.$$

特别地, 若 f 和 g 中有一个具有紧支集, 则引理中的包含关系成立. 这是因为若 F 为闭集, K 为紧集, 则 $F + K$ 为闭集. 事实上, 假设 $\{z_i\}$ 为 $F + K$ 中的序列, $\lim\limits_{i\to\infty} z_i = z$, 其中 $z_i = x_i + y_i$, $x_i \in F$ 且 $y_i \in K$. K 的紧性表明存在子列 $\{i_k\}$, 使得 $\lim\limits_{k\to\infty} y_{i_k} = y \in K$. 从而 $\lim\limits_{k\to\infty} x_{i_k} = \lim\limits_{k\to\infty}(z_{i_k} - y_{i_k}) = x$ 存在. 再由 F 的闭性, $x \in F$. 因此 $z = x + y \in F + K$.

定理 4.11　设 $1 \leqslant p < \infty$, $f \in L^p(\mathbb{R}^n)$, $\{\phi_k\}$ 为 Dirac 测度的逼近序列. 则 $f * \phi_k \in C_0(\mathbb{R}^n) \cap L^p(\mathbb{R}^n)$, $k \in \mathbb{N}$, 且

$$\lim_{k\to\infty} \|f * \phi_k - f\|_p = 0.$$

证明　设 $p \geqslant 1$, $q \in [1, \infty]$ 为 p 的共轭指数. 注意到任给 $r \in [1, \infty]$, $\phi_k \in C_c(\mathbb{R}^n) \subset L^r(\mathbb{R}^n)$, 由 Hölder 不等式

$$|(f * \phi_k)(x) - (f * \phi_k)(x')| \leqslant \|\tau_x \check{f} - \tau_{x'} \check{f}\|_p \|\phi_k\|_q.$$

由引理 4.9 的积分平均连续性, 从而 $f * \phi_k$ 一致连续. 考虑 $L^p(\mathbb{R}^n)$ 的稠密子集

$$\mathcal{S}_1(\mathbb{R}^n) = \{s : s \text{ 为 } \mathbb{R}^n \text{ 中具有紧支集的简单函数}\}.$$

任给 $\{s_j\} \subset \mathcal{S}_1(\mathbb{R}^n)$, 且 $\lim\limits_{j \to \infty} \|s_j - f\|_p = 0$. 因为 ϕ_k 具有紧支集, 由引理 4.10, $\phi_k * s_j \in C_c(\mathbb{R}^n)$, 并且

$$|(\phi_k * s_j)(x) - (\phi_k * f)(x)| \leqslant \|\tau_x \breve{s}_j - \tau_x \breve{f}\|_p \|\phi_k\|_q = \|s_j - f\|_p \|\phi_k\|_q.$$

因此 $\lim\limits_{j \to \infty} \|\phi_k * s_j - \phi_k * f\|_\infty = 0$. 这说明 $\phi_k * f \in C_0(\mathbb{R}^n)$. 另一方面, 由 Jensen 不等式

$$
\begin{aligned}
\|\phi_k * s_j - \phi_k * f\|_p^p &\leqslant \int_{\mathbb{R}^n} \left(\int_{\mathbb{R}^n} |\tau_x \breve{\phi}_k| \cdot |s_j - f| \, \mathrm{d}m \right)^p \, \mathrm{d}m(x) \\
&\leqslant \int_{\mathbb{R}^n} \left(\int_{\mathbb{R}^n} \|\tau_x \breve{\phi}_k\|_\infty \cdot \mathbf{1}_{\mathrm{supp}\,(\tau_x \breve{\phi}_k)} \cdot |s_j - f| \, \mathrm{d}m \right)^p \, \mathrm{d}m(x) \\
&\leqslant M_k \int_{\mathbb{R}^n} |s_j - f|^p \, \mathrm{d}m = M_k \|s_j - f\|_p^p,
\end{aligned}
$$

故 $\lim\limits_{j \to \infty} \|\phi_k * s_j - \phi_k * f\|_p = 0$. 综上 $\phi_k * f \in C_0(\mathbb{R}^n) \cap L^p(\mathbb{R}^n)$. 注意 $\phi_k * f \in C_0(\mathbb{R}^n)$ 也可直接由 $\phi_k * f$ 的一致连续性与 $\phi_k * f \in L^p(\mathbb{R}^n)$ 得到.

因为 $\int_{\mathbb{R}^n} \phi_k \, \mathrm{d}m = 1$, 并由积分形式的 Minkowski 不等式, 我们有

$$
\begin{aligned}
\|f * \phi_k - f\|_p &\leqslant \left(\int_{\mathbb{R}^n} \left[\int_{\mathbb{R}^n} |\tau_x \breve{f} - f(x)| \phi_k \, \mathrm{d}m \right]^p \, \mathrm{d}m(x) \right)^{1/p} \\
&\leqslant \int_{\mathbb{R}^n} \left[\int_{\mathbb{R}^n} |\tau_x \breve{f} - f(x)|^p \phi_k^p \, \mathrm{d}m(x) \right]^{1/p} \, \mathrm{d}m \\
&= \int_{\mathbb{R}^n} \left[\int_{\mathbb{R}^n} |\tau_x \breve{f} - f(x)|^p \, \mathrm{d}m(x) \right]^{1/p} \phi_k \, \mathrm{d}m \\
&= \int_{\mathbb{R}^n} \|\tau_y f - f\|_p \phi_k \, \mathrm{d}m.
\end{aligned}
$$

设 $B_r = \overline{B(0, r)}$, $A_r = \mathbb{R}^n \setminus B_r$. 由引理 4.9, 任给 $\varepsilon > 0$, 存在 $r > 0$ 使得若 $y \in B_r$, 则

$$\|\tau_y f - f\|_p < \varepsilon.$$

由三角不等式, $\|\tau_y f - f\|_p \leqslant 2\|f\|_p$, 并回忆 $\int_{\mathbb{R}^n} \phi_k \, \mathrm{d}m = 1$, 则有

$$
\begin{aligned}
\|f * \phi_k - f\|_p &\leqslant \int_{B_r} \|\tau_y f - f\|_p \phi_k \, \mathrm{d}m + \int_{A_r} \|\tau_y f - f\|_p \phi_k \, \mathrm{d}m \\
&\leqslant \varepsilon + 2\|f\|_p \int_{A_r} \phi_k \, \mathrm{d}m.
\end{aligned}
$$

我们知道, 存在 $N \in \mathbb{N}$, 当 $k > N$ 时, $\operatorname{supp}(\phi_k) \subset B_r$, 从而 $\int_{A_r} \phi_k \, \mathrm{d}m = 0$. 这就完成了证明. □

思考题　设 $f \in L^\infty(\mathbb{R}^n)$ 在 $x \in \mathbb{R}^n$ 处连续, 则 $\lim_{k\to\infty} (f * \phi_k)(x) = f(x)$. 若 $f \in L^\infty(\mathbb{R}^n)$ 一致连续, 则 $\{f * \phi_k\}$ 一致收敛于 f.

4.4　Sobolev 空间

4.4.1　广义导数

Sobolev 广义导数的思想来源于经典的分布积分公式: 设 $u \in C^1(\Omega)$, $\Omega \subset \mathbb{R}^d$ 为非空开集, $j = 1, 2, \cdots, d$, 则

$$\int_\Omega u(\partial_j v) \, \mathrm{d}x = -\int_\Omega (\partial_j u) v \, \mathrm{d}x, \quad \forall \, v \in C_c^\infty(\Omega). \tag{4.7}$$

其中 $\partial_j u$ 为函数 $u(x) = u(x_1, x_2, \cdots, x_d)$ 关于分量 x_j 的偏导数. 对 $w = \partial_j u$ 式(4.7)变为

$$\int_\Omega u(\partial_j v) \, \mathrm{d}x = -\int_\Omega wv \, \mathrm{d}x, \quad \forall \, v \in C_c^\infty(\Omega). \tag{4.8}$$

上述思想可以推广到非光滑函数 u 和 w.

定义 4.6 (广义导数)　设 $\Omega \subset \mathbb{R}^d$ 为非空开集, $u \in L_{\mathrm{loc}}^1(\Omega)$. 若存在 $w \in L_{\mathrm{loc}}^1(\Omega)$ 使得式(4.8)成立, 则称 w 为函数 u 在 Ω 上的**广义导数**或 Sobolev **弱导数**, 并记 $w = \partial_j u$.

注 **4.7**　我们可以类似定义高阶广义导数. 设 $\Omega \subset \mathbb{R}^d$ 为非空开集, $u \in L_{\mathrm{loc}}^1(\Omega)$, $\alpha = (\alpha_1, \alpha_2, \cdots, \alpha_d) \in \mathbb{N}^d$ 为**多重指标**. 若存在 $w \in L_{\mathrm{loc}}^1(\Omega)$ 使得

$$\int_\Omega u(\partial^\alpha v) \, \mathrm{d}x = (-1)^{|\alpha|} \int_\Omega wv \, \mathrm{d}x, \quad \forall \, v \in C_c^\infty(\Omega), \tag{4.9}$$

则称 w 为 u 在 Ω 上的 α 阶 (广义) 导数, 记作 $w = \partial^\alpha u$. 此时记号 $\partial^\alpha = \partial_x^\alpha = \partial_{x_1}^{\alpha_1} \partial_{x_2}^{\alpha_2} \cdots \partial_{x_d}^{\alpha_d}$.

命题 4.1　广义导数除去一 Lebesgue 零测集是唯一确定的.

命题 4.1 可直接由下面的引理得到.

引理 4.12　设 $\Omega \subset \mathbb{R}^d$ 为非空开集, $u \in L^p(\Omega)$, $1 \leqslant p \leqslant \infty$. 若

$$\int_\Omega uv \, \mathrm{d}x = 0, \quad \forall v \in C_c^\infty(\Omega), \tag{4.10}$$

则 $u(x) = 0$, a.e., $x \in \Omega$.

证明 $1 < p < \infty$ **情形**: 此情形可由 $C_c^\infty(\Omega)$ 在 $L^{p'}(\Omega)(p'$ 为 p 的共轭指数) 中稠密及等式

$$\|u\|_{L^p(\Omega)} = \sup\left\{\int_\Omega u\, v\, \mathrm{d}x : v \in L^{p'}(\Omega), \|v\|_{L^{p'}(\Omega)} = 1\right\}$$

得到. 留作习题.

$p = \infty$ **情形**: 对满足(4.10)的 $u \in L^\infty(\Omega)$, 定义

$$\Omega_n = \Omega \cap B(0,n), \quad n \in \mathbb{N} \tag{4.11}$$

为一列 Ω 的开子集使得

$$\Omega = \bigcup_{n=1}^\infty \Omega_n. \tag{4.12}$$

故对任意 $n \in \mathbb{N}$ 和 $p \in [1,\infty]$ 有 $u \in L^p(\Omega_n)$. 并且

$$\int_{\Omega_n} u\, v\, \mathrm{d}x = \int_\Omega u\, v\, \mathrm{d}x = 0, \quad \forall v \in C_c^\infty(\Omega_n). \tag{4.13}$$

运用 $1 < p < \infty$ 情形的结论, $u(x) = 0$, a.e., $x \in \Omega_n$. 因为可数个零测集之并仍为零测集, 故对几乎所有 $x \in \Omega = \bigcup_{n=1}^\infty \Omega_n$, $u(x) = 0$.

$p = 1$ **情形**: 假设 $u \in L^1(\Omega)$ 满足(4.10). 对任意紧子集 $K \subset \Omega$, 定义函数 v 如下:

$$v(x) = \begin{cases} \operatorname{sgn} u(x), & x \in K, \\ 0, & x \in \mathbb{R}^d \setminus K. \end{cases}$$

故对 $\varepsilon > 0$ 充分小, $S_\varepsilon[v] \in C_c^\infty(\Omega)$, 其中 S_ε 为标准的 Friedrichs 磨光子.

由 Minkowski 不等式,

$$\|S_\varepsilon[v]\|_{L^\infty} \leqslant \|v\|_{L^\infty} \leqslant 1.$$

并且, 因为对任意 $p \in [1,\infty)$ 有 $v \in L^p(\Omega)$, 故当 $\varepsilon \to 0^+$ 时,

$$S_\varepsilon[v] \to v \ \text{于} \ L^p(\Omega).$$

这表明, 选取子列我们有

$$S_\varepsilon[v] \to v \ \text{a.e.} \ \text{于} \ \Omega.$$

由 Lebesgue 控制收敛定理,

$$\int_K u\, v\, \mathrm{d}x = \int_\Omega u\, v\, \mathrm{d}x = \lim_{\varepsilon \to 0^+} \int_\Omega u\, S_\varepsilon[v]\, \mathrm{d}x = 0.$$

由 v 的定义, 最终得到

$$\int_K |u|\,\mathrm{d}x = 0.$$

这表明 $u(x) = 0$, a.e., $x \in K$. 由 K 的任意性, 从而 $u(x) = 0$, a.e., $x \in \Omega$.　　□

例 4.2　设 $u(x) = |x|$, $x \in (-1,1)$. 此时 u 的广义导数 $u' = w$ 为

$$w(x) = \begin{cases} 1, & x \in (0,1), \\ -1, & x \in (-1,0). \end{cases} \tag{4.14}$$

更一般, 任意连续且逐段 C^1 函数的广义导数存在且包含于 L_{loc}^∞.

思考题　证明(4.14)定义的函数 w 在定义 4.6 意义下不存在广义导数.

4.4.2　Sobolev 空间

现在我们给出 Sobolev 空间的定义.

<u>定义 4.7</u> (Sobolev 空间)　设 $\Omega \subset \mathbb{R}^d$ 为非空开集. 对每一 $p \in [1,\infty]$, Sobolev 空间 $W^{1,p}(\Omega)$ 为满足其广义导数

$$\partial_{x_j} u \in L^p(\Omega),\ j = 1, 2, \cdots, d,$$

的函数 $u \in L^p(\Omega)$ 所组成的空间.

通常记广义梯度为 $\nabla u = (\partial_1 u, \partial_2 u, \cdots, \partial_d u) = (\partial_{x_1} u, \partial_{x_2} u, \cdots, \partial_{x_d} u)$.

命题 4.2　设 $\Omega \subset \mathbb{R}^d$ 为非空开集, $p \in [1,\infty]$. 对 $u \in W^{1,p}(\Omega)$ 赋予范数

$$\|u\|_{W^{1,p}(\Omega)} = \|u\|_{L^p(\Omega)} + \|\nabla u\|_{L^p(\Omega)}, \quad 1 \leqslant p \leqslant \infty, \tag{4.15}$$

则 Sobolev 空间 $W^{1,p}(\Omega)$ 为 Banach 空间 (完备的赋范空间). 特别地, 当 $p = 2$ 时, Sobolev 空间 $W^{1,2}(\Omega)$ 为 Hilbert 空间, 赋予内积:

$$\begin{aligned} (u,v)_{W^{1,2}} &= (u,v)_{L^2} + (\nabla u, \nabla v)_{L^2} \\ &= \int_\Omega u\,\bar{v}\,\mathrm{d}x + \int_\Omega \nabla u \cdot \nabla \bar{v}\,\mathrm{d}x \quad \forall u, v \in W^{1,2}(\Omega). \end{aligned} \tag{4.16}$$

注 4.8　在偏微分方程的研究中, 通常先推导一些解的先验估计 (称为能量估计), 这些估计基本上源于物理定律, 如质量守恒、动量守恒、能量守恒等. 这些能量估计往往是某种 Sobolev 范数的形式. 为了得到解的光滑性, 稍后我们将介绍关于 Sobolev 嵌入的内容, 即高阶的 Sobolev 空间可以连续嵌入到 Hölder 函数空间甚至光滑函数空间中.

证明 **第 1 步**: $\|\cdot\|_{W^{1,p}}$ 为范数.

(i) $\|u\|_{W^{1,p}} = 0$ 当且仅当 $u(x) = 0$, a.e., $x \in \Omega$.

若 $\|u\|_{W^{1,p}} = 0$, 则 $\|u\|_{L^p} = 0$. 这表明 $u(x) = 0$, a.e., $x \in \Omega$.

若 $u(x) = 0$, a.e., $x \in \Omega$, 则对任意 $\phi \in C_c^\infty(\Omega)$ 有

$$\int_\Omega u\, \partial^\alpha \phi \, \mathrm{d}x = 0, \qquad \forall\, \alpha \in \mathbb{N}^d.$$

这表明所有的广义导数 $\partial^\alpha u(x) = 0$, a.e., $x \in \Omega$. 从而 $\|u\|_{W^{1,p}} = 0$.

(ii) $\|\lambda u\|_{W^{1,p}} = |\lambda| \|u\|_{W^{1,p}}$. 这是显然的.

(iii) 三角不等式. 由 L^p 范数的三角不等式

$$\|u + v\|_{W^{1,p}(\Omega)} = \|u + v\|_{L^p(\Omega)} + \|\nabla u + \nabla v\|_{L^p(\Omega)}$$

$$\leqslant \|u\|_{L^p(\Omega)} + \|\nabla u\|_{L^p(\Omega)} + \|v\|_{L^p(\Omega)} + \|\nabla v\|_{L^p(\Omega)}$$

$$= \|u\|_{W^{1,p}(\Omega)} + \|v\|_{W^{1,p}(\Omega)}.$$

第 2 步: 完备性.

设 $\{u_n\} \subset W^{1,p}(\Omega)$ 为一 Cauchy 序列. 则 $\{u_n\}$ 和 $\{\nabla u_n\}$ 均为 $L^p(\Omega)$ 中的 Cauchy 序列. 故当 $n \to \infty$ 时, u_n 和 $\partial_j u_n$ 在 $L^p(\Omega)$ 中分别 (强) 收敛于 u 和 w_j. 我们断言 $\partial_j u = w_j$. 事实上, 对任意 $\phi \in C_c^1(\Omega)$, 有

$$\lim_{n \to \infty} \int_\Omega u_n \partial_j \phi \, \mathrm{d}x = \int_\Omega u \partial_j \phi \, \mathrm{d}x, \quad \lim_{n \to \infty} \int_\Omega (\partial_j u_n) \phi \, \mathrm{d}x = \int_\Omega w_j \phi \, \mathrm{d}x.$$

由广义导数的定义, 则 $\partial_j u = w_j$. 这表明 u_n 在 $W^{1,p}(\Omega)$ 中强收敛于 u, $n \to \infty$.

第 3 步: $W^{1,2}(\Omega)$ 为完备内积空间, 即 **Hilbert** 空间.

留作习题. $\qquad\qquad\qquad\qquad\qquad\qquad\qquad\qquad\qquad\qquad\qquad\qquad\qquad\qquad\square$

下面来讨论光滑函数在 Sobolev 空间中的稠密性.

定理 4.13 (Friedrichs) *设 $u \in W^{1,p}(\mathbb{R}^d)$, $1 \leqslant p < \infty$. 则存在序列 $\{u_n\} \subset C_c^\infty(\mathbb{R}^d)$ 使得*

$$u_n \to u \quad \text{于 } W^{1,p}(\mathbb{R}^d).$$

为证明定理 4.13, 需要以下引理.

引理 4.14 *设 $u \in W^{1,p}(\mathbb{R}^d)$, $1 \leqslant p \leqslant \infty$, $v \in L^1(\mathbb{R}^d)$. 则卷积 $v * u \in W^{1,p}(\mathbb{R}^d)$ 且*

$$\partial_{x_j}(u * v) = (\partial_{x_j} u) * v, \; j = 1, 2, \cdots, d.$$

证明   由 Young 不等式, $v * u \in L^p(\mathbb{R}^d)$ 且

$$\|u * v\|_{L^p(\mathbb{R}^d)} \leqslant \|u\|_{L^p(\mathbb{R}^d)} \|v\|_{L^1(\mathbb{R}^d)}, \quad \|\partial_{x_j} u * v\|_{L^p(\mathbb{R}^d)} \leqslant \|\partial_{x_j} u\|_{L^p(\mathbb{R}^d)} \|v\|_{L^1(\mathbb{R}^d)}.$$

因此, 只需证明

$$\partial_{x_j}(u * v) = (\partial_{x_j} u) * v, \ j = 1, 2, \cdots, d.$$

对每一试验函数 $\phi \in C_c^\infty(\mathbb{R}^d)$, 由 Fubini 定理

$$\begin{aligned}
\int_{\mathbb{R}^d} u * v(x)(\partial_j \phi)(x)\, \mathrm{d}x &= \int_{\mathbb{R}^d} \int_{\mathbb{R}^d} u(x-y)v(y)\, \mathrm{d}y (\partial_j \phi)(x)\, \mathrm{d}x \\
&= \int_{\mathbb{R}^d} v(y)\, \mathrm{d}y \int_{\mathbb{R}^d} u(x-y)(\partial_j \phi)(x)\, \mathrm{d}x \\
&= -\int_{\mathbb{R}^d} v(y) \int_{\mathbb{R}^d} \partial_j u(x-y)\phi(x)\, \mathrm{d}x\, \mathrm{d}y \\
&= -\int_{\mathbb{R}^d} (\partial_j u)(x-y)v(y)\mathrm{d}y\phi(x)\, \mathrm{d}x \\
&= -\int_{\mathbb{R}^d} \partial_j u * v(x)\phi(x)\, \mathrm{d}x.
\end{aligned}$$

这表明

$$\partial_{x_j}(u * v) = (\partial_j u) * v \in L^p(\mathbb{R}^d), \ j = 1, 2, \cdots, d.$$

因此, 卷积 $u * v \in W^{1,p}(\mathbb{R}^d)$. 证毕.   □

定理 4.13 的证明   任给 $u \in W^{1,p}(\mathbb{R}^d)$, $1 \leqslant p < \infty$. 设 $\{\phi_n\}_{n \in \mathbb{N}}$ 为标准磨光子序列. 设 $\chi_0 \in C_c^\infty(B(0,1))$ 满足

$$0 \leqslant \chi_0 \leqslant 1, \quad \chi_0 = 1 \ \text{于} \ B(0, 1/2). \tag{4.17}$$

则函数 $\chi_n(\cdot) = \chi_0(\cdot/n)$ 满足

$$\chi_n \in C_c^\infty(B(0,n)), \ 0 \leqslant \chi_n \leqslant 1, \ \chi_n = 1 \ \text{于} \ B(0, n/2). \tag{4.18}$$

可以证明序列 $u_n = \chi_n(\phi_n * u)$ 在 $W^{1,p}(\mathbb{R}^d)$ 中收敛于 u, $n \to \infty$(为什么?).   □

4.4.3 $\mathbb{R}^d$ 中的 Sobolev 嵌入

Sobolev 嵌入不等式是在 Sobolev 空间背景下常用的工具.

1. 次临界情形 $p < d$

下面是著名的 Gagliardo-Nirenberg-Sobolev 不等式.

定理 4.15 (Gagliardo-Nirenberg-Sobolev 不等式)   设 $d \geqslant 2$, $1 \leqslant p < d$. 则

$$W^{1,p}(\mathbb{R}^d) \subset L^{p^*}(\mathbb{R}^d), \quad \text{其中} \ \frac{1}{p^*} = \frac{1}{p} - \frac{1}{d}, \tag{4.19}$$

并且存在常数 $C = C(p, d)$ 使得

$$\|u\|_{L^{p^*}(\mathbb{R}^d)} \leqslant C\|\nabla u\|_{L^p(\mathbb{R}^d)}, \quad \forall u \in W^{1,p}(\mathbb{R}^d). \tag{4.20}$$

注 4.9　定理 4.15 中的常数 $C = C(p, d)$ 可以选成

$$C(p, d) = \frac{p(d-1)}{d-p}.$$

该常数不是最优的. 关于最优常数, 可参见文献 [47].

注 4.10　值 p^* 可以由一个简单的尺度变换得到. 事实上, 假设有一个常数 C 以及某一个 $q \in [1, \infty]$, 使得

$$\|u\|_{L^q(\mathbb{R}^d)} \leqslant C\|\nabla u\|_{L^p(\mathbb{R}^d)}, \quad \forall u \in C_c^\infty(\mathbb{R}^d),$$

则必然有 $q = p^*$. 这是因为, 固定任何函数 $u \in C_c^\infty(\mathbb{R}^d)$, 并将 $u_\lambda(x) = u(\lambda x)$ 代入上式, 则有

$$\|u\|_{L^q(\mathbb{R}^d)} \leqslant C\lambda^{1+d\left(\frac{1}{q}-\frac{1}{p}\right)}\|\nabla u\|_{L^p(\mathbb{R}^d)}, \quad \forall \lambda > 0.$$

这表明 $1 + d\left(\dfrac{1}{q} - \dfrac{1}{p}\right) = 0$, 即 $q = p^*$.

为证明定理 4.15, 需要以下引理.

引理 4.16　设 $d \geqslant 2$, $f_1, f_2, \cdots, f_d \in L^{d-1}(\mathbb{R}^{d-1})$. 对 $x = (x_1, x_2, \cdots, x_d) \in \mathbb{R}^d$, 令

$$\tilde{x}_i = (x_1, x_2, \cdots, x_{i-1}, x_{i+1}, \cdots, x_d) \in \mathbb{R}^{d-1}, \quad 1 \leqslant i \leqslant d,$$

即在 $x = (x_1, x_1, \cdots, x_d)$ 中删除 x_i. 则函数

$$f(x) = f_1(\tilde{x}_1)f_2(\tilde{x}_2)\cdots f_d(\tilde{x}_d), \quad x \in \mathbb{R}^d$$

包含于 $L^1(\mathbb{R}^d)$ 且

$$\|f\|_{L^1(\mathbb{R}^d)} \leqslant \prod_{i=1}^{d} \|f_i\|_{L^{d-1}(\mathbb{R}^{d-1})}.$$

证明　当空间维数 $d = 2$ 时, 我们有

$$f(x_1, x_2) = f_1(x_2)f_2(x_1)$$

其中 $f_1, f_2 \in L^1(\mathbb{R})$. 直接计算得到

$$\|f\|_{L^1(\mathbb{R}^2)} = \int_{\mathbb{R}^2} |f(x_1, x_2)| \, \mathrm{d}x_1\mathrm{d}x_2 = \int_{\mathbb{R}} \int_{\mathbb{R}} |f_1(x_2)| \, |f_2(x_1)| \, \mathrm{d}x_1\mathrm{d}x_2 = \|f_1\|_{L^1(\mathbb{R})}\|f_2\|_{L^1(\mathbb{R})}.$$

$$\tag{4.21}$$

这说明当 $d=2$ 时, 引理成立.

由归纳法, 假设引理在空间维数为 d 时成立, 然后证明空间维数为 $d+1$ 时引理仍然成立. 我们首先固定 x_{d+1}. 由 Hölder 不等式,

$$
\begin{aligned}
\int_{\mathbb{R}^d} |f(x)| \,\mathrm{d}x_1 \mathrm{d}x_2 \cdots \mathrm{d}x_d &= \int_{\mathbb{R}^d} |f_1(\tilde{x}_1) \cdots f_d(\tilde{x}_d) f_{d+1}(\tilde{x}_{d+1})| \,\mathrm{d}x_1 \mathrm{d}x_2 \cdots \mathrm{d}x_d \\
&\leqslant \Big(\int_{\mathbb{R}^d} |f_{d+1}(x_1, \cdots, x_d)|^d \,\mathrm{d}x_1 \mathrm{d}x_2 \cdots \mathrm{d}x_d \Big)^{\frac{1}{d}} \cdot \\
&\qquad \Big(\int_{\mathbb{R}^d} |f_1(\tilde{x}_1) \cdots f_d(\tilde{x}_d)|^{d'} \,\mathrm{d}x_1 \mathrm{d}x_2 \cdots \mathrm{d}x_d \Big)^{\frac{1}{d'}} \\
&= \|f_{d+1}\|_{L^d(\mathbb{R}^d)} \Big(\int_{\mathbb{R}^d} |f_1(\tilde{x}_1) \cdots f_d(\tilde{x}_d)|^{d'} \,\mathrm{d}x_1 \mathrm{d}x_2 \cdots \mathrm{d}x_d \Big)^{\frac{1}{d'}},
\end{aligned}
\tag{4.22}
$$

其中 $d' = d/(d-1)$. 对函数 $|f_1|^{d'}, |f_2|^{d'}, \cdots, |f_d|^{d'}$, 由归纳假设

$$
\int_{\mathbb{R}^d} |f_1(\tilde{x}_1)|^{d'} \cdots |f_d(\tilde{x}_d)|^{d'} \,\mathrm{d}x_1 \mathrm{d}x_2 \cdots \mathrm{d}x_d \leqslant \prod_{i=1}^d \||f_i|^{d'}\|_{L^{d-1}(\mathbb{R}^{d-1})} = \prod_{i=1}^d \|f_i\|_{L^d(\mathbb{R}^{d-1})}^{d'},
\tag{4.23}
$$

其中关于 f_i 的积分不含 x_i 和 x_{d+1} 变量. 这表明范数 $\|f_i\|_{L^d(\mathbb{R}^{d-1})}$ 的定义由下面给出

$$
\|f_i\|_{L^d(\mathbb{R}^{d-1})} = \Big(\int_{\mathbb{R}^d} |f_i(x_1, \cdots, x_{i-1}, x_{i+1}, \cdots, x_d, x_{d+1})|^d \,\mathrm{d}x_1 \cdots \mathrm{d}x_{i-1} \mathrm{d}x_{i+1} \cdots \mathrm{d}x_d \Big)^{\frac{1}{d}}.
\tag{4.24}
$$

由(4.22)和(4.23), 我们得到

$$
\int_{\mathbb{R}^d} |f(x)| \,\mathrm{d}x_1 \mathrm{d}x_2 \cdots \mathrm{d}x_d \leqslant \|f_{d+1}\|_{L^d(\mathbb{R}^d)} \prod_{i=1}^d \|f_i\|_{L^d(\mathbb{R}^{d-1})},
\tag{4.25}
$$

其中与(4.24)一样, 积分不含 x_{d+1} 变量 (注意 x_{d+1} 固定).

下面我们使 x_{d+1} 变动起来. 因为 $f_i(\tilde{x}_i) \in L^d(\mathbb{R}^d)$, $1 \leqslant i \leqslant d$, 故函数 $x_{d+1} \mapsto \|f_i\|_{L^d(\mathbb{R}^{d-1})}$ 包含于 $L^d(\mathbb{R})$, $1 \leqslant i \leqslant d$. 从而其乘积函数

$$
x_{d+1} \mapsto \prod_{i=1}^d \|f_i(\tilde{x}_i)\|_{L^d(\mathbb{R}^{d-1})}
$$

包含于 $L^1(\mathbb{R})$ 且

$$
\begin{aligned}
\int_{\mathbb{R}} \prod_{i=1}^d \|f_i(\tilde{x}_i)\|_{L^d(\mathbb{R}^{d-1})} \mathrm{d}x_{d+1} &\leqslant \prod_{i=1}^d \Big(\int_{\mathbb{R}} \|f_i(\tilde{x}_i)\|_{L^d(\mathbb{R}^{d-1})}^d \mathrm{d}x_{d+1} \Big)^{\frac{1}{d}} \\
&= \prod_{i=1}^d \Big(\int_{\mathbb{R}} \int_{\mathbb{R}^d} |f_i(\tilde{x}_i)|^d \,\mathrm{d}x_1 \cdots \mathrm{d}x_{i-1} \mathrm{d}x_{i+1} \cdots \mathrm{d}x_d \mathrm{d}x_{d+1} \Big)^{\frac{1}{d}} \\
&= \prod_{i=1}^d \|f_i\|_{L^d(\mathbb{R}^d)}.
\end{aligned}
\tag{4.26}
$$

因此,

$$\int_{\mathbb{R}^d} |f(x)|\,\mathrm{d}x_1\mathrm{d}x_2\cdots\mathrm{d}x_d\mathrm{d}x_{d+1} \leqslant \|f_{d+1}\|_{L^d(\mathbb{R}^d)} \prod_{i=1}^{d}\|f_i\|_{L^d(\mathbb{R}^d)} = \prod_{i=1}^{d+1}\|f_i\|_{L^d(\mathbb{R}^d)}. \quad (4.27)$$

证毕. □

下面来证明定理 4.15.

定理 4.15 的证明 我们的证明从 $p=1$ 和 $u \in C_c^1(\mathbb{R}^d)$ 的情形开始. 由于

$$|u(x_1, x_2, \cdots, x_d)| = \left|\int_{-\infty}^{x_1} \frac{\partial u}{\partial x_1}(t, x_2, \cdots, x_d)\,\mathrm{d}t\right|$$

$$\leqslant \int_{-\infty}^{+\infty}\left|\frac{\partial u}{\partial x_1}(x_1, x_2, \cdots, x_d)\right|\mathrm{d}x_1, \quad (4.28)$$

且类似有

$$|u(x_1, x_2, \cdots, x_d)| \leqslant \int_{-\infty}^{+\infty}\left|\frac{\partial u}{\partial x_i}(x_1, x_2, \cdots, x_d)\right|\mathrm{d}x_i =: f_i(\tilde{x}_i), \quad \forall 1 \leqslant i \leqslant d, \quad (4.29)$$

因此

$$|u(x)|^d \leqslant \prod_{i=1}^{d} f_i(\tilde{x}_i), \quad (4.30)$$

且

$$|u(x)|^{d/(d-1)} \leqslant \prod_{i=1}^{d}|f_i(\tilde{x}_i)|^{1/(d-1)}. \quad (4.31)$$

由引理 4.16,

$$\int_{\mathbb{R}^d}|u(x)|^{d/(d-1)}\,\mathrm{d}x \leqslant \prod_{i=1}^{d}\|f_i\|_{L^1(\mathbb{R}^{d-1})}^{1/(d-1)} = \prod_{i=1}^{d}\left\|\frac{\partial u}{\partial x_i}\right\|_{L^1(\mathbb{R}^d)}^{1/(d-1)}. \quad (4.32)$$

从而有

$$\|u\|_{L^{d/(d-1)}} \leqslant \prod_{i=1}^{d}\left\|\frac{\partial u}{\partial x_i}\right\|_{L^1(\mathbb{R}^d)}^{1/d}. \quad (4.33)$$

这就对于 $p=1$ 和 $u \in C_c^1(\mathbb{R}^d)$ 的情形证明了 Gagliardo-Nirenberg-Sobolev 不等式(4.20).

下面假设 $1 < p < d$, 但仍然假设 $u \in C_c^1(\mathbb{R}^d)$. 设 $m \geqslant 1$, 对 $|u|^{m-1}u$ 运用(4.33),

$$\|u\|_{L^{md/(d-1)}}^{m} \leqslant m\prod_{i=1}^{d}\left\||u|^{m-1}\frac{\partial u}{\partial x_i}\right\|_{L^1(\mathbb{R}^d)}^{1/d} \leqslant m\|u\|_{L^{(m-1)p'}}^{m-1}\prod_{i=1}^{d}\left\|\frac{\partial u}{\partial x_i}\right\|_{L^p}^{1/d}. \quad (4.34)$$

选取 m 使得

$$md/(d-1) = (m-1)p', \quad \text{i.e. } m = (d-1)p^*/d.$$

显然当 $1 < p < d$ 时, $m \geqslant 1$. 故

$$\|u\|_{L^{p^*}} \leqslant m \prod_{i=1}^{d} \left\| \frac{\partial u}{\partial x_i} \right\|_{L^p}^{1/d}. \tag{4.35}$$

这样对 $1 \leqslant p < d$ 和 $u \in C_c^1(\mathbb{R}^d)$ 的情形证明了 (4.20).

最后运用稠密性讨论给出一般 $u \in W^{1,p}(\mathbb{R}^d)$ 情形的证明. 由定理 4.13, 存在序列 $\{u_n\} \subset C_c^\infty$ 使得 $u_n \to u$ 于 $W^{1,p}(\mathbb{R}^d)$. 并且, 必要时选取子列, 进一步假设 u_n 在 $\mathbb{R}^d$ 上几乎处处收敛于 u. 由于我们已经证明了

$$\|u_n\|_{L^{p^*}} \leqslant C \|\nabla u_n\|_{L^p}.$$

则由 Fatou 引理,

$$u \in L^{p^*}, \quad \|u\|_{L^{p^*}} \leqslant C \|\nabla u\|_{L^p}.$$

证毕.   □

推论 4.17   假设 $1 \leqslant p < d$, 则

$$W^{1,p}(\mathbb{R}^d) \subset L^q(\mathbb{R}^d), \quad \forall q \in [p, p^*].$$

证明   留作习题.   □

2. 临界情形 $p = d$

对临界情形 $p = d$, Sobolev 空间 $W^{1,d}$ 一般没有到 L^∞ 空间的嵌入. 但是, 我们有以下稍弱一些的结论.

定理 4.18   假设 $d \geqslant 2$,

$$W^{1,d}(\mathbb{R}^d) \subset L^q(\mathbb{R}^d), \quad \forall q \in [d, +\infty). \tag{4.36}$$

若 $d = 1$, 则有

$$W^{1,1}(\mathbb{R}) \subset L^\infty(\mathbb{R}). \tag{4.37}$$

证明   首先考虑 $d \geqslant 2$ 的情形. 假设 $u \in C_c^1(\mathbb{R}^d)$. 在 (4.34) 中取 $p = d$, 则

$$\|u\|_{L^{md/(d-1)}}^m \leqslant m \prod_{i=1}^{d} \left\| |u|^{m-1} \frac{\partial u}{\partial x_i} \right\|_{L^1(\mathbb{R}^d)}^{1/d}$$

$$\leqslant m \|u\|_{L^{(m-1)d/(d-1)}}^{m-1} \prod_{i=1}^{d} \left\| \frac{\partial u}{\partial x_i} \right\|_{L^d}^{1/d}$$

$$\leqslant m \|u\|_{L^{(m-1)d/(d-1)}}^{m-1} \|\nabla u\|_{L^d}, \ \forall m \geqslant 1. \tag{4.38}$$

由 Young 不等式,

$$\|u\|_{L^{md/(d-1)}} \leqslant C\left(\|u\|_{L^{(m-1)d/(d-1)}} + \|\nabla u\|_{L^d}\right), \quad \forall m \geqslant 1. \tag{4.39}$$

在(4.39)中取 $m = d$, 得到

$$\|u\|_{L^{d^2/(d-1)}} \leqslant C\left(\|u\|_{L^d} + \|\nabla u\|_{L^d}\right) = C\|u\|_{W^{1,d}}. \tag{4.40}$$

因此, 由 Hölder 不等式

$$\|u\|_{L^q} \leqslant C\|u\|_{W^{1,d}}, \quad \forall d \leqslant q \leqslant d^2/(d-1). \tag{4.41}$$

对 $m = d+1$, $m = d+2$ 等重复上面的讨论, 则

$$\|u\|_{L^q} \leqslant C\|u\|_{W^{1,d}}, \quad \forall q \in [d, +\infty), \tag{4.42}$$

其中常数 C 依赖于 q 和 d. 关于一般 $W^{1,d}(\mathbb{R}^d)$ 函数的证明可以由稠密性的讨论得到.

对 $d = 1$, 考虑 $u \in C_c^\infty(\mathbb{R})$. 此时

$$|u(x)| \leqslant \left|\int_{-\infty}^x u'(t)\,\mathrm{d}t\right| \leqslant \int_{-\infty}^x |u'(t)|\,\mathrm{d}t \leqslant \|u'\|_{L^1}.$$

可以利用稠密性来完成结论的证明 (怎么做?).   □

注 4.11   从上述证明可以看出, 定理 4.18 中的常数 $C \to \infty$, 当 $q \to \infty$. 一个更精细的结果表明, 在这种临界情况 $p = d$ 下, Sobolev 空间实际上嵌入到比 L^∞ 空间更一般的 BMO 空间中: 即具有有界平均振荡的函数空间. BMO 空间是调和分析的经典内容之一, 可以参见文献 [44].

3. 超临界情形 $p > d$ 与 Hölder 连续函数

定义 4.8

(1) 设 $\Omega \subset \mathbb{R}^d$ 为非空开集. 函数 $u : \Omega \to \mathbb{C}$ 称作指数为 $\alpha \in (0,1]$ 的 **Hölder 函数** (或者简称为α-**Hölder 连续函数**), 若存在常数 C 使得

$$|u(x) - u(y)| \leqslant C|x-y|^\alpha, \quad \forall x, y \in \Omega.$$

(2) 定义 $C^{0,\alpha}(\Omega)$ 为所有 Ω 上 α-Hölder 连续有界函数的全体, 赋予范数

$$\|u\|_{C^{0,\alpha}(\Omega)} = \sup_{x \in \Omega} |u(x)| + \sup_{x,y \in \Omega, x \neq y} \frac{|u(x) - u(y)|}{|x-y|^\alpha}. \tag{4.43}$$

通常简记 $C^{0,\alpha}(\Omega)$ 为 $C^\alpha(\Omega)$.

注 4.12

(1) 空间 $C^{0,\alpha}(\Omega)$ 赋予范数(4.43)为 Banach 空间. 证明留作习题.

(2) 若 $\alpha = 1$, $C^{0,1}$ 恰为 Lipschitz 函数空间.

(3) 也许有人会问当 Hölder 指数 $\alpha > 1$ 的情形. 事实上, 此时任一 Ω 上的 α-Hölder 函数必在 Ω 的任意连通分支上为常数 (为什么?). 这就解释了为什么通常我们不讨论当 $\alpha > 1$ 时的 α-Hölder 连续函数.

(4) 类似可以定义 $C^{m,\alpha}(\Omega)(m \geq 1, \alpha \in (0,1])$ 空间为有界 $C^m(\Omega)$ 函数的全体, 其 m 阶导数为 α-Hölder 函数.

(5) 存在处处不可微的 Hölder 连续函数. 因此 Hölder 连续性一般不蕴涵任何微分性质.

(6) 设 $\Omega \subset \mathbb{R}^d$ 为非空开集, 则 Ω 上的 Hölder 连续函数可以扩张成具有相同指数和相同常数的 $\mathbb{R}^d$ 上的 Hölder 连续函数. 更确切地说, 任意 $u \in C^{0,\alpha}(\Omega)$ 存在到 $\overline{\Omega}$ 的唯一连续扩张, 仍记为 u. 因此通常将 $C^{0,\alpha}(\Omega)$ 和 $C^{0,\alpha}(\overline{\Omega})$ 同等看待.

下面的结论说明任一 $W^{1,p}(\mathbb{R}^d)$ 函数 $(p > d)$ 存在一个 Hölder 连续的代表元, 除去一个零测集二者相等.

定理 4.19 (Morley(莫利)) 设 $d \geq 1$, $p > d$, 则

$$W^{1,p}(\mathbb{R}^d) \subset L^\infty(\mathbb{R}^d). \tag{4.44}$$

并且对任意 $u \in W^{1,p}(\mathbb{R}^d)$ 有

$$|u(x) - u(y)| \leq C|x-y|^\alpha \|\nabla u\|_{L^p}, \quad \text{a.e. } x,y \in \mathbb{R}^d, \tag{4.45}$$

其中 $\alpha = 1 - \dfrac{d}{p}$, C 为仅依赖于 p 和 d 的常数.

注 4.13 (1) 不等式(4.45)表明存在一个 Hölder 连续函数 $\tilde{u} \in C^\alpha(\mathbb{R}^d)$ 使得 $u = \tilde{u}$, a.e. 于 $\mathbb{R}^d$, 即存在 $A \subset \mathbb{R}^d$ 为零测集使得(4.45)对 $x,y \in \mathbb{R}^d \setminus A$ 成立. 因为 $\mathbb{R}^d \setminus A$ 在 $\mathbb{R}^d$ 中稠密, 函数 $u|_{\mathbb{R}^d \setminus A}$ 存在唯一的到 $\mathbb{R}^d$ 的连续扩张. 我们习惯不区分 u 和 $\tilde{u}$, 称 u 为 Hölder 连续. 在此意义下, 定理 4.19 表明若 $p > d$, 则 Sobolev 空间 $W^{1,p}(\mathbb{R}^d)$ 可以连续嵌入 Hölder 空间 $C^{0,1-\frac{d}{p}}(\mathbb{R}^d)$.

(2) 特别地, 若 $p = \infty$, 则 $W^{1,\infty}(\mathbb{R}^d)$ 可以嵌入到 Lipschitz 空间 $C^{0,1}(\mathbb{R}^d)$. 同时, 反过来也成立, 也就是说 $W^{1,\infty}(\mathbb{R}^d) = C^{0,1}(\mathbb{R}^d)$. 另一个重要事实, 由 Rademacher 定理, Lipschitz 函数几乎处处可微, 而且其经典导数与广义导数相同.

证明   先就 $u \in C_c^\infty(\mathbb{R}^d)$ 来证明(4.45). 定义立方体 $Q_{a,r} = (-r/2, r/2)^d + a$, $a \in \mathbb{R}^d, r > 0$. 对任意 $x, y \in Q_{a,r}$

$$
\begin{aligned}
|u(x) - u(y)| &= \left| \int_0^1 \frac{\mathrm{d}}{\mathrm{d}t}(u(tx + (1-t)y)) \, \mathrm{d}t \right| \\
&= \left| \int_0^1 (x - y)(\nabla u)(tx + (1-t)y) \, \mathrm{d}t \right| \\
&\leqslant \sum_{i=1}^d |x_i - y_i| \int_0^1 \left| \frac{\partial u}{\partial x_i}(tx + (1-t)y) \right| \, \mathrm{d}t \\
&\leqslant r \sum_{i=1}^d \int_0^1 \left| \frac{\partial u}{\partial x_i}(tx + (1-t)y) \right| \, \mathrm{d}t.
\end{aligned} \tag{4.46}
$$

设 $u_{Q_{a,r}}$ 为 u 在 $Q_{a,r}$ 上的积分平均. 则

$$
\begin{aligned}
|u(y) - u_{Q_{a,r}}| &= \left| \frac{1}{|Q_{a,r}|} \int_{Q_{a,r}} (u(y) - u(x)) \, \mathrm{d}x \right| \\
&\leqslant \frac{1}{|Q_{a,r}|} \int_{Q_{a,r}} |u(y) - u(x)| \, \mathrm{d}y \\
&\leqslant \frac{r}{|Q_{a,r}|} \int_{Q_{a,r}} \sum_{i=1}^d \int_0^1 \left| \frac{\partial u}{\partial x_i}(tx + (1-t)y) \right| \, \mathrm{d}t \, \mathrm{d}x \\
&\leqslant \frac{1}{r^{d-1}} \int_0^1 \mathrm{d}t \int_{Q_{ta+(1-t)y, tr}} \sum_{i=1}^d \left| \frac{\partial u}{\partial x_i}(z) \right| t^{-d} \, \mathrm{d}z.
\end{aligned} \tag{4.47}
$$

由 Hölder 不等式,

$$
\begin{aligned}
\int_{Q_{ta+(1-t)y, tr}} \left| \frac{\partial u}{\partial x_i}(z) \right| t^{-d} \, \mathrm{d}z &\leqslant \|\partial_{x_i} u\|_{L^p(Q_{ta+(1-t)y, tr})} \|1\|_{L^{p'}(Q_{ta+(1-t)y, tr})} \\
&\leqslant \|\partial_{x_i} u\|_{L^p(Q_{a,r})} \left(t^d \, r^d \right)^{\frac{1}{p'}}.
\end{aligned} \tag{4.48}
$$

这里用到了事实: 对任意 $0 \leqslant t \leqslant 1$, $Q_{ta+(1-t)y, tr} \subset Q_{a,r}$. 由(4.47)和(4.48), 我们有

$$
\begin{aligned}
|u(y) - u_{Q_{a,r}}| &\leqslant \frac{1}{r^{d-1}} r^{\frac{d}{p'}} \int_0^1 t^{-d + \frac{d}{p'}} \mathrm{d}t \, \|\nabla u\|_{L^p(Q_{a,r})} \\
&= r^{1 - \frac{d}{p}} \int_0^1 t^{-\frac{d}{p}} \mathrm{d}t \, \|\nabla u\|_{L^p(Q_{a,r})} \\
&= \frac{r^{1 - \frac{d}{p}}}{1 - \frac{d}{p}} \|\nabla u\|_{L^p(Q_{a,r})}.
\end{aligned} \tag{4.49}
$$

由三角不等式, 对任意 $x, y \in Q_{a,r}$,

$$|u(x) - u(y)| \leqslant |u(x) - u_{Q_{a,r}}| + |u(y) - u_{Q_{a,r}}| \leqslant 2\frac{r^{1-\frac{d}{p}}}{1-\frac{d}{p}}\|\nabla u\|_{L^p(Q_{a,r})}. \tag{4.50}$$

对任意 $x, y \in \mathbb{R}^d$, 存在立方体 $Q_{a,r}$, $r \leqslant d|x-y|$, 包含 x, y. 比如, 可以取 $a = \dfrac{x+y}{2}$ 和 $r = d|x-y|$. 则由(4.50),

$$|u(x) - u(y)| \leqslant \frac{2p}{p-d}r^{1-\frac{d}{p}}\|\nabla u\|_{L^p(Q_{a,r})} \leqslant \frac{2pd^{1-\frac{d}{p}}}{p-d}|x-y|^{1-\frac{d}{p}}\|\nabla u\|_{L^p(\mathbb{R}^d)}. \tag{4.51}$$

对一般的 $u \in W^{1,p}(\mathbb{R}^d)$, 存在序列 $\{u_n\} \subset C_c^\infty(\mathbb{R}^d)$ 使得 $u_n \to u$ 于 $W^{1,p}(\mathbb{R}^d)$. 故存在子列, 仍记作 $\{u_n\}$, 使得 $u_n \to u$ a.e. 于 $\mathbb{R}^d$. 在下面不等式中

$$|u_n(x) - u_n(y)| \leqslant \frac{2pd}{p-d}|x-y|\|\nabla u_n\|_{L^p(\mathbb{R}^d)}, \tag{4.52}$$

令 $n \to \infty$, 则得到欲证的结果(4.45).

下面证明(4.44). 首先假设 $u \in C_c^\infty(\mathbb{R}^d)$. 在(4.49)中取 $r = 1$, 我们有

$$|u(y)| \leqslant |u_{Q_{a,1}}| + \frac{p}{p-d}\|\nabla u\|_{L^p(Q_{a,1})}, \quad \forall y \in Q_{a,1}. \tag{4.53}$$

直接计算可得

$$|u_{Q_{a,1}}| \leqslant \frac{1}{|Q_{a,1}|}\int_{Q_{a,1}}|u(x)|\,\mathrm{d}x \leqslant \|u\|_{L^p(Q_{a,1})}\|1\|_{L^{p'}(Q_{a,1})} = \|u\|_{L^p(Q_{a,1})}.$$

因此

$$|u(y)| \leqslant \|u\|_{L^p(Q_{a,1})} + \frac{p}{p-d}\|\nabla u\|_{L^p(Q_{a,1})} \leqslant C\|u\|_{W^{1,p}(\mathbb{R}^d)}, \quad \forall y \in Q_{a,1}. \tag{4.54}$$

由立方体 $Q_{a,1}$ 的任意性,

$$|u(y)| \leqslant \|u\|_{L^p(\mathbb{R}^d)} + \frac{p}{p-d}\|\nabla u\|_{L^p(\mathbb{R}^d)} \leqslant C\|u\|_{W^{1,p}(\mathbb{R}^d)}, \quad \forall y \in \mathbb{R}^d. \tag{4.55}$$

类似地, 一般情形 $u \in W^{1,p}(\mathbb{R}^d)$ 可利用稠密性讨论得到. □

注 4.14　从定理 4.19 可以看出, $W^{1,p}(\mathbb{R}^d) \subset C_0(\mathbb{R}^d)$ 对任意 $d < p < \infty$ 成立. 事实上, 对任意 $u \in W^{1,p}(\mathbb{R}^d)$, $d < p < \infty$, 存在序列 $\{u_n\} \subset C_c^\infty(\mathbb{R}^d)$ 在 $W^{1,p}(\mathbb{R}^d)$ 中收敛于 u. 应用定理 4.19, 得到 $u_n \to u$ 于 $L^\infty(\mathbb{R}^d)$. 这表明 $u \in C_0(\mathbb{R}^d)$.

习题

1. 按照下面的思路解决 Hardy 不等式相关问题. 假设 f 为 $(0,\infty)$ 上的非负函数, $f \in L^p$, $p \in (0,\infty)$.

(1) 对函数

$$F(x) = \frac{1}{x} \int_0^x f(t) \, \mathrm{d}t,$$

有 $xF(x) = \int_0^x f(t) t^\alpha t^{-\alpha} \, \mathrm{d}t$, $\alpha \in (0, 1/q)$. 证明

$$\int_0^\infty F^p(x) \, \mathrm{d}x \leqslant (1 - \alpha q)^{1-p} (\alpha p)^{-1} \int_0^\infty f(t) \, \mathrm{d}t.$$

(2) (Hardy 不等式) 选取最优的 α 使得

$$\int_0^\infty F^p(x) \, \mathrm{d}x \leqslant \left(\frac{p}{p-1}\right)^p \int_0^\infty f(t) \, \mathrm{d}t.$$

Hardy 不等式说明 Hardy 变换 $f \mapsto F$ 为 L^p 到自身的映射.

(3) 若 $f > 0$ 且 $f \in L^1$, 证明 $F \notin L^1$.

2. 设 $p > 0$, 证明任给 $\varepsilon > 0$ 存在 $C_\varepsilon > 0$ 使得

$$||a + b|^p - |b|^p| \leqslant \varepsilon |b|^p + C_\varepsilon |a|^p, \quad \forall a, b \in \mathbb{R}.$$

3. (de la Vallée-Poussin) $\mathcal{F}$ 为测度空间 $(X, \mathfrak{M}, \mu)$ 上一族可测函数, $\mu(X) < \infty$. 若存在正单调递增函数 $\phi : (0,\infty) \to \mathbb{R}$ 满足 $\lim_{t \to \infty} \phi(t) = \infty$ 以及常数 $C > 0$, 使得

$$\int_X |f| \phi(|f|) \, \mathrm{d}\mu \leqslant C, \qquad \forall f \in \mathcal{F},$$

则 $\mathcal{F} \subset L^1(\mu)$ 且 $\mathcal{F}$ 等度可积.

4. (Brezis-Lieb) 设 $(X, \mathfrak{M}, \mu)$ 为测度空间, $p > 0$. X 上的实可测函数序列 $\{f_n\}$ 几乎处处收敛于 f. 假设存在 $C > 0$ 使得

$$\int_X |f_n|^p \, \mathrm{d}\mu \leqslant C, \quad n \in \mathbb{N}.$$

证明

$$\lim_{n \to \infty} \int_X \left| |f_n|^p - |f_n - f|^p - |f|^p \right| \, \mathrm{d}\mu = 0.$$

5. 设 $p_0 \in (0, +\infty)$, $f \in L^{p_0}(X, \mu)$, 证明

$$\lim_{p \to 0^+} \int_X |f|^p \, \mathrm{d}\mu = \mu(\{x \in X : f(x) \neq 0\}).$$

6. 假设存在 $0 < r < \infty$ 使得 $f \in L^r(X, \mu)$, 证明

$$\lim_{p \to \infty} \|f\|_p = \|f\|_\infty.$$

举例说明若去掉条件 "存在 $0 < r < \infty$ 使得 $f \in L^r(X, \mu)$", 结论不成立.

7. 设 $1 \leqslant p < r < q < \infty$ 且 $f \in L^p \cap L^q$, 证明 $f \in L^r$ 且

$$\log \|f\|_r \leqslant \frac{\dfrac{1}{r} - \dfrac{1}{q}}{\dfrac{1}{p} - \dfrac{1}{q}} \log \|f\|_p + \frac{\dfrac{1}{p} - \dfrac{1}{r}}{\dfrac{1}{p} - \dfrac{1}{q}} \log \|f\|_q.$$

8. 设 (X, μ) 为概率测度空间, 存在 $r > 0$ 和非负可测函数 $f \in L^r(X, \mu)$ 使得 $\log(f) \in L^1(X, \mu)$(我们约定 $\log(0) = -\infty$). 定义 $[0, r]$ 上的函数 F:

$$F(p) = \int_X f^p \, \mathrm{d}\mu, \quad p \in (0, r]; \qquad F(0) = 1.$$

证明 F 在 $[0, r)$ 上右可微并计算 F 的右导数.

9. 下面是一些关于卷积的不等式.

(1) (卷积的 Young 不等式) 假设 $p, q, r \in [1, \infty]$ 满足 $r^{-1} = p^{-1} + q^{-1} - 1$, 且 $f \in L^p(\mathbb{R}^n), g \in L^q(\mathbb{R}^n)$. 证明 $f * g$ 几乎处处有定义, 且 $f * g \in L^r(\mathbb{R}^n)$ 并满足不等式

$$\|f * g\|_r \leqslant \|f\|_p \|g\|_q.$$

(2) 假设 $1 \leqslant p_k \leqslant \infty$, $k = 1, 2, \cdots, N$, 并且 $1 \leqslant r \leqslant \infty$ 满足

$$\frac{1}{r'} = \frac{1}{p_1'} + \cdots + \frac{1}{p_N'},$$

其中 $r', p_1', p_2', \cdots, p_N'$ 分别为 $r, p_1, p_2, \cdots, p_N$ 的共轭指数. 证明

$$\|f_1 * f_2 * \cdots * f_N\|_r \leqslant \|f_1\|_{p_1} \|f_2\|_{p_2} \cdots \|f_N\|_{p_N}.$$

(3) 试利用积分形式 Minkowski 不等式直接证明 (1) 的一个特例:

$$\|f * g\|_p \leqslant \|f\|_p \|g\|_1.$$

10. 假设 $p \in [1, \infty]$, $f \in L^p(\mathbb{R}^n)$, $g \in L^q(\mathbb{R}^n)$.

(1) 证明 $f * g$ 一致连续, 并且若 $p \in (1, \infty)$, 则 $\lim\limits_{|x| \to \infty} (f * g)(x) = 0$.

(2) 构造一个例子 $f \in L^1$, $g \in L^\infty$, 但 $f \notin C_0(\mathbb{R}^n)$.

11. 假设 $\{\phi_k\} \subset L^1(\mathbb{R}^n)$ 满足: (a) $\lim\limits_{k \to \infty} \int_{\mathbb{R}^n} \phi_k(x) \, \mathrm{d}x = c$, c 为常数; (b) 存在 $M > 0$ 使得 $\|\phi_k\|_1 \leqslant M$ 对 $k \in \mathbb{N}$ 一致成立; (c) 对任意 $r > 0$, $\lim\limits_{k \to \infty} \int_{|x| \geqslant r} |\phi_k(x)| \, \mathrm{d}x = 0$.

(1) 证明: 对任意 $f \in L^p(\mathbb{R}^n)$, $p \in [1, \infty)$,

$$\lim_{k \to \infty} \|f * \phi_k - cf\|_p = 0.$$

(2) 假设 $f \in L^\infty(\mathbb{R}^n)$ 且 f 在 x 处连续, 证明

$$\lim_{k \to \infty} (f * \phi_k)(x) = cf(x).$$

若进一步 $f \in L^\infty(\mathbb{R}^n)$ 且 f 一致连续, 则

$$\lim_{k \to \infty} \|f * \phi_k - cf\|_\infty = 0.$$

12. 考虑函数

$$F(x) = \int_0^\infty \frac{f(y)}{x + y} \, \mathrm{d}y, \qquad x \in (0, \infty).$$

(1) 检查必要的坐标变换的合理性将 F 写成卷积形式, 证明: 若 $p \in (0, \infty)$, 则

$$\|F\|_p \leqslant \frac{\pi}{\sin(\pi/p)} \|f\|_p.$$

(2) 证明上面不等式中的常数是最优的.

(3) 证明 Hilbert 不等式

$$\int_0^\infty \int_0^\infty \frac{|f(x)g(y)|}{x + y} \, \mathrm{d}x\mathrm{d}y \leqslant \frac{\pi}{\sin(\pi/p)} \|f\|_p \|g\|_{p'}.$$

(4) 证明下面离散形式的 Hilbert 不等式: 对 $a = (a_0, a_1, \cdots) \in \ell^p$ 和 $b = (b_0, b_1, \cdots)$ $\in \ell^{p'}$,

$$\sum_{m,n=0}^\infty \frac{|a_m b_n|}{m + n + 1} \leqslant \frac{\pi}{\sin(\pi/p)} \|a\|_p \|b\|_{p'}.$$

第五章

微分

5.1 Lebesgue 微分定理

5.1.1 Vitali 覆盖定理

任给 $E \subset \mathbb{R}^n$, $\{B(x,r_x)\}_{x\in E}$ 为 E 的一个开覆盖. 我们引入覆盖定理试图克服下面看似矛盾的困难:

(1) 在 $\{B(x,r_x)\}_{x\in E}$ 中选取一族互不相交的球 (从而至多可数);

(2) E 被这些球覆盖.

显然这两点一般不可能同时成立, 但可以放宽一些 (1) 和 (2) 中的条件. Vitali 的覆盖定理修改了 (2), 而 Besicovitch(贝西科维奇) 的覆盖定理修改了 (1).

为方便起见, 设 B 为 $\mathbb{R}^n$ 中的开球 (或闭球), 记 $r(B)$ 为 B 的半径. 对 $0 < a < \infty$, 记 aB 为 B 的同心开球并且 $r(aB) = ar(B)$.

定理 5.1 (Vitali 覆盖定理 I)　$E \subset \mathbb{R}^n$ 为有界集, 设 $\mathscr{F}$ 是一族以 E 中点为中心的开球, 且 E 中每一点均有 $\mathscr{F}$ 中开球以该点为中心, 则存在可数 (可能有限) 的开球列 $\{B_\alpha\} \subset \mathscr{F}$ 使得

(1) $\{B_\alpha\}$ 两两不交;

(2) $E \subset \bigcup_{\alpha \geqslant 1} 3B_\alpha$.

证明　不妨设 $\sup_{B\in\mathscr{F}} r(B) < \infty$. 我们运用归纳法来选取这样的球: 假设 $B_1, B_2, \cdots, B_{\alpha-1}$ 已经选好, $\alpha \geqslant 1$, 定义

$$d_\alpha = \sup\left\{ r(B) : B \in \mathscr{F}, B \cap (\bigcup_{\beta<\alpha} B_\beta) = \varnothing \right\}.$$

若无 $B \in \mathscr{F}$ 使得 $B \cap \left(\bigcup_{\beta<\alpha} B_\beta \right) = \varnothing$, 则该过程终止至 $B_{\alpha-1}$. 否则, 选取 $B_\alpha \in \mathscr{F}$, 使得

$$r(B_\alpha) > \frac{1}{2}d_\alpha, \qquad B_\alpha \cap \left(\bigcup_{\beta<\alpha} B_\beta \right) = \varnothing.$$

注意, 第一个球也可以按照这种方法选取. 因为 $0 < d_\alpha < \infty$, 故这个过程可以一直继续下去. 由选取的过程, (1) 是显然的.

下面来验证 (2). 任给 $x \in E$, 存在以 x 为中心的球 $B \in \mathscr{F}$, 记 $\rho = r(B)$. 我们断言: B 必与所选球列 $\{B_\alpha\}$ 中某球相交. 否则, 任给 α, $B \cap B_\alpha = \varnothing$. 这表明前面的过程不会终止. 现在, 任给 α, $\rho \leqslant d_\alpha$, 从而

$$r(B_\alpha) > \frac{1}{2}d_\alpha \geqslant \frac{1}{2}\rho > 0.$$

因为 $\bigcup\limits_{\alpha} B_\alpha$ 有界, 从而测度有限. 但 $\{B_\alpha\}$ 两两不交表明

$$m(\bigcup_{\alpha} B_\alpha) = \sum_{\alpha} m(B_\alpha) = \infty.$$

这就导致了矛盾.

因为 B 与至少一个 B_α 相交, 故存在最小的 $\alpha \geqslant 1$ 使得 $B \cap B_\alpha \neq \varnothing$. 因此

$$B \cap (\bigcup_{\beta < \alpha} B_\beta) = \varnothing.$$

这说明 $\rho \leqslant d_\alpha < 2r(B_\alpha)$. 任给 $y \in B \cap B_\alpha$, 若 z 为 B_α 的中心, 则

$$|x-z| \leqslant |x-y| + |y-z| < \rho + r(B_\alpha) < 3r(B_\alpha).$$

故 $x \in 3B_\alpha$. $\qquad\square$

思考题　设 $E \subset (-1,1)$. 对任意 $x \in E$ 设 $r(x) = \dfrac{1+2|x|}{3}$, $B_x = (x - r(x), x + r(x))$. 证明, 对开球族 $\mathscr{F} = \{B_x\}_{x \in E}$, Vitali 覆盖定理中的因子 3 不可以改成 2.

5.1.2 Hardy-Littlewood 极大函数

定义 5.1　$\mathbb{R}^n$ 上的可测函数 f 称作**局部可积**, 记作 $f \in L^1_{\text{loc}}(\mathbb{R}^n)$, 若任给 $x \in \mathbb{R}^n$, 存在 $r > 0$ 使得 $\displaystyle\int_{B(x,r)} |f| \, \mathrm{d}m < \infty$. 等价地, $f \in L^1_{\text{loc}}(\mathbb{R}^n)$ 当且仅当任给紧集 $K \subset \mathbb{R}^n$, $\displaystyle\int_K |f| \, \mathrm{d}m < \infty$.

若 $f \in L^1_{\text{loc}}(\mathbb{R}^n)$, 则 f 的 **Hardy-Littlewood 极大函数**Mf 定义在 $\mathbb{R}^n$ 上, 定义为

$$Mf(x) = \sup_{0 < r < \infty} \frac{1}{m(B(x,r))} \int_{B(x,r)} |f(y)| \, \mathrm{d}y, \qquad x \in \mathbb{R}^n.$$

引理 5.2　Mf 为下半连续.

证明　假设 $Mf(x) > a$, 则存在 $r > 0$ 使得 $a < \dfrac{1}{m(B(x,r))} \displaystyle\int_{B(x,r)} |f(y)| \, \mathrm{d}y$. 选取 $r' > r$ 使得 $a < \dfrac{1}{m(B(x,r'))} \displaystyle\int_{B(x,r)} |f(y)| \, \mathrm{d}y$. 则若 $|x' - x| < r' - r$, 有 $B(x,r) \subset B(x',r')$. 因此

$$a < \frac{1}{m(B(x,r'))} \int_{B(x',r')} |f(y)| \, \mathrm{d}y = \frac{1}{m(B(x',r'))} \int_{B(x',r')} |f(y)| \, \mathrm{d}y$$

$$\leqslant Mf(x').$$

这就说明 Mf 下半连续. $\qquad\square$

引理 5.3 若 $Mf \in L^1(\mathbb{R}^n)$, 则 $f = 0$, a.e.

证明 任给 $a > 0$, $|x| > a$, 则 $B(0,a) \subset B(x, 2|x|)$, 且

$$Mf(x) \geqslant \frac{1}{m(B(x, 2|x|))} \int_{B(x, 2|x|)} |f(y)| \, \mathrm{d}y \geqslant \frac{1}{m(B(0, 2|x|))} \int_{B(0,a)} |f(y)| \, \mathrm{d}y$$

$$= \frac{C}{|x|^n} \int_{B(0,a)} |f(y)| \, \mathrm{d}y.$$

注意到 $\int_{\{|x| > a\}} \frac{1}{|x|^n} \, \mathrm{d}x = \int_a^\infty \int_0^\pi \cdots \int_0^\pi \frac{1}{r} \sin\theta_1 \cdots \sin\theta_{n-1} \, \mathrm{d}r \mathrm{d}\theta_1 \cdots \mathrm{d}\theta_{n-1} = \infty$, 因此若 $Mf \in L^1(\mathbb{R}^n)$, 则

$$\int_{B(0,a)} |f(y)| \, \mathrm{d}y = 0, \quad \forall a > 0.$$

这就证明了 $f = 0$, a.e. $\qquad\square$

例 5.1 $f \in L^1(\mathbb{R}^n)$ 不能保证 $Mf \in L^1_{\mathrm{loc}}(\mathbb{R}^n)$. 设 $n = 1$, $f(x) = \dfrac{1}{x \log^2(x)}$ 若 $0 < x < 1/2$, 否则定义 $f(x) = 0$. 对于 $0 < x < 1/2$, 则

$$Mf(x) \geqslant \frac{1}{2x} \int_0^{2x} f(y) \, \mathrm{d}y > \frac{1}{2x} \int_0^x \frac{\mathrm{d}y}{y \log^2(y)} = -\frac{1}{2x \log(x)}.$$

因为 $-\dfrac{1}{2x \log(x)}$ 在 0 附近不可积, 故 $Mf \notin L^1_{\mathrm{loc}}(\mathbb{R}^n)$.

由上面的引理, $f \in L^1(\mathbb{R}^n)$ 不能推出 $Mf \in L^1(\mathbb{R}^n)$, 甚至 $L^1_{\mathrm{loc}}(\mathbb{R}^n)$.

定义 5.2 $\mathbb{R}^n$ 上的可测函数 f 称作**弱** L^1, 若存在常数 $C > 0$, 使得任给 $t \geqslant 0$,

$$t \cdot m(\{|f| \geqslant t\}) \leqslant C.$$

由 Chebyshev 不等式, 若 $f \in L^1(\mathbb{R}^n)$, 则 $m(\{|f| \geqslant t\}) \leqslant \dfrac{1}{t} \|f\|_1$. 因此 f 必为弱 L^1 的. 下面的 Hardy-Littlewood 极大定理表明, Mf 为弱 L^1 的.

思考题 证明, $\mathbb{R}^n$ 上的函数 $f(x) = |x|^{-n}$ 为弱 L^1.

定理 5.4 (Hardy-Littlewood 极大定理) 设 $f \in L^1(\mathbb{R}^n)$, 则

$$m(\{Mf > t\}) \leqslant \frac{3^n}{t} \|f\|_1.$$

证明 设 $E = \{Mf > t\}$. 任给 $x \in E$, 存在 $0 < r_x < \infty$, 使得

$$\frac{1}{m(B(x, r_x))} \int_{B(x, r_x)} |f(y)| \, \mathrm{d}y > t.$$

记 $\mathscr{F} = \{B(x, r_x)_{x \in E}\}$. 不妨设 E 有界, 否则用 $E \cap B(0, k)$ 代替 E, 再令 $k \to \infty$.

对开球族 $\mathscr{F}$ 运用 Vitali 覆盖定理, 并设 $\{B_\alpha\}$ 为其决定的开球列. 则

$$m(E \cap B(0,k)) \leqslant \sum_{\alpha \geqslant 1} m(3B_\alpha) = \sum_{\alpha \geqslant 1} 3^n m(B_\alpha) \leqslant \frac{3^n}{t} \int_{B_\alpha} |f(y)| \, \mathrm{d}y$$

$$\leqslant \frac{3^n}{t} \|f\|_1.$$

令 $k \to \infty$, 则 $m(E) \leqslant 3^n t^{-1} \|f\|_1$. □

5.1.3　Lebesgue 微分定理

定理 5.5 (Lebesgue 微分定理)　设 $f \in L^1_{\mathrm{loc}}(\mathbb{R}^n)$, 则对几乎所有的 $x \in \mathbb{R}^n$,

$$\lim_{r \to 0^+} \frac{1}{m(B(x,r))} \int_{B(x,r)} |f(y) - f(x)| \, \mathrm{d}y = 0.$$

为证明 Lebesgue 微分定理, 我们引入一个**局部极大函数**

$$f^*(x) = \limsup_{r \to 0^+} \frac{1}{m(B(x,r))} \int_{B(x,r)} |f(y) - f(x)| \, \mathrm{d}y,$$

下面验证 f^* 的一些性质.

命题 5.1　设 $f, g \in L^1_{\mathrm{loc}}(\mathbb{R}^n)$, 则局部极大函数满足:

(1) $f^* \geqslant 0$;

(2) $(f+g)^* \leqslant f^* + g^*$;

(3) 若 g 在 x 处连续, 则 $g^*(x) = 0$;

(4) 若 g 在 $\mathbb{R}^n$ 上连续, 则 $(f-g)^* = f^*$;

(5) $f^* \leqslant Mf + |f|$;

(6) 对 Lebesgue 外测度 m^*,

$$m^*(\{f^* > t\}) \leqslant \frac{2(3^n + 1)}{t} \cdot \|f\|_1, \quad t > 0.$$

证明　(1) 是平凡的. 由于

$$\int_{B(x,r)} |(f(x) + g(x)) - (f(y) + g(y))| \, \mathrm{d}y$$

$$\leqslant \int_{B(x,r)} |f(y) - f(x)| \, \mathrm{d}y + \int_{B(x,r)} |g(y) - g(x)| \, \mathrm{d}y,$$

这就得到了 (2). 假设 g 在 x 处连续, 则任给 $\varepsilon > 0$, 存在 $\delta > 0$, 使得若 $y \in B(x,\delta)$, $|g(y) - g(x)| < \varepsilon$. 因此若 $0 < r \leqslant \delta$, 则

$$\frac{1}{m(B(x,r))} \int_{B(x,r)} |g(y) - g(x)| \, \mathrm{d}y < \varepsilon.$$

这就证明了 (3). 假设 g 在 $\mathbb{R}^n$ 上连续. 由 (2) 和 (3), 则

$$(f - g)^* \leqslant f^* + (-g)^* = f^*,$$

$$f^* \leqslant (f - g)^* + g^* = (f - g)^*.$$

这就证明 (4). (5) 直接由下面的关系得到:

$$\frac{1}{m(B(x,r))} \int_{B(x,r)} |f(y) - f(x)| \, \mathrm{d}y \leqslant \frac{1}{m(B(x,r))} \int_{B(x,r)} |f(y)| + |f(x)| \, \mathrm{d}y$$

$$= \frac{1}{m(B(x,r))} \int_{B(x,r)} |f(y)| \, \mathrm{d}y + |f(x)| \leqslant Mf(x) + |f(x)|.$$

最后我们来证明 (6). 由 (5), Chebyshev 不等式和 Hardy-Littlewood 极大定理, 可得

$$m^*(\{f^* > t\}) \leqslant m(\{|f| > t/2\}) + m(\{Mf > t/2\})$$

$$\leqslant \frac{\|f\|_1}{t/2} + \frac{3^n \|f\|_1}{t/2} = \frac{2(3^n + 1)}{t} \cdot \|f\|_1.$$

这就完成了证明. $\qquad\square$

定理 5.5 的证明 任给 $\varepsilon > 0$, 则存在 $g \in C_c(\mathbb{R}^n)$, 使得 $\|f - g\|_1 < \varepsilon$. 由命题 5.1 的 (4) 和 (6), 则对任意 $t > 0$, 有

$$m^*(\{f^* > t\}) = m^*(\{(f - g)^* > t\}) \leqslant \frac{2(3^n + 1)}{t} \cdot \|f - g\|_1$$

$$\leqslant \frac{2(3^n + 1)}{t} \cdot \varepsilon.$$

由 ε 的任意性, 则 $m^*(\{f^* > t\}) = 0$. 故 $E_k = \{f^* > 1/k\}(k \in \mathbb{N})$ 为零测集. 因此 $\{f^* \neq 0\} = \bigcup_{k \geqslant 1} E_k$ 亦为零测集. 这就证明了定理. $\qquad\square$

思考题 证明, 对任意可测函数 $f : \mathbb{R}^n \to \mathbb{R}$,

$$m(\{Mf > t\}) \leqslant \frac{2 \cdot 3^n}{t} \int_{|f(x)| > \frac{t}{2}} |f(x)| \, \mathrm{d}x.$$

思考题 设 $p \in (1, \infty)$, $f \in L^p(\mathbb{R}^n)$. 证明 $Mf \in L^p(\mathbb{R}^n)$ 并且

$$\|Mf\|_p \leqslant 2(3^n p')^{\frac{1}{p}} \|f\|_p.$$

5.1.4 Lebesgue 点 · 密度点 · 近似连续性

定义 5.3 设 $f \in L^1_{\mathrm{loc}}(\mathbb{R}^n)$, $x \in \mathbb{R}^n$ 称作 f 的 **Lebesgue 点**, 若

$$\lim_{r \to 0^+} \frac{1}{m(B(x,r))} \int_{B(x,r)} |f(y) - f(x)| \, \mathrm{d}y = 0.$$

下面的结论稍微推广了 Lebesgue 微分定理.

推论 5.6　设 $f \in L_{\mathrm{loc}}^1(\mathbb{R}^n)$. 任给 $x \in \mathbb{R}^n$ 及 $\mathbb{R}^n$ 中的可测集列 $\{E_k\}$ 满足如下性质: 存在 $c > 0$ 及正实数序列 $\{r_k\}$, $\lim\limits_{k \to \infty} r_k = 0$, 使得 $E_k \subset B(x, r_k)$ 且 $m(B(x, r_k)) \leqslant cm(E_k)(k \in \mathbb{N})$. 若 x 为 f 的 Lebesgue 点, 则

$$\lim_{k \to \infty} \frac{1}{m(E_k)} \int_{E_k} f(y) \, \mathrm{d}y = f(x).$$

证明　因为

$$\left| \frac{1}{m(E_k)} \int_{E_k} f(y) \, \mathrm{d}y - f(x) \right| \leqslant \frac{1}{m(E_k)} \int_{E_k} |f(y) - f(x)| \, \mathrm{d}y$$

$$\leqslant \frac{c}{m(B(x, r_k))} \int_{B(x, r_k)} |f(y) - f(x)| \, \mathrm{d}y,$$

则结论直接由 Lebesgue 微分定理得到.　□

下面利用 Lebesgue 微分定理来研究不定积分. 若 $f \in L_{\mathrm{loc}}^1(\mathbb{R})$, $a \in \mathbb{R}$, 定义 f 的**不定积分**

$$F(x) = \begin{cases} \displaystyle\int_{[a,x]} f(y) \, \mathrm{d}y, & x \geqslant a, \\ \displaystyle-\int_{[x,a]} f(y) \, \mathrm{d}y, & x < a. \end{cases}$$

定理 5.7　F 几乎处处可微, 且 $F' = f$, a.e.

证明　我们只需对 f 的 Lebesgue 点 x 讨论. 对 $E_k = (x, x + r_k)$, $r_k \searrow 0$, 运用推论 5.6. 则有

$$\lim_{k \to \infty} \frac{F(x + r_k) - F(x)}{r_k} = \lim_{k \to \infty} \frac{1}{r_k} \int_x^{x + r_k} f(y) \, \mathrm{d}y = \lim_{k \to \infty} \frac{1}{m(E_k)} \int_{E_k} f(y) \, \mathrm{d}y$$

$$= f(x).$$

由 $\{r_k\}$ 的任意性, 则

$$\lim_{h \to 0^+} \frac{F(x + h) - F(x)}{h} = f(x).$$

类似再考虑集合 $E_k = (x - r_k, x)$ 即可. 因此 $F'(x) = f(x)$.　□

注意到, 上述 Lebesgue 点定义对于单个函数 f 是有意义的, 但是如果考虑在几乎处处相等意义下的等价类, 我们发现, 若 $f = g$, a.e., 但它们各自的 Lebesgue 点一般是不同的. 为此需给出另一个相关概念.

定义 5.4　设 $f \in L_{\mathrm{loc}}^1(\mathbb{R}^n)$, $x \in \mathbb{R}^n$ 为 f 的 **Lebesgue 集**中的点, 若存在 $A \in \mathbb{R}$, 使得

$$\lim_{r \to 0^+} \frac{1}{m(B(x, r))} \int_{B(x, r)} |f(y) - A| \, \mathrm{d}y = 0.$$

f 的 Lebesgue 集记作 Leb(f).

思考题 证明: 若 $f \in L^1_{\mathrm{loc}}(\mathbb{R}^n)$, 则 f 的 Lebesgue 集为 Borel 集.

若 $x \in \mathrm{Leb}(f)$, 则 A 是唯一确定的, 即

$$A = \lim_{r \to 0^+} \frac{1}{m(B(x,r))} \int_{B(x,r)} f(y) \, \mathrm{d}y.$$

由此可以看出, x 是否属于 Leb(f) 与 f 在 x 处的取值 $f(x)$ 无关! 若 $f = g$, a.e., 则 Leb$(f) =$ Leb(g), 并且 Leb(f) 为全测集. 也就是说, Lebesgue 集是由 $L^1_{\mathrm{loc}}(\mathbb{R}^n)$ 关于几乎处处相等的等价类所确定. 因而, 可以修改原先的 f, 得到 f 的所谓**精确表示**

$$\bar{f}(x) = \begin{cases} \lim\limits_{r \to 0^+} \dfrac{1}{m(B(x,r))} \displaystyle\int_{B(x,r)} f(y) \, \mathrm{d}y, & x \in \mathrm{Leb}(f), \\ 0, & x \notin \mathrm{Leb}(f). \end{cases}$$

很明显, 若 $f = g$, a.e., 则 $\bar{f} = \bar{g}$. 为方便, 我们在考虑 $x \in \mathrm{Leb}(f)$ 时总假设 $f(x) = \bar{f}(x)$.

定义 5.5 设 $E \subset \mathbb{R}^n$ 可测, 若 $x \in E$ 为特征函数 $\mathbf{1}_E$ 的 Lebesgue 点, 则称 x 为 E 的**密度点**. 更确切地说, x 为 E 的密度点, 若

$$\lim_{r \to 0^+} \frac{m(E \cap B(x,r))}{m(B(x,r))} = 1.$$

下面的结论是 Lebesgue 微分定理的直接推论.

定理 5.8 (Lebesgue 密度定理) 设 $E \subset \mathbb{R}^n$ 可测, 则几乎所有的 $x \in E$ 均为 E 的密度点. 并且对几乎所有的 $x \in E^c$, 有

$$\lim_{r \to 0^+} \frac{m(E \cap B(x,r))}{m(B(x,r))} = 0.$$

与 Lebesgue 点相关的概念还有所谓近似极限和近似连续性.

定义 5.6 设 $f: \mathbb{R}^n \to \mathbb{R}$, 称 A 为当 $y \to x$ 时 f 的**近似极限**, 如果任给 $\varepsilon > 0$, 上水平集 $\{|f - A| > \varepsilon\}$ 的密度为 0, 即

$$\lim_{r \to 0^+} \frac{m(\{|f - A| > \varepsilon\} \cap B(x,r))}{m(B(x,r))} = 0.$$

记作 $\mathrm{ap} \lim\limits_{y \to x} f(y) = A$. 若 $\mathrm{ap} \lim\limits_{y \to x} f(y) = f(x)$, 则 f 称作**在 x 处近似连续**.

定理 5.9 若 $f \in L^1_{\mathrm{loc}}(\mathbb{R}^n)$, 则 f 几乎处处近似连续. 特别地, 每一 f 的 Lebesgue 点均为 f 的近似连续点.

证明 任给 $\varepsilon > 0$,

$$\frac{m(\{|f - f(x)| > \varepsilon\} \cap B(x,r))}{m(B(x,r))} \leqslant \frac{1}{\varepsilon} \cdot \frac{1}{m(B(x,r))} \int_{B(x,r)} |f - f(x)| \, \mathrm{d}m.$$

因此, 对 f 任意的 Lebesgue 点 x, 我们有 $\mathrm{ap} \lim\limits_{y \to x} f(y) = f(x)$. $\square$

思考题　设 f 为 $\mathbb{R}^n$ 上的函数. 证明, f 在 x 处近似连续当且仅当存在 $F \subset \mathbb{R}^n$, F 在 x 处密度为 0, 使得

$$\lim_{y \to x, y \notin F} f(y) = f(x).$$

思考题　求 Heaviside 函数 $H = \mathbf{1}_{\{x \geqslant 0\}}$ 的精确表示 $\bar{H}$. 0 为 H 的 Lebesgue 点吗?

思考题　构造集合 $E \subset \mathbb{R}$, 使得

$$\liminf_{r \to 0^+} \frac{m(E \cap B(x,r))}{m(B(x,r))} = 0, \quad \limsup_{r \to 0^+} \frac{m(E \cap B(x,r))}{m(B(x,r))} = 1.$$

思考题　对任意 $\theta \in (0,1)$, 构造可测集 $E \subset \mathbb{R}$ 使得 $\displaystyle\lim_{r \to 0^+} \frac{m(E \cap (0,r))}{r} = \theta$.

思考题　设 $E \subset \mathbb{R}^n$, 证明

$$m^*(E) = \inf \left\{ \sum_{k=1}^{\infty} m(B_k) : E \subset \bigcup_{k=1}^{\infty} B_k, \text{ 其中 } \{B_k\} \text{ 为闭球列} \right\}.$$

思考题　设 $\{B_\alpha\}$ 为 $\mathbb{R}^2$ 上 (可能不可数) 的闭圆盘族且对任意 α 有 $r(B_\alpha) \leqslant 1$, $E = \bigcup\limits_{\alpha} B_\alpha$. (1) 证明 E 可测. (2) 条件 "对任意 α 有 $r(B_\alpha) \leqslant 1$" 可以去掉吗? (3) 举例说明 E 有可能不为 Borel 集. (4) 闭圆盘可以用三角形、矩形或者其他多边形代替保证 (1) 成立吗?

思考题　假设 $A, B \subset \mathbb{R}^n$ 为可测集且 $m(A), m(B) > 0$. 证明 $A + B$ 内部非空.

5.1.5　磨光子

设 $U \subset \mathbb{R}^n$ 为开集. 对 $\varepsilon > 0$, 记 $U_\varepsilon = \{x \in U : d_{\partial U}(x) < \varepsilon\}$. 若 $U = \mathbb{R}^n$, 则 $\partial \mathbb{R}^n = \varnothing$, 我们约定 $d_\varnothing \equiv +\infty$, 从而 $\mathbb{R}_\varepsilon^n = \mathbb{R}^n$. 定义函数 $\eta \in C_c^\infty(\mathbb{R}^n)$ 如下:

$$\eta(x) = \begin{cases} C \cdot e^{\frac{1}{a - |x|^2}}, & |x| < 1, \\ 0, & |x| \geqslant 1, \end{cases}$$

其中常数 $C > 0$ 选取使得 $\displaystyle\int_{\mathbb{R}^n} \eta(x)\,\mathrm{d}x = 1$. 注意, $\mathrm{supp}\,(\eta) \subset \overline{B(0,1)}$. 对 $\varepsilon > 0$ 定义

$$\eta_\varepsilon(x) = \frac{1}{\varepsilon^n} \eta\left(\frac{x}{\varepsilon}\right), \quad x \in \mathbb{R}^n.$$

通常 $\{\eta_\varepsilon\}$ 称作标准**磨光子**.

若 $f \in L_{\mathrm{loc}}^1(\mathbb{R}^n)$, 对任意 $\varepsilon > 0$, 定义

$$f^\varepsilon(x) = (\eta_\varepsilon * f)(x) = \int_{\mathbb{R}^n} \eta_\varepsilon(x - y) f(y)\,\mathrm{d}y, \quad x \in \mathbb{R}^n. \tag{5.1}$$

如前面讨论, 函数族 $\{f^\varepsilon\}$ 是用来逼近函数 f 的有效手段. 我们在这里, 将会揭示更多相关信息.

　　定理 5.10　　假设 $f \in L^1_{\text{loc}}(\mathbb{R}^n)$, $\{f^\varepsilon\}$ 如(5.1)给出.

(1) 任给 $\varepsilon > 0$, $f^\varepsilon \in C^\infty(U_\varepsilon)$;

(2) 若 $f \in C(U)$, 则任给紧子集 $K \subset U$, 当 $\varepsilon \to 0^+$ 时, f^ε 在 K 上一致收敛于 f;

(3) 设 $1 \leqslant p < \infty$, $f \in L^p_{\text{loc}}(\mathbb{R}^n)$, 则 f^ε 在 $L^p_{\text{loc}}(\mathbb{R}^n)$ 中收敛于 f;

(4) 若 x 为 f 的 Lebesgue 点, 则 $\lim\limits_{\varepsilon \to 0^+} f^\varepsilon(x) = f(x)$. 特别地, 当 $\varepsilon \to 0^+$ 时, f^ε 几乎处处收敛于 f.

　　证明　　任给 $x \in U_\varepsilon$ 并记 $\{e_i\}_{i=1}^n$ 为 $\mathbb{R}^n$ 的自然基底. 任给 $i = 1, 2, \cdots, n$, 对充分小的 $|h|$ 使得 $x + he_i \in U_\varepsilon$, 有

$$\frac{f^\varepsilon(x + he_i) - f(x)}{h} = \frac{1}{\varepsilon^n} \int_U \frac{1}{h} \left[\eta\left(\frac{x + he_i - y}{\varepsilon}\right) - \eta\left(\frac{x - y}{\varepsilon}\right) \right] f(y) \, \mathrm{d}y$$

$$= \frac{1}{\varepsilon^n} \int_V \frac{1}{h} \left[\eta\left(\frac{x + he_i - y}{\varepsilon}\right) - \eta\left(\frac{x - y}{\varepsilon}\right) \right] f(y) \, \mathrm{d}y,$$

其中 $V \subset U$ 为 x 的某紧邻域. 因为

$$\lim_{h \to 0} \frac{1}{h} \left[\eta\left(\frac{x + he_i - y}{\varepsilon}\right) - \eta\left(\frac{x - y}{\varepsilon}\right) \right] = \frac{1}{\varepsilon} \frac{\partial \eta}{\partial x_i}\left(\frac{x - y}{\varepsilon}\right) = \varepsilon^n \frac{\partial \eta_\varepsilon}{\partial x_i}(x - y),$$

并且由微分中值定理,

$$\frac{1}{h} \left| \eta\left(\frac{x + he_i - y}{\varepsilon}\right) - \eta\left(\frac{x - y}{\varepsilon}\right) \right| \cdot |f(y)| \leqslant \frac{1}{\varepsilon} \|D\eta\|_\infty |f| \in L^1(V),$$

故由控制收敛定理,

$$\frac{\partial f^\varepsilon(x)}{\partial x_i} = \lim_{h \to \infty} \frac{f^\varepsilon(x + he_i) - f(x)}{h} = \int_U \frac{\partial \eta_\varepsilon}{\partial x_i}(x - y) f(y) \, \mathrm{d}y = f * \frac{\partial \eta_\varepsilon}{\partial x_i}(x).$$

类似地, f^ε 各阶偏导数均存在且连续. 故 $f^\varepsilon \in C^\infty(U_\varepsilon)$. 这就证明了 (1).

　　因为 $\text{supp}(\eta) \subset \overline{B(0,1)}$, 故任给紧集 $K \subset U$ 及 $x \in K$, 有

$$f^\varepsilon(x) = \frac{1}{\varepsilon^n} \int_{B(x,\varepsilon)} \eta\left(\frac{x - y}{\varepsilon}\right) f(y) \, \mathrm{d}y = \int_{B(0,1)} \eta(z) f(x - \varepsilon z) \, \mathrm{d}z.$$

故

$$|f^\varepsilon(x) - f(x)| \leqslant \int_{B(0,1)} \eta(z) |f(x - \varepsilon z) - f(x)| \, \mathrm{d}z$$

记 $K_\varepsilon = \overline{\cup\{B(x, \varepsilon) : x \in K\}}$, 则 $K_\varepsilon \supset K$ 为紧集, 且由积分的平均连续性, f^ε 在 K_ε 上一致收敛于 f. 这就证明了 (2).

　　(3) 的证明与定理 4.11 完全相同.

最后我们来证明 (4). 设 x 为 f 的 Lebesgue 点. 由

$$|f^\varepsilon(x) - f(x)| \leqslant \frac{1}{\varepsilon^n} \int_{B(x,\varepsilon)} \eta\left(\frac{y-x}{\varepsilon}\right) |f(y) - f(x)| \,\mathrm{d}y$$

$$\leqslant \omega_n \|\eta\|_\varepsilon \frac{1}{m(B(x,\varepsilon))} \int_{B(x,\varepsilon)} |f(y) - f(x)| \,\mathrm{d}y,$$

其中 ω_n 为 $\mathbb{R}^n$ 中单位球体积. (4) 的结论由 Lebesgue 微分定理直接得到. $\qquad \square$

5.1.6　关于更多类型的覆盖定理

定理 5.11 (Vitali 覆盖定理 II)　设 $\mathscr{F}$ 为 $\mathbb{R}^n$ 中 (非退化) 闭球族, 且 $\sup\{r(B) : B \in \mathscr{F}\} < \infty$, 则存在 $\mathscr{F}$ 中两两不交的可数族 $\mathscr{G}$, 使得

$$\bigcup_{B \in \mathscr{F}} B \subset \bigcup_{B \in \mathscr{G}} 5B.$$

证明　设 $d = \sup\{r(B) : B \in \mathscr{F}\}$. 定义

$$\mathscr{F}_j = \left\{ B \in \mathscr{F} : \frac{d}{2^j} < r(B) \leqslant \frac{d}{2^{j-1}} \right\}, \quad j \in \mathbb{N}.$$

定义 $\mathscr{G}_j \subset \mathscr{F}_j$ 如下:

(1) 选取 $\mathscr{G}_1$ 为 $\mathscr{F}_1$ 中任意极大两两不交的子集族. 也就是说, 任给 $B \in \mathscr{F}_1 \setminus \mathscr{G}_1$ 必与 $\mathscr{G}_1$ 中某球相交.

(2) 假设 $\mathscr{G}_1, \mathscr{G}_2, \cdots, \mathscr{G}_{k-1}$ 已选好. 选取 $\mathscr{G}_k$ 为

$$\left\{ B \in \mathscr{F}_k : B \cap B' = \varnothing \text{ 对任给 } B' \in \bigcup_{j=1}^{k-1} \mathscr{G}_j \right\}$$

极大两两不交的子集族.

定义 $\mathscr{G} = \bigcup_{j=1}^\infty \mathscr{G}_j$. 则 $\mathscr{G}$ 为两两不交的闭球族且 $\mathscr{G} \subset \mathscr{F}$. 因为每一 $\mathscr{G}_j$ 均可数, 故 $\mathscr{G}$ 可数.

任给 $B \in \mathscr{F}$, 存在 j 使得 $B \in \mathscr{F}_j$. 则由 $\mathscr{G}_j$ 的极大性, 存在闭球 $B' \in \bigcup_{k=1}^j \mathscr{G}k$ 且 $B \cap B' \neq \varnothing$. 由于

$$r(B') \geqslant \frac{d}{2^j}, \qquad r(B) \leqslant \frac{d}{2^{j-1}},$$

故 $r(B) \leqslant 2r(B')$, $B \subset 5B'$. 证毕. $\qquad \square$

定义 5.7 设 $E \subset \mathbb{R}^n$, 闭球族 $\mathscr{F}$ 称作 E 的一个**细覆盖**, 若 $\mathscr{F}$ 为 E 的覆盖, 且对任意 $x \in E$,

$$\inf\{r(B) : x \in B, B \in \mathscr{F}\} = 0.$$

推论 5.12 设 $\mathscr{F}$ 为 $E \subset \mathbb{R}^n$ 由闭球组成的细覆盖, 且 $\sup\{r(B) : B \in \mathscr{F}\} < \infty$, 则存在 $\mathscr{F}$ 中两两不交的闭球构成的可数子族 $\mathscr{G}$, 使得任给 $\{B_1, B_2, \cdots, B_m\} \subset \mathscr{G}$, 有

$$E \setminus \bigcup_{k=1}^{m} B_k \subset \bigcup_{B \in \mathscr{G} \setminus \{B_1, B_2, \cdots, B_m\}} 5B.$$

证明 设 $\mathscr{G}$ 是由 Vitali 覆盖定理决定的可数闭球族. 任给 $\{B_1, B_2, \cdots, B_m\} \subset \mathscr{G}$, 若 $E \subset \bigcup_{k=1}^{m} B_k$, 已证. 否则, 任给 $x \in E \setminus \bigcup_{k=1}^{m} B_k$, 由于 $\mathscr{F}$ 为细覆盖, $\bigcup_{k=1}^{m} B_k$ 为闭集, 故存在 $B \in \mathscr{F}$ 使得 $B \cap B_k = \varnothing (k = 1, 2, \cdots, m)$. 由覆盖定理的证明, 存在 $B' \in \mathscr{G}$, $B \cap B' \neq \varnothing$, $B \subset 5B'$. 证毕. $\square$

定理 5.13 设 $\mathscr{F}$ 为 $E \subset \mathbb{R}^n$ 由闭球组成的细覆盖, 且 $\sup\{r(B) : B \in \mathscr{F}\} < \infty$, 则存在两两不交的闭球构成的可数子族 $\{B_k\} \subset \mathscr{F}$, 使得

$$m^*\left(E \setminus \bigcup_{k=1}^{\infty} B_k\right) = 0. \tag{5.2}$$

证明 设 $\{B_k\}$ 为推论 5.12 中决定的 $\mathscr{G}$, 则

$$E \setminus \bigcup_{k=1}^{j} B_k \subset \bigcup_{k \geqslant j+1} 5B_k.$$

若 E 有界, 则 $F = \bigcup_{k \geqslant 1} B_k$ 有界, 且

$$m^*\left(E \setminus \bigcup_{k=1}^{j} B_k\right) \leqslant \sum_{k \geqslant j+1} 5^n m(B_k) \leqslant 5^n m^*(F) < \infty.$$

因为 $\lim_{j \to \infty} \sum_{k \geqslant j+1} 5^n m(B_k) = 0$, 故任给 $\varepsilon > 0$, 存在 $N \in \mathbb{N}$ 使得若 $j > N$,

$$m^*\left(E \setminus \bigcup_{k=1}^{\infty} B_k\right) \leqslant m^*\left(E \setminus \bigcup_{k=1}^{j} B_k\right) < \varepsilon.$$

由 $\varepsilon > 0$ 的任意性, 故 (5.2) 成立. 若 E 无界, 将上面的讨论运用于 $E \cap (B(0, j) \setminus B(0, j-1))$, 并利用 m^* 的次可加性. $\square$

如果要研究 $\mathbb{R}^n$ 上一般 Radon 测度的微分性质, 需要下面的结论.

定理 5.14 (Besicovitch 覆盖定理)　设 $\mathscr{F}$ 为 $\mathbb{R}^n$ 中 (非退化) 闭球族, 且 $\sup\{r(B) : B \in \mathscr{F}\} < \infty$. $E \subset \mathbb{R}^n$ 被 $\mathscr{F}$ 覆盖, 且任给 $x \in E$, 存在 $\mathscr{F}$ 中以 x 为中心的闭球. 则存在 $N = N(n)$, 即有限族 $\mathscr{G}_1, \cdots, \mathscr{G}_N \subset \mathscr{F}$, 使得每一 $\mathscr{G}_j$ 均为两两不交的闭球构成的可数族, 并且

$$E \subset \bigcup_{j=1}^{N} \bigcup_{B \in \mathscr{G}_j} B.$$

证明　参见文献 [17]. □

为了解释如何使用 Besicovitch 覆盖定理, 我们来看定理 5.13 的一个推广.

定理 5.15　假设 μ 为 $\mathbb{R}^n$ 上的 Radon 测度. $\mathscr{F}$ 为 $\mathbb{R}^n$ 中 (非退化) 闭球族, 且 $\sup\{r(B) : B \in \mathscr{F}\} < \infty$, A 为 $\mathscr{F}$ 中闭球的中心组成的集合. 若 $\mu^*(A) < \infty$(这里 μ^* 为 μ 决定的外测度) 且 $\mathscr{F}$ 为 A 的细覆盖, 则任给开集 $U \subset \mathbb{R}^n$, 存在 $\mathscr{F}$ 的两两不交可数闭球构成的子集族 $\{B_k\}$, 使得 $\bigcup_{k \geqslant 1} B_k \subset U$, 且

$$\mu^*\left((A \cap U) \setminus \bigcup_{k \geqslant 1} B_k\right) = 0.$$

证明　设 $N(n)$ 由 Besicovitch 覆盖定理决定. 固定 $1 - \dfrac{1}{N(n)} < \theta < 1$. 我们首先断言: 存在有限的 $\{B_1, \cdots, B_{M_1}\} \subset \mathscr{F}$, 每一 B_k 均包含于 U, 使得

$$\mu^*\left((A \cap U) \setminus \bigcup_{k=1}^{M_1} B_k\right) \leqslant \theta \mu^*(A \cap U). \tag{5.3}$$

设 $\mathscr{F}_1 = \{B \in \mathscr{F} : r(B) < 1, B \subset U\}$. 由 Besicovitch 覆盖定理, 存在 $\mathscr{F}_1$ 中有限族 $\mathscr{G}_1, \cdots, \mathscr{G}_{N(n)}$, 每一 $\mathscr{G}_k$ 均由两两不交的可数闭球构成, 使得

$$A \cap U \subset \bigcup_{k=1}^{N(n)} \bigcup_{B \in \mathscr{G}_k} B.$$

因此

$$\mu^*(A \cap U) \leqslant \sum_{k=1}^{N(n)} \mu^*\left(A \cap U \cap \bigcup_{B \in \mathscr{G}_k} B\right).$$

由鸽笼原理, 存在 $1 \leqslant j \leqslant N(n)$, 使得

$$\mu^*\left(A \cap U \cap \bigcup_{B \in \mathscr{G}_j} B\right) \geqslant \frac{1}{N(n)} \mu^*(A \cap U).$$

由外测度的极限性质 (见思考题), 则存在 $\{B_1, \cdots, B_{M_1}\} \subset \mathscr{G}_j$, 使得

$$\mu^*\left(A \cap U \cap \bigcup_{k=1}^{M_1} B_k\right) \geqslant (1 - \theta)\mu^*(A \cap U).$$

因为 $\bigcup\limits_{k=1}^{M_1} B_k$ 可测, 则由 Carathéodory 判据

$$\mu^*(A \cap U) = \mu^*(A \cap U \cap \bigcup_{k=1}^{M_1} B_k) + \mu^*(A \cap U \cap (\bigcup_{k=1}^{M_1} B_k)^c)$$

比较上面两个式子, 这就证明了(5.3)和前面的断言.

下面我们采用归纳法. 设 $U_2 = U \setminus \bigcup\limits_{k=1}^{M_1} B_k$, $\mathscr{F}_2 = \{B \in \mathscr{F} : r(B) < 1, B \subset U_2\}$. 由前面的断言, 存在有限个球 $B_{M_1+1}, \cdots, B_{M_2} \in \mathscr{F}_2$, 使得

$$\mu^*\left((A \cap U) \setminus \bigcup_{k=1}^{M_2} B_k\right) = \mu^*\left((A \cap U_2) \setminus \bigcup_{k=M_1+1}^{M_2} B_k\right)$$
$$\leqslant \theta\mu^*(A \cap U_2)$$
$$\leqslant \theta^2\mu^*(A \cap U).$$

继续这个过程, 则存在 $\mathscr{F}$ 中包含于 U 的可数比球列, 使得

$$\mu^*\left((A \cap U) \setminus \bigcup_{k=1}^{M_j} B_k\right) \leqslant \theta^j\mu^*(A \cap U).$$

因为 $\mu^*(A) < \infty$, $\theta < 1$. 由 j 的任意性, 定理得证. $\qquad\square$

思考题 设 μ 为局部紧 Hausdorff 空间 X 上的 Radon 测度, μ^* 为注 3.7 给出的外测度. 证明 μ^* 满足单调递增集合列的极限性质: 任给 X 中单调递增子集列 $\{E_k\}$, $E = \bigcup\limits_{k \geqslant 1} E_k$, 则 $\lim\limits_{k\to\infty} \mu^*(E_k) = \mu^*(E)$.

5.2 坐标变换公式

5.2.1 Sard 引理

<u>**定义 5.8**</u> 设 $\Phi : \mathbb{R}^n \to \mathbb{R}^n$, Φ 称作**在 $x \in \mathbb{R}^n$ 处可微**, 是指任给 $\varepsilon > 0$, 存在 $\delta > 0$, 使得若 $|y - x| \leqslant \delta$, 则

$$|\Phi(y) - \Phi(x) - T(y - x)| \leqslant \varepsilon|y - x|,$$

其中 $T : \mathbb{R}^n \to \mathbb{R}^n$ 为线性变换. 我们记 $T = \Phi'(x)$. $J(x) = \det(\Phi'(x))$ 称作 Φ 在 x 处的 **Jacobi 行列式**.

引理 5.16 设 $\Phi : \mathbb{R}^n \to \mathbb{R}^n$ 在 x 处可微, 则任给 $\varepsilon > 0$, 存在 $\delta > 0$, 使得对 $0 < r \leqslant \delta$,

$$m^*(\Phi(B(x,r))) \leqslant (J(x) + \varepsilon)m(B(x,r)).$$

证明 由 Lebesgue 测度的平移不变性, 不妨设 $x = 0$, $\Phi(0) = 0$. 由 Φ 在 0 处的可微性, 则任给 $\varepsilon_1 > 0$, 存在 $\delta > 0$ 使得若 $|y| < \delta$,

$$|\Phi(y) - T(y)| \leqslant \varepsilon_1|y|.$$

我们分两种情况讨论, 即 $T = \Phi'(x)$ 是否可逆.

情形 I: T 不可逆.

此情形下 $J(0) = 0$. $T(\mathbb{R}^n)$ 包含于 $\mathbb{R}^{n-1}$ 某 $(n-1)$ 维线性子空间 M 中, 并且存在 $c > 0$ 使得

$$|T(y)| \leqslant c|y|, \quad y \in \mathbb{R}^n.$$

故任给 $y \in B(0, r)$, $T(y) \in B(x, cr)$. 因此, 若 $r < \delta$, $\Phi(B(0,r))$ 包含于 M 中一半径为 cr 的球 (在 $\mathbb{R}^n$ 中) 的 $\varepsilon_1 r$-邻域中. 从而

$$m^*(\Phi(B(0,r))) \leqslant [2(cr + \varepsilon_1 r)]^{n-1} \cdot 2\varepsilon_1 r = 2^n(c + \varepsilon_1)^{n-1}\varepsilon_1 r^n.$$

取 ε_1 充分小, 使得 $2^n(c+\varepsilon_1)^{n-1}\varepsilon_1/\omega_n < \varepsilon$ (ω_n 为 $\mathbb{R}^n$ 中单位球体积), 得证.

情形 II: T 可逆.

此情形存在逆映射 T^{-1} 且存在 $C > 0$, 使得

$$|T^{-1}(z)| \leqslant C|z|, \quad z \in \mathbb{R}^n.$$

故

$$|T^{-1}(\Phi(y)) - y| = |T^{-1}(\Phi(y) - T(y))| \leqslant C\varepsilon_1|y|, \quad |y| \leqslant \delta.$$

从而

$$|T^{-1}(\Phi(y))| \leqslant (1 + C\varepsilon_1)|y|, \quad |y| \leqslant \delta.$$

这表明对 $0 < r \leqslant \delta$, $T^{-1}(\Phi(B(0,r))) \subset B(0, (1 + C\varepsilon_1))$. 因此

$$m^*(T^{-1}(\Phi(B(0,r)))) \leqslant (1 + C\varepsilon_1)^n m(B(0,r)).$$

再由 Lebesgue 外测度在线性变换下的变换公式,

$$m^*(\Phi(B(0,r))) = |\det(T)|m^*(T^{-1}(\Phi(B(0,r))))$$

$$\leqslant |\det(T)|(1 + C\varepsilon_1)^n m(B(0,r)).$$

取 ε_1 充分小, 使 $|\det(T)|(1 + C\varepsilon_1)^n \leqslant |\det(T)| + \varepsilon$, 得证. $\qquad\square$

引理 5.17 设 $\Omega \subset \mathbb{R}^n$ 为开集, $\Phi: \Omega \to \mathbb{R}^n$, $E \subset \Omega$ 且 Φ 在 E 中每一点可微. 假设存在常数 $0 \leqslant M < \infty$ 使得 $|J(x)| \leqslant M, x \in E$, 则

$$m^*(\Phi(E)) \leqslant M \cdot m^*(E).$$

证明 首先假设 E 有界, 否则对 $E_k = E \cap B(0,k)$ 考虑, 再利用外测度的次可加性即可.

任给 $\varepsilon > 0$, 存在开集 G, $E \subset G \subset \Omega$, 使得 $m(G) < m^*(E) + \varepsilon$. 由引理 5.16, 任给 $\varepsilon > 0$, 存在 $\delta(x) > 0$, 使得若 $0 < r \leqslant \delta(x)$, $B(x,r) \subset G$ 且

$$m^*(\Phi(B(x,r))) \leqslant (M + \varepsilon)m(B(x,r)). \tag{5.4}$$

设 $\mathscr{F} = \{\overline{B(x,r)} : x \in E, 0 < r < \delta(x)/5\}$, 则 $\mathscr{F}$ 为 E 的细覆盖. 由推论 5.12, 存在两两不交的可数闭球族 $\{B_j\}$ 使得, 任给 $k \in \mathbb{N}$,

$$E \subset \left(\bigcup_{j=1}^k B_j \right) \cup \left(\bigcup_{j=k+1}^\infty 5B_j \right)$$

因此

$$m^*(\Phi(E)) \leqslant \sum_{j=1}^k m^*(\Phi(B_j)) + \sum_{j=k+1}^\infty m^*(\Phi(5B_j)).$$

因为 $m(\partial B_j) = 0$, 故(5.4)中的开球可用闭球替代. 从而

$$m^*(\Phi(E)) \leqslant \sum_{j=1}^k (M + \varepsilon)m(B_j) + \sum_{j=k+1}^\infty (M + \varepsilon)m(5B_j)$$
$$= (M + \varepsilon)\sum_{j=1}^k m(B_j) + 5^n(M + \varepsilon)\sum_{j=k+1}^\infty m(B_j).$$

由于 $\sum_{j \geqslant 1} m(B_j) \leqslant m(G) < \infty$, 故当 $k \to \infty$ 时得到

$$m^*(\Phi(E)) \leqslant (M + \varepsilon)m(G) < (M + \varepsilon)(m^*(E) + \varepsilon).$$

由 ε 的任意性, 得证. $\square$

下面的结论立刻可以得到.

推论 5.18 (Sard 引理) 设 $\Omega \subset \mathbb{R}^n$ 为开集, $\Phi: \Omega \to \mathbb{R}^n$, $E \subset \Omega$, Φ 在 E 中每一点可微, 且 $J(x) \equiv 0$. 则 $\Phi(E)$ 为零测集.

注 5.1 引理 5.18 历史上称作 Sard 引理. 回忆假设 $\Phi : \mathbb{R}^m \to \mathbb{R}^n$ 可微, 若 $J(x) = 0$, 我们称 $x \in \mathbb{R}^m$ 为 Φ 的**临界点**. 集合 $\{\Phi(x) : x \in \mathbb{R}^m$ 为 Φ 的临界点$\}$ 中元称作 Φ 的**临界值**. 若 $\mathbb{R}^n$ 中元非 Φ 的临界值, 则称之为 Φ 的**正则值**. Sard 引理说: $\Phi : \mathbb{R}^n \to \mathbb{R}^n$ 的临界值为零测集. 更一般的结论是所谓的 Morse-Sard 定理[27]: 设 $\Phi : \mathbb{R}^m \to \mathbb{R}^n$ 为 C^r 映射, 若 $r > \max\{0, m-n\}$, 则 Φ 的临界值为 $\mathbb{R}^n$ 中的零测集. Φ 的正则值为剩余集, 从而稠密.

引理 5.19 设 $\Phi = (\Phi_1, \cdots, \Phi_n)$, 每一 $\Phi_i : \Omega \to \mathbb{R}$ 均可测. 设 $E \subset \Omega$ 可测且 Φ 在 E 中每一点可微, 则 J 在 E 上可测.

证明 定义 $\Phi|_{\Omega^c} \equiv 0$, 从而 Φ 可看成定义在 $\mathbb{R}^n$ 上的可测映射. 由于 $J(x) = \det(\Phi'(x))$ 为 $\left\{ \dfrac{\partial \Phi_i(x)}{\partial x_j} \right\}$ 的代数组合, 我们只需证明每一 $\dfrac{\partial \Phi_i}{\partial x_j}$ 均可测. 而对任给 $x \in E$,

$$\frac{\partial \Phi_i(x)}{\partial x_j} = \lim_{h \to 0} \frac{\Phi_i(x + he_j) - \Phi_i(x)}{h}.$$

因此 $\dfrac{\partial \Phi_i}{\partial x_j}$ 为可测函数的极限函数, 从而可测. □

下面的定理可以看成一种推广的 Sard 引理.

定理 5.20 设 Φ 在 Ω 上可测, $E \subset \Omega$ 可测, 且 Φ 在 E 上可微, 则

$$m^*(\Phi(E)) \leqslant \int_E |J(x)|\, \mathrm{d}x.$$

证明 首先假设 $m(E) < \infty$. 任给 $\varepsilon > 0$, 定义

$$E_k = \{x \in E : (k-1)\varepsilon \leqslant |J(x)| < k\varepsilon\}, \quad k \in \mathbb{N}.$$

由引理 5.17, $m^*(\Phi(E_k)) \leqslant k\varepsilon m(E_k)$. 因此

$$
\begin{aligned}
m^*(\Phi(E)) &\leqslant m^*\left(\bigcup_{k=1}^{\infty} \Phi(E_k) \right) \leqslant \sum_{k=1}^{\infty} m^*(\Phi(E_k)) \leqslant \sum_{k=1}^{\infty} k\varepsilon m(E_k) \\
&= \sum_{k=1}^{\infty} (k-1)\varepsilon m(E_k) + \varepsilon \sum_{k=1}^{\infty} m(E_k) \leqslant \sum_{k=1}^{\infty} \int_{E_k} |J(x)|\, \mathrm{d}x + \varepsilon m(E) \\
&\leqslant \int_E |J(x)|\, \mathrm{d}x + \varepsilon m(E).
\end{aligned}
$$

由于 $m(E) < \infty$, ε 任意, 故得证.

若 $m(E) = \infty$. 选取可测集列 $A_1 \subset A_2 \subset \cdots$, $m(A_k) < \infty (k \in \mathbb{N})$, 且 $\bigcup_{k=1}^{\infty} A_k = E$. 由外测度的极限性质,

$$m^*(\varPhi(E)) = \lim_{k\to\infty} m^*(\varPhi(A_k)) \leqslant \lim_{k\to\infty} \int_{A_k} |J(x)|\,\mathrm{d}x = \int_E |J(x)|\,\mathrm{d}x.$$

这就完成了证明. □

推论 5.21　在定理 5.20 相同条件下, 若 $E \subset \varOmega$ 为零测集, 则 $\varPhi(E)$ 为零测集.

推论 5.22　在定理 5.20 相同条件下, 若 $E \subset \varOmega$ 可测, 则 $\varPhi(E)$ 可测.

证明　由 Lebesgue 测度的构造, 存在单调递增的紧集列 $\{K_j\}$, $K_j \subset E(j \in \mathbb{N})$, 和零测集 N, 使得

$$E = \left(\bigcup_{j=1}^{\infty} K_j\right) \cup N.$$

因为 $\varPhi$ 在 E 上连续, 故每一 $\varPhi(K_j)$ 均为紧集. 由推论 5.21, $\varPhi(N)$ 为零测集. 故

$$\varPhi(E) = \left(\bigcup_{j=1}^{\infty} \varPhi(K_j)\right) \cup \varPhi(N)$$

可测. □

推论 5.23　若 $\varPhi$ 在 $\varOmega$ 上可微, $E \subset \varOmega$ 可测, 则 $\varPhi(E)$ 可测且

$$m(\varPhi(E)) \leqslant \int_E |J(x)|\,\mathrm{d}x.$$

5.2.2　C^1 微分同胚下的坐标变换公式

引理 5.24　设 $\varOmega \subset \mathbb{R}^n$ 为开集且 $\varPhi: \varOmega \to \mathbb{R}^n$ 可微, $f \geqslant 0$ 为 $\mathbb{R}^n$ 上的 Borel 可测函数. 则 $f \circ \varPhi$ 为 Borel 可测, 且

$$\int_{\varPhi(\varOmega)} f(y)\,\mathrm{d}y \leqslant \int_{\varOmega} f \circ \varPhi(x) \cdot |J(x)|\,\mathrm{d}x.$$

证明　首先假设 $f = \mathbf{1}_B$, $B \subset \mathbb{R}^n$ 为 Borel 集, 则 $f \circ \varPhi = \mathbf{1}_{\varPhi^{-1}(B)}$. 因为 $\varPhi$ 连续, $\varPhi^{-1}(B)$ 为 Borel 集, 因此 $\mathbf{1}_B \circ \varPhi$ 为 Borel 可测.

对 $E = \varPhi^{-1}(B)$, 则 $\varPhi(E) = \varPhi(\varOmega) \cap B$. 故

$$m(\varPhi(\varOmega) \cap B) \leqslant \int_{\varPhi^{-1}(B)} |J(x)|\,\mathrm{d}x$$

$$\Longleftrightarrow \quad \int_{\mathbb{R}^n} \mathbf{1}_{\varPhi(\varOmega)\cap B}(y)\,\mathrm{d}y \leqslant \int_{\varOmega} \mathbf{1}_{\varPhi^{-1}(B)}(x)|J(x)|\,\mathrm{d}x$$

$$\Longleftrightarrow \quad \int_{\varPhi(\varOmega)} \mathbf{1}_B(y)\,\mathrm{d}y \leqslant \int_{\varOmega} \mathbf{1}_B \circ \varPhi(x)|J(x)|\,\mathrm{d}x.$$

这表明定理对 $f = \mathbf{1}_B$ 成立.

若 $f \geqslant 0$ 为 Borel 可测, 则定理由单调收敛定理得到. □

定义 5.9 设 $\Omega_1, \Omega_2 \subset \mathbb{R}^n$ 为开集，$\Phi : \Omega_1 \to \Omega_2$，若 Φ 在 Ω_1 上可微，Φ 为双射，且 Φ 的逆映射 Φ^{-1} 在 Ω_2 上可微，则 Φ 称作 C^1 微分同胚.

定理 5.25 假设 $\Omega_1, \Omega_2 \subset \mathbb{R}^n$ 为开集，$\Phi : \Omega_1 \to \Omega_2$ 为 C^1 微分同胚. 若 f 为 Ω_2 上的非负可测函数，则 $f \circ \Phi$ 为 Ω_1 上的可测函数，且

$$\int_{\Omega_2} f(y) \, \mathrm{d}y = \int_{\Omega} f \circ \Phi(x) \cdot |J(x)| \, \mathrm{d}x.$$

一般地，上述结论对 $f \in L^1(\Omega_2)$ 也成立，并且 $f \in L^1(\Omega_2)$ 当且仅当 $f \circ \Phi \cdot |J| \in L^1(\Omega_1)$.

证明 假设 $f \geqslant 0$ 为 Borel 可测. 由引理 5.24，

$$\int_{\Omega_2} f(y) \, \mathrm{d}y \leqslant \int_{\Omega_1} f \circ \Phi(x) \cdot |J(x)| \, \mathrm{d}x.$$

将 Φ^{-1} 运用引理 5.24 于任意非负 Borel 可测函数 g，

$$\int_{\Omega_1} g(x) \, \mathrm{d}x \leqslant \int_{\Omega_2} g \circ \Phi^{-1}(y) \cdot |\tilde{J}(y)| \, \mathrm{d}y,$$

其中 $\tilde{J}$ 为 Φ^{-1} 的 Jacobi 行列式. 对恒等式 $\Phi(\Phi^{-1}(y)) = y$ 两边求导，则 $\Phi'(\Phi^{-1}(y)) \circ (\Phi^{-1})'(y) = \mathrm{id}(\mathrm{id}$ 为恒等映射$)$. 故

$$\tilde{J}(y) = \det((\Phi^{-1})'(y)) = \frac{1}{\det(\Phi'(\Phi^{-1}(y)))} = \frac{1}{J(\Phi^{-1}(y))}.$$

取 $g = f \circ \Phi \cdot |J|$，则

$$g \circ \Phi^{-1}(y) \cdot |\tilde{J}(y)| = f(y) \cdot |J(\Phi^{-1}(y))| \cdot |\tilde{J}(y)| = f(y).$$

故

$$\int_{\Omega_1} f \circ \Phi(x) \cdot |J(x)| \, \mathrm{d}x \leqslant \int_{\Omega_2} f(y) \, \mathrm{d}y.$$

因此定理成立.

若 f 仅为 Lebesgue 可测，则存在 Borel 可测函数 f_1，使得 $f = f_1$, a.e. 即存在零测集 $N \subset \Omega_2$，使得若 $y \in N^c$，则 $f(y) = f_1(y)$. 因此

$$f \circ \Phi(x) = f_1 \circ \Phi(x), \quad x \in \Phi^{-1}(N^c).$$

由推论 5.21，$\Phi^{-1}(N)$ 为零测集. 故 $f \circ \Phi = f_1 \circ \Phi$, a.e. 因此定理对所有非负 Lebesgue 可测函数 f 成立.

最后对一般 $f \in L^1(\Omega_2)$，$f = f^+ - f^-$，对 $f^{\pm}$ 运用上面的结论得证. $\qquad \square$

习题

1. 设 $A \subset \mathbb{R}^n$ 为 Lebesgue 可测集, $D \subset \mathbb{R}^n$ 为稠密子集. 若对所有 $d \in D$ 有 $d + A = A$, 证明 $m(A) = 0$ 或 $m(A^c) = 0$.

2. 设 $A \subset \mathbb{R}$ 为 Lebesgue 可测集. $d \in \mathbb{R}$ 称作 A 的周期, 若 $d + A = A$. 若 A 具有任意小的周期, 证明 $m(A) = 0$ 或 $m(A^c) = 0$.

3. 设 $n \geqslant 2$,
$$\Omega_1 = (0, \infty) \times (0, \pi)^{n-2} \times (0, 2\pi) \subset \mathbb{R}^n.$$
记 Ω_1 中的点的坐标为 $r, \theta_1, \cdots, \theta_{n-1}$, 则
$$
\begin{aligned}
&0 < r < \infty, \\
&0 < \theta_k < \pi, \qquad k = 1, 2, \cdots, n-2, \\
&0 < \theta_{n-1} < 2\pi.
\end{aligned}
$$
定义在球坐标系下的映射 $\Phi : \Omega_1 \to \mathbb{R}^n$: 若 $x = \Phi(r, \theta) = \Phi(r, \theta_1, \cdots, \theta_{n-1})$, 则
$$x_k = r \sin\theta_1 \cdots \sin\theta_{k-1} \cos\theta_k, \qquad k = 1, 2, \cdots, n,$$
这里我们记 $\theta_n = 0$. 证明 Φ 为 Ω_1 到开集 $\Omega_2 = \mathbb{R}^n \setminus (\mathbb{R}^{n-2} \times [0, \infty) \times \{0\})$ 的 C^1 微分同胚.

4. 接题 3. 证明球坐标积分公式
$$\int_{\mathbb{R}^n} f(x) \, \mathrm{d}x$$
$$= \int_0^\infty \int_0^\pi \cdots \int_0^\pi \int_0^{2\pi} f(\Phi(r, \theta)) r^{n-1} \sin^{n-2}\theta_1 \cdots \sin^2\theta_{n-3} \sin\theta_{n-2} \, \mathrm{d}\theta_{n-1} \cdots \mathrm{d}\theta_1 \mathrm{d}r.$$

5. 设 $\omega_n = \dfrac{2\pi^{n/2}}{\Gamma(n/2)}$, 其中 $\Gamma(s)$ 为 Gamma 函数, 证明
$$\omega_n = \int_0^\pi \sin^{n-2}\theta_1 \, \mathrm{d}\theta_1 \cdots \int_0^\pi \sin^2\theta_{n-3} \, \mathrm{d}\theta_{n-3} \int_0^\pi \sin\theta_{n-2} \, \mathrm{d}\theta_{n-2} \int_0^{2\pi} \mathrm{d}\theta_{n-1}.$$

6. ω_n 如题 5 所示. 设函数 f 仅依赖于 x_1 和 $|x|$, 即
$$f(x) = g(x_1, |x|).$$

(1) 证明
$$\int_{\mathbb{R}^n} g(x_1, |x|) \, \mathrm{d}x = \omega_{n-1} \int_0^\infty \int_0^\pi g(r\cos\theta, r) r^{n-1} \sin^{n-2}\theta \, \mathrm{d}\theta \mathrm{d}r.$$

(2) 若 $\sigma \in \mathbb{R}^n$ 为固定的单位向量, 证明
$$\int_{\mathbb{R}^n} g(x \cdot \sigma, |x|) \, \mathrm{d}x = \omega_{n-1} \int_0^\infty \int_0^\pi g(r\cos\theta, r) r^{n-1} \sin^{n-2}\theta \, \mathrm{d}\theta \mathrm{d}r.$$

第六章

$\mathbb{R}$ 上函数的微分

6.1 单调函数

6.1.1 单调函数的可微性

为了研究单调函数的可微性, 我们有必要引入 **Dini 导数**. 设 $f : [a,b] \to \mathbb{R}$, $x \in [a,b]$, 定义

$$
\begin{aligned}
D_{\pm} f(x) &= \liminf_{h \to 0^{\pm}} \frac{f(x+h) - f(x)}{h}, \\
D^{\pm} f(x) &= \limsup_{h \to 0^{\pm}} \frac{f(x+h) - f(x)}{h}.
\end{aligned}
\tag{6.1}
$$

上面定义了 f 在 x 处的 4 个 Dini 导数 $D_+ f(x)$, $D_- f(x)$, $D^+ f(x)$ 和 $D^- f(x)$. 如果 f 在 x 处可微, 则这 4 个 Dini 导数相等且等于 $f'(x)$.

思考题 证明 $f : [a,b] \to \mathbb{R}$ 在 x 处可微当且仅当 $D_+ f(x) = D_- f(x) = D^+ f(x) = D^- f(x) < \infty$.

思考题 设 $f : [0,1] \to \mathbb{R}$,

$$
D^+ f(x) = \limsup_{y \to x^+} \frac{f(y) - f(x)}{y - x}, \qquad x \in [0,1).
$$

证明 $G_x = \{f \in C([0,1]) : D^+ f(x) = +\infty\}$, $x \in [0,1)$, 为 $C([0,1])$ 中对稠密 G_δ 集.

为了方便, 我们定义

$$
\begin{aligned}
Df(x) &= \max\{D^+ f(x), D^- f(x)\} \\
df(x) &= \min\{D_+ f(x), D_- f(x)\}.
\end{aligned}
\tag{6.2}
$$

思考题 证明

$$
\begin{aligned}
Df(x) &= \limsup_{\delta \to 0} \left\{ \frac{f(z) - f(y)}{z - y} : a \leqslant y \leqslant x \leqslant z \leqslant b,\ 0 < z - y < \delta \right\}, \\
df(x) &= \liminf_{\delta \to 0} \left\{ \frac{f(z) - f(y)}{z - y} : a \leqslant y \leqslant x \leqslant z \leqslant b,\ 0 < z - y < \delta \right\}.
\end{aligned}
$$

定理 6.1 (Lebesgue) 若 $f : [a,b] \to \mathbb{R}$ 单调, 则 f 几乎处处可微.

证明 不妨设 $f : [a,b] \to \mathbb{R}$ 单调递增, 我们将整个证明分成 5 步:

(1) 由定义

$$
\begin{aligned}
Df(x) &= \limsup_{\delta \to 0} \left\{ \frac{f(z) - f(y)}{z - y} : a \leqslant y \leqslant x \leqslant z \leqslant b,\ 0 < z - y < \delta \right\}, \\
df(x) &= \liminf_{\delta \to 0} \left\{ \frac{f(z) - f(y)}{z - y} : a \leqslant y \leqslant x \leqslant z \leqslant b,\ 0 < z - y < \delta \right\}.
\end{aligned}
$$

显然

$$0 \leqslant df(x) \leqslant Df(x) \leqslant \infty.$$

我们必须证明对几乎所有的 $x \in [a,b]$,

$$df(x) = Df(x) < \infty. \tag{6.3}$$

(2) 显然

$$\{x : Df(x) = \infty\} = \bigcap_{k \geqslant 1} \{x : Df(x) > k\},$$

且

$$\{x : df(x) < Df(x)\} = \bigcup_{s < t, s, t \in \mathbb{Q}} \{x : df(x) < s < t < Df(x)\}.$$

为此, 对固定的 $k > 0$ 及 $0 < s < t < \infty$, 设

$$E = \{x : Df(x) > k\},$$

$$F = \{x : df(x) < s < t < Df(x)\}.$$

我们将证明存在常数 $C > 0$ 使得

$$m^*(E) \leqslant C/k, \quad m^*(F) = 0.$$

(3) 估计 $m^*(E)$. 任给 $x \in E$, 存在小区间 $[y, z]$ 使得 $x \in [y, z] \subset [a, b]$,

$$\frac{f(z) - f(y)}{z - y} > k.$$

为方便起见, 记

$$\widetilde{[y, z]} = (f(y), f(z)),$$

则 $m(\widetilde{[y, z]}) > km([y, z])$. 可以看出, $\{I_x\}, T_x = [y, z]$ 构成了 E 的一个细覆盖. 由定理 5.13, 存在两两互不相交的闭区间列 $\{I_\alpha\}$,

$$m(\widetilde{I_\alpha}) > km(I_\alpha), \quad \alpha = 1, 2, \cdots,$$

且

$$E \subset \bigcup_{\alpha \geqslant 1} I_\alpha. \quad (\text{除去一个零测集}).$$

因此

$$m^*(E) \leqslant \sum_{\alpha \geqslant 1} m(I_\alpha) < \frac{1}{k} \sum_{\alpha \geqslant 1} m(\widetilde{I_\alpha}).$$

因为 $\{I_\alpha\}$ 两两互不相交, f 单调递增, 故 (开区间)$\{\widetilde{I_\alpha}\}$ 亦两两互不相交. 所以

$$m^*(E) \leqslant \frac{1}{k} m(\bigcup_{\alpha \geqslant 1} \widetilde{I_\alpha}) \leqslant \frac{1}{k} m((f(a), f(b)))$$

$$\leqslant \frac{1}{k}(f(b) - f(a)).$$

(4) 估计 $m^*(F)$. 首先, 任给 $\varepsilon > 0$, 存在开集 $G \supset F$ 使得

$$m(G) < m^*(F) + \varepsilon.$$

我们将运用两次 Vitali 覆盖定理.

(i) 任给 $x \in F$, 存在闭区间 $[y, z]$, $x \in [y, z] \subset G \cap [a, b]$,

$$\frac{f(z) - f(y)}{z - y} < s.$$

与上面类似, 存在两两互不相交的闭区间列 $\{I_\alpha\}$, 使得

$$F \subset \bigcup_{\alpha \geqslant 1} I_\alpha. \quad (\text{除去一个零测集})$$

从而

$$m(\bigcup_{\alpha \geqslant 1} \widetilde{I_\alpha}) = \sum_{\alpha \geqslant 1} m(\widetilde{I_\alpha}) < \sum_{\alpha \geqslant 1} sm(I_\alpha)$$

$$= sm(\bigcup_{\alpha \geqslant 1} I_\alpha) \leqslant sm(G)$$

$$\leqslant s(m^*(F) + \varepsilon).$$

(ii) 注意到

$$F \subset \bigcup_{\alpha \geqslant 1} I_\alpha^\circ. \quad (\text{除去一个零测集})$$

任给 $x \in F \cap (\bigcup_{\alpha \geqslant 1} I_\alpha^\circ)$, 则存在闭区间 $[y, z]$ 使得 $x \in [y, z]$,

$$\frac{f(z) - f(y)}{z - y} > t.$$

与前面类似, 存在两两互不相交的闭区间列 $\{J_\beta\}$,

$$F \cap (\bigcup_{\alpha \geqslant 1} I_\alpha^\circ) \subset \bigcup_{\beta \geqslant 1} J_\beta. \quad (\text{除去一个零测集})$$

由于 J_β 均含于某 I_α, 则

$$m^*(F) \leqslant \sum_{\beta \geqslant 1} m(J_\beta) < \frac{1}{t} \sum_{\beta \geqslant 1} m(\widetilde{J_\beta})$$

$$= \frac{1}{t} m(\bigcup_{\beta \geqslant 1} \widetilde{J_\beta}) \leqslant \frac{1}{t} m(\bigcup_{\alpha \geqslant 1} \widetilde{I_\alpha})$$

$$\leqslant \frac{1}{t} \cdot s(m^*(F) + \varepsilon).$$

由 ε 的任意性, 我们有

$$m^*(F) \leqslant \frac{s}{t} m^*(F).$$

而 $s/t < 1$, 这表明 $m^*(F) = 0$.

(5) $m^*(F) = 0$ 表明 $\{x : df(x) < Df(x)\}$ 为零测集. 而 $m^*(E) \leqslant C/k$ 表明 $\{x : Df(x) = \infty\}$ 为零测集. 因此(6.3)成立. □

思考题　证明单调递增函数 f 在 x 处可微当且仅当(6.3)成立.

思考题　构造区间 $[0,1]$ 上的严格单调连续函数 f, 使得 $f'(x) = 0$, a.e., $x \in [0,1]$.

定理 6.2　设 $N \subset \mathbb{R}$ 为零测集, 则存在连续单调递增函数 $f : \mathbb{R} \to \mathbb{R}$, 使得任给 $x \in N$, $f'(x) = \infty$.

证明　由于 $m^*(N) = 0$, 故任给 $k \in \mathbb{N}$, 存在开集 $G_k \supset N$, $m(G_k) \leqslant 2^{-k}$. 设

$$f_k(x) = \int_{-\infty}^x \chi_{G_k}(t) \, \mathrm{d}t,$$

则 f_k 连续单调递增, 且 $0 \leqslant f_k(x) \leqslant 2^{-k}$. 定义

$$f(x) = \sum_{k \geqslant 1} f_k(x),$$

则 f 连续单调递增.

任给 $x \in N$, $m \in \mathbb{N}$, x 包含于开集 $\bigcap_{k=1}^m G_k$. 故存在 $\delta > 0$, 使得 $[x-\delta, x+\delta] \subset \bigcap_{k=1}^m G_k$. 当 $x - \delta \leqslant y \leqslant x \leqslant z \leqslant x + \delta$, $z - y > 0$ 时,

$$\frac{f(z) - f(y)}{z - y} = \sum_{k \geqslant 1} \frac{f_k(z) - f_k(y)}{z - y} \geqslant \sum_{k=1}^m \frac{f_k(z) - f_k(y)}{z - y}$$

$$= \sum_{k=1}^m \frac{1}{z - y} \int_y^z \chi_{G_k}(t) \, \mathrm{d}t$$

$$= \sum_{k=1}^m \frac{z - y}{z - y} = m.$$

由 m 的任意性, $f'(x) = \infty$. □

定理 6.3   设 $f : [a, b] \to \mathbb{R}$ 单调递增, 则 f' 可积且

$$\int_a^b f'(x) \, \mathrm{d}x \leqslant f(b) - f(a). \tag{6.4}$$

证明   为方便起见, 对 $x > b$, 定义 $f(x) = f(b)$. 由 Lebesgue 定理 6.1, $f'(x)$ 对几乎所有的 $x \in [a, b]$ 存在, 故对几乎所有的 x,

$$f'(x) = \lim_{k \to \infty} k(f(x + 1/k) - f(x)).$$

因此有

$$\int_a^b k(f(x + 1/k) - f(x)) \, \mathrm{d}x$$

$$= k \int_{a+1/k}^{b+1/k} f(x) \, \mathrm{d}x - k \int_a^b f(x) \, \mathrm{d}x$$

$$= k \int_b^{b+1/k} f(x) \, \mathrm{d}x - k \int_a^{a+1/k} f(x) \, \mathrm{d}x$$

$$= f(b) - k \int_a^{a+1/k} f(x) \, \mathrm{d}x$$

$$\leqslant f(b) - f(a).$$

(6.4) 由 Fatou 引理得到.   □

注 6.1   若定理 6.3 中的 f 不连续, 则 (6.4) 中的不等号严格成立. 这是因为 f 在不连续点 (跳跃点) 上的变化不能被 f' 反映出来. 即使 f 连续, 比如 f 为 Lebesgue-Cantor 函数, (6.4) 中的不等号依然严格成立. 我们将在后面讨论何时不等号可以换成等号 (也就是微积分基本定理).

思考题   证明, 对 Lebesgue-Cantor 函数 f, 若 x 为 Cantor 三分集 C 上的点, 则 $Df(x) = \infty$.

6.1.2   单调函数的结构

我们考虑单调函数的不连续点.

<u>定义 6.1</u>   **基本递增跳跃函数** $\sigma : \mathbb{R} \to \mathbb{R}$ 是指具有以下形式的单调递增函数:

$$\sigma(x) = \begin{cases} A, & x < t, \\ B, & x = t, \\ C, & x > t. \end{cases}$$

由于 σ 单调递增, 故 $A \leqslant B \leqslant C$, 我们假设 $A < C$.

__定义 6.2__   设 $I \subset \mathbb{R}$ 为开区间, $s : I \to \mathbb{R}$ 称作**递增跳跃函数**, 若存在基本递增跳跃函数 $\sigma_1, \sigma_2, \cdots$, 使得

$$s(x) = \sum_{k \geqslant 1} \sigma_k(x), \quad x \in I.$$

设 f 为 I 上的单调递增函数, $t \in I$ 为 f 的不连续点, 则定义基本递增跳跃函数为

$$\sigma(x) = \begin{cases} f(t-), & x < t, \\ f(t), & x = t, \\ f(t+), & x > t. \end{cases}$$

注意, $f - \sigma$ 为单调递增函数且在 t 处连续. 我们知道单调函数 f 的不连续点至多可数, 记作 $t_1, t_2, \cdots$. 任给 $k \in \mathbb{N}$, 设 σ_k 为由 t_k 决定的基本递增跳跃函数.

任意选取一个参考点 $x_0 \in I$, 任给 $n \in \mathbb{N}$, 定义

$$f_n(x) = f(x) - \sum_{k=1}^{n} (\sigma_k(x) - \sigma_k(x_0)), \quad x \in I.$$

则有如下结论:

(1) f_n 为 I 上的单调递增函数;

设 $x < x'$, 若无 $t_k \in [x, x']$, 则对任意 k, $\sigma_k(x) = \sigma_k(x')$. 因此 $f_n(x') - f_n(x) = f(x') - f(x) \geqslant 0$. 若存在唯一的 $t_{k_0} \in [x, x']$, 则对 $k \neq k_0$, $\sigma_k(x) = \sigma_k(x') = 0$, 故 $f_n(x') - f_n(x) = f(x') - f(x) - (\sigma_{k_0}(x') - \sigma_{k_0}(x)) = f(x') - f(x) - (f(t_{k_0}+) - f(t_{k_0}-)) \geqslant 0$. 若存在 $x \leqslant t_{k_1} < \cdots < t_{k_m} < x'$, 对于 $t_{k_i} < x_i < t_{k_{i+1}}(i = 1, 2, \cdots, m-1)$, 则 $f_n(x_{i+1}) \geqslant f_n(x_i)$. 一般情形, 易得.

(2) 级数 $s(x) = \sum_{k=1}^{\infty} (\sigma_k(x) - \sigma_k(x_0))$, $x \in I$, 收敛;

若 $x_0 < x$, 则 $f_n(x_0) \leqslant f_n(x)$, 由 $f_n(x_0) = f(x_0)$, 我们有

$$f(x_0) \leqslant f(x) - \sum_{k=1}^{n} (\sigma_k(x) - \sigma_k(x_0)),$$

即

$$\sum_{k=1}^{n} (\sigma_k(x) - \sigma_k(x_0)) \leqslant f(x) - f(x_0).$$

因为 $\sigma_k(x) - \sigma_k(x_0) \geqslant 0$, 故

$$0 \leqslant s(x) \leqslant f(x) - f(x_0), \quad x \in I, \ x_0 < x.$$

类似可证明

$$0 \geqslant s(x) \geqslant f(x) - f(x_0), \quad x \in I, \ x_0 > x.$$

这表明 s 收敛.

(3) s 为单调递增跳跃函数, $\phi = f - s$ 为单调递增连续函数.

s 与 ϕ 单调递增是因为它们均为单调递增函数的极限函数 (注意, $\phi(x) = \lim\limits_{n\to\infty} f_n(x)$). 下面证明 ϕ 连续. 任给 $x \in I$, $y < x < z$, $y, z \in I$, $\phi(y) \leqslant \phi(z)$, 故

$$f(y) - s(y) \leqslant f(z) - s(z),$$

即

$$s(z) - s(y) \leqslant f(z) - f(y).$$

令 $y \nearrow x$, $z \searrow x$,

$$s(x+) - s(x-) \leqslant f(x+) - f(x-). \tag{6.5}$$

下面证明

$$s(z) - s(y) \geqslant f(x+) - f(x-). \tag{6.6}$$

若 f 在 x 处连续, (6.6)平凡. 不然, 对某 $m \in \mathbb{N}$, $x = t_m$. 因此 $y < t_m < z$, 从而

$$s(z) - s(y) = \sum_{k \geqslant 1} (\sigma_k(z) - \sigma_k(y)) \geqslant \sigma_m(z) - \sigma_m(y) = f(x+) - f(x-).$$

这就证明了(6.6). 在(6.6)中令 $y \nearrow x$, $z \searrow x$, 则

$$s(x+) - s(x-) \geqslant f(x+) - f(x-).$$

结合(6.5), 则有 $s(x+) - s(x-) = f(x+) - f(x-)$, 即 $\phi(x+) = \phi(x-)$, 从而 ϕ 在 x 处连续.

事实上我们证明了

定理 6.4 (单调函数结构定理 I)   设 $I \subset \mathbb{R}$ 为开区间, $f: I \to \mathbb{R}$ 单调递增, 设 s 为 f 决定的递增跳跃函数, 则

$$f(x) = \phi(x) + s(x), \quad x \in I, \tag{6.7}$$

其中 ϕ 为连续单调递增函数.

思考题   证明定理 6.4 对 I 为紧区间亦成立. 并且(6.7)中的分解在下面意义下唯一: 设 $f = \phi_1 + s_1$, 其中 ϕ_1 为连续单调递增函数, s_1 为递增跳跃函数, 则 $\phi - \phi_1$ 与 $s - s_1$ 均为常数.

定理 6.5 (Fubini)   设 $I \subset \mathbb{R}$ 为一区间, 任给 $k \in \mathbb{N}$, $f_k: I \to \mathbb{R}$ 为单调递增函数, 且对任给 $x \in I$,

$$s(x) = \sum_{k \geqslant 1} f_k(x)$$

存在, 则

$$s'(x) = \sum_{k \geqslant 1} f'_k(x), \quad \text{a.e. } x \in I.$$

证明 假设 $I = [a, b]$, 由于

$$s(x) - s(a) = \sum_{k \geqslant 1} (f_k(x) - f_k(a)),$$

故可假设任给 $k \in \mathbb{N}$, $f_k(a) = 0$. 设

$$E = \{x \in (a, b) : s'(x), f_k'(x), k \in \mathbb{N}, \text{ 均存在 } \}.$$

则由 Lebesgue 定理 6.1, $[a, b] \setminus E$ 为零测集.

任给 $x \in E$, $h > 0$ 充分小, $x + h \in I$, 则

$$\frac{s(x+h) - s(x)}{h} = \sum_{k \geqslant 1} \frac{f_k(x+h) - f_k(x)}{h}.$$

由关于计数测度积分的 Fatou 引理,

$$s'(x) \geqslant \sum_{k \geqslant 1} f_k'(x). \tag{6.8}$$

定义部分和 $s_N(x) = \sum_{k=1}^{N} f_k'(x)$, 由于 $\lim_{N \to \infty} s_N(b) = s(b)$, 故存在序列 $\{N_j\} \nearrow \infty$ 使得

$$s(b) - s_{N_j}(b) \leqslant 2^{-j}.$$

由 $s - s_{N_j}$ 的单调性, 及 $\lim_{N \to \infty} s_N(a) = s(a)$,

$$0 \leqslant s(x) - s_{N_j}(x) \leqslant 2^{-j}.$$

故级数 $\sum_{j \geqslant 1} (s - s_{N_j})$ 在 $[a, b]$ 上收敛. 由(6.8),

$$\lim_{j \to \infty} (s'(x) - s_{N_j}'(x)) = 0, \quad \text{a.e. } x \in [a, b],$$

即

$$\lim_{j \to \infty} \sum_{k=1}^{N_j} f_k'(x) = s'(x), \quad \text{a.e. } x \in [a, b].$$

因为 $f_k' \geqslant 0$, 故

$$\lim_{N \to \infty} \sum_{k=1}^{N} f_k'(x) = s'(x), \quad \text{a.e. } x \in [a, b].$$

证毕. □

推论 6.6 若 $s : [a, b] \to \mathbb{R}$ 为递增跳跃函数, 则 $s' = 0$, a.e.

证明   设 $s = \sum_{k \geqslant 1} \sigma_k$, 其中 σ_k 为基本递增跳跃函数, 则除去跳跃点外, $\sigma_k' = 0$. 由 Fubini 的定理 6.5,

$$s'(x) = \sum_{k \geqslant 1} \sigma_k'(x) = 0, \quad \text{a.e. } x \in I.$$

证毕. $\qquad\square$

例 6.1   存在连续严格单调函数 $g : \mathbb{R} \to (0.1)$, 但 $g' = 0$, a.e.

证明   设 f 为 $[0,1]$ 上的 Lebesgue-Cantor 函数, 将 f 扩张至整个 $\mathbb{R}$:

$$f(x) = \begin{cases} 0, & x < 0, \\ 1, & x > 1. \end{cases}$$

设 $\mathbb{Q} = \{r_1, r_2, \cdots\}$, 定义

$$g(x) = \sum_{k \geqslant 1} 2^{-k} f(x - r_k), \quad x \in \mathbb{R}.$$

显然 g 连续, $0 < g < 1$, 且由 Fubini 的定理 6.5,

$$g'(x) = \sum_{k \geqslant 1} 2^{-k} f'(x - r_k) = 0, \quad \text{a.e. } x \in \mathbb{R}.$$

任给 $x < y$, 存在 $r_k \in \mathbb{Q}$ 使得 $x < r_k < y$, 则

$$f(x - r_k) = 0 < f(y - r_k),$$

故 $g(x) < g(y)$. 这表明 g 严格递增. $\qquad\square$

6.2   有界变差函数

6.2.1   BV 函数的基本性质

在本节, 我们讨论函数 $f : [a,b] \to \mathbb{R}^n$, $\mathbb{R}^n$ 赋予 Euclid 度量 $|\cdot|$.

定义 6.3   设 $f : [a,b] \to \mathbb{R}^n$, 考虑 $[a,b]$ 的任一分划 $\mathscr{P}$:

$$a = x_0 < x_1 < x_2 < \cdots < x_m = b.$$

(1) $V(\mathscr{P}) = \sum_{i=1}^m |f(x_i) - f(x_{i-1})|$ 称作 f 关于分划 $\mathscr{P}$ 的**变差**;

(2) 变差 $V(\mathscr{P})$ 关于 $[a,b]$ 上任意分划 $\mathscr{P}$ 的上确界称作 f 在 $[a,b]$ 上的**全变差**, 记作 $V_f(a,b)$;

(3) 若 $V_f(a,b) < \infty$, 则称 f 为 $[a,b]$ 上的**有界变差**函数 (或 BV 函数), 记作 $f \in BV([a,b])$, 或 $f \in BV$;

(4) 若 f 为 $[a,b]$ 上的有界变差函数, 则称函数 $V_f(a,\cdot)$ 为 f 在 $[a,b]$ 上的**变差函数**.

定理 6.7　函数 $f \in BV([a,b])$ 具有以下性质:

BV1) 设 $f : [a,b] \to \mathbb{R}$ 单调, 则 $f \in BV([a,b])$, 且 $V_f(a,b) = |f(b) - f(a)|$;

BV2) 设 $f : [a,b] \to \mathbb{R}^n$, $f = (f_1, f_2, \cdots, f_n)$, 则 $f \in BV([a,b])$ 当且仅当每一 $f_k \in BV([a,b])$;

BV3) $|f(b) - f(a)| \leqslant V_f(a,b)$;

BV4) 若 $f \in BV([a,b])$, 则 f 有界;

BV5) 若 $f \in C^1([a,b])$, 则 $f \in BV([a,b])$;

BV6) f 在 $[a,b]$ 上连续 $\nRightarrow f \in BV([a,b])$;

BV7) 若 $f, g \in BV([a,b])$, 则 $f + g \in BV([a,b])$;

BV8) 设 $f : [a,b] \to \mathbb{R}^n$, $g : [a,b] \to \mathbb{R}$ 均有界变差, 则 $gf \in BV([a,b])$. 若 $|g| \geqslant C > 0$, 则 $f/g \in BV([a,b])$;

BV9) 设 $a < c < b$, 则 $V_f(a,b) = V_f(a,c) + V_f(c,b)$.

BV10) 函数 $V_f(a,x)$ 关于 x 为 $[a,b]$ 上的单调递增函数, 且 f 在 x 处连续当且仅当 $V_f(a,\cdot)$ 在 x 处连续.

证明　BV1) 是平凡的. BV2) 这可由不等式

$$|y_k| \leqslant |y| \leqslant |y_1| + \cdots + |y_n|, \quad y \in \mathbb{R}^n, k = 1, 2, \cdots, n$$

得到. 事实上我们有

$$V_{f_k}(a,b) \leqslant V_f(a,b) \leqslant V_{f_1}(a,b) + \cdots + V_{f_n}(a,b).$$

BV3) 的证明取特殊的分划 $x_0 = a < b = x_1$ 即可. 设 $a < x < b$, 由定义

$$|f(x) - f(a)| + |f(b) - f(x)| \leqslant V_f(a,b).$$

故 $|f(x)| \leqslant |f(a)| + V_f(a,b)$. 这就证明了 BV4). 由 BV2), 不妨设 $f : [a,b] \to \mathbb{R}$, 则由中值定理, $|f'| \leqslant C$. 因此

$$|f(x_i) - f(x_{i-1})| \leqslant C(x_i - x_{i-1}).$$

由 BV 函数的定义, 对任一分划

$$\sum |f(x_i) - f(x_{i-1})| \leqslant \sum C(x_i - x_{i-1}) = C(b-a).$$

故 $V_f(a,b) \leqslant C(b-a)$. 这就证明了 BV5).

对于 BV6), 我们有如下例子: 对于定义在 $[0,1]$ 上的函数

$$f(x) = \begin{cases} x \sin x^{-1}, & 0 < x \leqslant 1, \\ 0, & x = 0. \end{cases}$$

设 $x_i = 1/((i+1/2)\pi)$, $f(x_i) = (-1)^i/((i+1/2)\pi)$, 则

$$|f(x_i) - f(x_{i-1})| = \frac{1}{(i+1/2)\pi} + \frac{1}{(i-1/2)\pi} \geqslant \frac{2}{i\pi}.$$

对于 $\{x_i\}$ 决定的分划 $\mathscr{P}$,

$$V(\mathscr{P}) = |f(x_n) - f(0)| + |f(x_{n-1}) - f(x_n)| + \cdots + |f(x_0) - f(x_1)| +$$

$$|f(1) - f(x_0)|$$

$$\geqslant \sum_{i=1}^{n} |f(x_{i-1}) - f(x_i)| > \sum_{i=1}^{n} \frac{2}{i\pi}.$$

因为 $\sum\limits_{i=1}^{\infty} 2/(i\pi) = \infty$, 故 $f \notin BV([a,b])$.

由 $\mathbb{R}^n$ 中的范数 $|\cdot|$ 的三角不等式,

$$V_{f+g}(a,b) \leqslant V_f(a,b) + V_g(a,b).$$

这就证明了 BV7).

对 BV8), 我们仅证明第二个结论. 由 BV4), 存在 $M > 0$, $|f| \leqslant M$, 故

$$\left| \frac{f(x_i)}{g(x_i)} - \frac{f(x_{i-1})}{g(x_{i-1})} \right| = \frac{|g(x_{i-1})f(x_i) - g(x_i)f(x_{i-1})|}{|g(x_i)g(x_{i-1})|}$$

$$\leqslant \frac{|f(x_i)f(x_{i-1})|}{|g(x_i)|} + |f(x_{i-1})| \frac{|g(x_{i-1}) - g(x_i)|}{|g(x_i)g(x_{i-1})|}$$

$$\leqslant C^{-1}|f(x_i) - f(x_{i-1})| + MC^{-2}|g(x_i) - g(x_{i-1})|,$$

因此

$$V_{f/g}(a,b) \leqslant C^{-1}V_f(a,b) + MC^{-2}V_g(a,b).$$

下面证明 BV9). 对 $[a,c]$ 与 $[c,b]$ 的任一分划:

$$a = x_0 < x_1 < \cdots < x_m = c; \quad c = y_0 < y_1 < \cdots < y_k = b,$$

得到 $[a,b]$ 的一个分划, 故

$$\sum_{i=1}^{m} |f(x_i) - f(x_{i-1})| + \sum_{j=1}^{k} |f(y_j) - f(y_{j-1})| \leqslant V_f(a,b),$$

从而
$$V_f(a,b) \geqslant V_f(a,c) + V_f(c,b).$$

另一方面, 任给 $[a,b]$ 的一个分划 $\mathscr{P}$:
$$a = z_0 < z_1 < \cdots < z_l = b,$$

若 c 为分划点, 则 $\mathscr{P}$ 自然分别给出了 $[a,c]$ 与 $[c,b]$ 上的一个分划; 若 c 不为分划点, 比如 $z_{\alpha-1} < c < z_\alpha$, 将 c 添入 $\mathscr{P}$, 同样分别决定了 $[a,c]$ 与 $[c,b]$ 上的一个分划. 因为
$$|f(z_\alpha) - f(z_{\alpha-1})| \leqslant |f(c) - f(z_{\alpha-1})| + |f(z_\alpha) - f(c)|,$$

则有
$$\sum_{i=1}^{l} |f(z_i) - f(z_{i-1})| \leqslant V_f(a,c) + V_f(c,b).$$

这就得到了相反的不等式.

最后证明 BV10). 由 BV9), $V_f(a, \cdot)$ 的单调性是显然的. 由 BV3) 和 BV9), 则 $V_f(a, \cdot)$ 的连续性蕴涵了 f 的连续性:
$$|f(y) - f(x)| \leqslant V_f(x,y) = V_f(a,y) - V_f(a,x), \quad x < y,$$
$$|f(x) - f(y)| \leqslant V_f(y,x) = V_f(a,x) - V_f(a,y), \quad x > y.$$

反之, 若 f 在 x 处连续, 对 $a \leqslant x < b$, 任给 $\varepsilon > 0$, 存在 $\{x_i\}$ 决定的分划 $\mathscr{P}$, 使得
$$\sum_{i=1}^{m} |f(x_i) - f(x_{i-1})| > V_f(x,b) - \varepsilon/2.$$

在 $x = x_0 < x_1$ 之间插入另外的分划点, 故可假设 $|f(x_1) - f(x_0)| < \varepsilon/2$. 因此
$$V_f(x,b) < \sum_{i=1}^{m} |f(x_i) - f(x_{i-1})| + \varepsilon/2$$
$$< \sum_{i=2}^{m} |f(x_i) - f(x_{i-1})| + \varepsilon$$
$$\leqslant V_f(x_1,b) + \varepsilon.$$

由 BV9), 则
$$V_f(a,b) - V_f(a,x) < V_f(a,b) - V_f(a,x_1) + \varepsilon,$$

即
$$V_f(a,x_1) < V_f(a,x) + \varepsilon.$$

由于 $V_f(a, \cdot)$ 单调递增, 故对 $x \leqslant y \leqslant x_1$,
$$V_f(a,x) \leqslant V_f(a,y) \leqslant V_f(a,x) + \varepsilon.$$

这证明了 $V_f(a, \cdot)$ 在 x 处右连续. 类似可证明 $V_f(a, \cdot)$ 在 x 处左连续. $\qquad\square$

6.2.2   BV 函数的结构

定理 6.8 (Jordan 分解)   设 $f : [a,b] \to \mathbb{R}$, 则 $f \in BV$ 当且仅当 f 可表示成两个单调递增函数之差.

证明   设 $f \in BV$, 定义函数 g 如下:

$$g(x) = V_f(a,x) - f(x), \quad x \in [a,b].$$

下面证明 g 单调递增. 若 $a \leqslant x < y \leqslant b$, 由 BV9) 和 BV3),

$$g(y) - g(x) = (V_f(a,y) - f(y)) - (V_f(a,x) - f(x))$$
$$= V_f(x,y) - (f(y) - f(x))$$
$$\geqslant |f(y) - f(x)| - (f(y) - f(x)) \geqslant 0.$$

反之, 由 BV1) 与 BV7) 得到. □

定理 6.9   设 $f : [a,b] \to \mathbb{R}^n$ 有界变差, 则除去 $[a,b]$ 上的至多可数个点, f 连续. 而且 f' 几乎处处存在, 且 $|f'|$ 可积.

证明   由 BV2), 只需考虑 $n = 1$ 的情形, 此时 f 为两个单调递增函数之差, 故由 Lebesgue 定理 6.1 及定理 6.3 得证. □

定理 6.10   设 $f : [a,b] \to \mathbb{R}^n$ 有界变差, 则

$$|f'(x)| = V_f'(a,x), \quad \text{a.e. } x \in [a,b].$$

证明   首先, 由定理 6.9 以及变差函数 $V_f(a,x)$ 的单调性, 可知对几乎处处的 $x \in [a,b]$, $f'(x)$ 和 $V_f'(a,x)$ 同时存在. 由 BV3), 若 $f'(x)$ 与 $V_f'(a,x)$ 存在, 则 $|f'(x)| \leqslant V_f'(a,x)$. 定义

$$A = \{x : f'(x), V_f'(a,x) \text{ 存在且 } V_f'(a,x) > |f'(x)|\}.$$

下面证明 A 为零测集. 对任给 $k \in \mathbb{N}$, 定义

$$A_k = \{x : f'(x), V_f'(a,x) \text{ 存在且 } V_f'(a,x) - |f'(x)| > 1/k\},$$

则 $A = \bigcup\limits_{k \geqslant 1} A_k$. 任给 $x \in A_k$, 存在 $j \in \mathbb{N}$ 使得

$$\inf_{\substack{y \leqslant x \leqslant z \\ 0 < z-y \leqslant 1/j}} \frac{V_f(y,z) - |f(z) - f(y)|}{z - y} > \frac{1}{k}.$$

上式中用 s 代替 $1/j$, t 代替 $1/k$, 则 $s, t > 0$, A 包含于形如

$$E = \left\{ x : \text{若 } y \leqslant x \leqslant z, 0 < z - y \leqslant s, \text{ 则 } \frac{V_f(y,z) - |f(z) - f(y)|}{z - y} \geqslant t \right\}$$

的集合可列并. 现在证明 E 为零测集.

任给 $\varepsilon > 0$, 存在分划 $a = x_0 < x_1 < \cdots < x_m = b$, $x_i - x_{i-1} \leqslant s$, 使得

$$V = \sum_{i=1}^{m} |f(x_i) - f(x_{i-1})| \geqslant V_f(a,b) - \varepsilon.$$

若对 i, $E \cap [x_{i-1}, x_i] \neq \varnothing$, 则在 E 的定义中取 $y = x_{i-1}, z = x_i$, 我们有

$$t \leqslant \frac{V_f(x_{i-1}, x_i) - |f(x_i) - f(x_{i-1})|}{x_i - x_{i-1}},$$

即

$$x_i - x_{i-1} \leqslant \frac{1}{t}(V_f(x_{i-1}, x_i) - |f(x_i) - f(x_{i-1})|).$$

因此

$$m^*(E \cap [x_{i-1}, x_i]) \leqslant \frac{1}{t}(V_f(x_{i-1}, x_i) - |f(x_i) - f(x_{i-1})|).$$

若 $E \cap [x_{i-1}, x_i] = \varnothing$, 上式自然成立. 因此

$$
\begin{aligned}
m^*(E) &\leqslant \sum_{i=1}^{m} m^*(E \cap [x_{i-1}, x_i]) \\
&= \frac{1}{t} \sum_{i=1}^{m} (V_f(x_{i-1}, x_i) - |f(x_i) - f(x_{i-1})|) \\
&= \frac{1}{t}(V_f(a,b) - V) \\
&\leqslant \frac{1}{t}\varepsilon.
\end{aligned}
$$

这就证明了 $m^*(E) = 0$. $\qquad\square$

推论 6.11 设 $f : [a, b] \to \mathbb{R}^n$ 有界变差, 则

$$\int_a^b |f'(x)| \, \mathrm{d}x \leqslant V_f(a, b).$$

证明 由定理 6.10,

$$|f'(x)| = V_f'(a, x), \quad \text{a.e. } x \in [a, b].$$

故

$$\int_a^b |f'(x)| \, \mathrm{d}x = \int_a^b V_f'(a, x) \, \mathrm{d}x.$$

因为 $V_f(a, \cdot)$ 为单调递增函数, 则由定理 6.3,

$$\int_a^b V_f'(a, x) \, \mathrm{d}x \leqslant V_f(a, b) - V_f(a, a) = V_f(a, b).$$

证毕. $\qquad\square$

思考题   设

$$f(x) = \begin{cases} x^\alpha \cos x^{-1}, & 0 < x \leqslant 1, \\ 0, & x = 0. \end{cases}$$

证明

(1) 若 $0 \leqslant \alpha \leqslant 1$, 则 $f \notin BV$;

(2) 若 $\alpha > 1$, $f \in BV$ 且

    (a) $1 < \alpha < 2$, 则 $V_f'(0,0) = \infty$;

    (b) $\alpha = 2$, 则 $V_f'(0,0) = 2/\pi$;

    (c) $2 < \alpha < \infty$, 则 $V_f'(0,0) = 0$.

6.3   绝对连续函数

设 $f : [a,b] \to \mathbb{R}$ 为单调递增函数, 由定理 6.4,

$$f = \phi + s,$$

其中 s 为递增跳跃函数, ϕ 为连续单调递增函数. 我们知道 $f' \in L^1$, 若设 F 为 f' 的原函数, 即

$$F(x) = \int_a^x f'(t) \, \mathrm{d}t,$$

由积分的绝对连续性, F 连续, 且 $F' = f' = \phi'$, a.e. 若记 $g = \phi - F$, 则 g 连续, 且 $g' = 0$, a.e., 并且若 $a \leqslant x < y \leqslant b$,

$$\begin{aligned} g(x) - g(y) &= \phi(x) - \phi(y) + F(y) - F(x) \\ &= \phi(x) - \phi(y) + \int_x^y \phi'(t) \, \mathrm{d}t \\ &\leqslant \phi(x) - \phi(y) + \phi(y) - \phi(x) = 0, \end{aligned}$$

故 g 亦单调递增.

综上有

定理 6.12 (单调函数结构定理 II)   设 $f : [a,b] \to \mathbb{R}$ 单调递增, 则 f 可以表示为

$$f(x) = \int_a^x f'(t) \, \mathrm{d}t + g(x) + s(x), \quad x \in [a,b], \tag{6.9}$$

其中 g 为连续单调递增函数, $g' = 0$, a.e., s 为 f 决定的递增跳跃函数. 并且相差常数的情况下, 上述分解是唯一的.

推论 6.13　设 $f:[a,b]\to\mathbb{R}$ 单调递增, 则

$$\int_a^b f'(t)\,\mathrm{d}t = f(b)-f(a) \tag{6.10}$$

当且仅当

$$f(x) = f(a)+\int_a^x f'(t)\,\mathrm{d}t, \quad x\in[a,b]. \tag{6.11}$$

证明　由定理 6.12, f 可表示为

$$f(x) = f(a)+\int_a^x f'(a)\,\mathrm{d}t + h(x),$$

其中 h 为单调递增函数, $h(a)=0$. 由(6.10),

$$h(b) = f(b)-f(a)-\int_a^b f'(t)\,\mathrm{d}t = 0.$$

又 $h(a)=0$, h 单调递增, 故任给 $x\in[a,b]$, $h(x)=0$. 这就证明了(6.11). 反之显然.　□

<u>定义 6.4</u>　$f:[a,b]\to\mathbb{R}^n$ 称作**绝对连续**函数, 若任给 $\varepsilon>0$, 存在 $\delta>0$ 使得任给有限个两两互不相交的开区间 $\{(x_i,y_i)\}_{i=1}^m$, $\bigcup\limits_{i=1}^m (x_i,y_i)\subset[a,b]$,

$$m\left(\bigcup_{i=1}^m (x_i,y_i)\right) = \sum_{i=1}^m m((x_i,y_i)) < \delta,$$

则有

$$\sum_{i=1}^m |f(y_i)-f(x_i)| < \varepsilon.$$

若 f 绝对连续, 记 $f\in AC([a,b])$, 或 $f\in AC$.

定理 6.14　绝对连续函数具有如下基本性质:

AC1) $f\in AC([a,b])$, 则 f 连续且 $f\in BV([a,b])$;

AC2) $f:[a,b]\to\mathbb{R}$ 绝对连续, $N\subset[a,b]$ 为零测集, 则 $f(N)$ 亦为零测集;

AC3) $f,g\in AC([a,b])$, 则 $f+g, fg, |f|^\alpha(\alpha\geqslant 1)\in AC([a,b])$. 若任给 $x\in[a,b]$, $g(x)\neq 0$, 则 $f/g\in AC([a,b])$;

AC4) 设 $h\in L^1([a,b])$, $f(x)=\int_a^x h(t)\,\mathrm{d}t$, $x\in[a,b]$, 则 $f\in AC([a,b])$.

证明　f 的 (一致) 连续性是显然的. 任给 $[a,b]$ 的分划: $a=t_0<t_1<\cdots<t_N=b$, 且对任给 i, $t_i-t_{i-1}<\delta$, 则有

$$V_f(t_{i-1},t_i)\leqslant\varepsilon.$$

因此

$$V_f(a,b) = \sum_{i=1}^N V_f(t_{i-1},t_i)\leqslant N\varepsilon\leqslant\infty.$$

这证明了 AC1).

下面证明 AC2). 任给 $\varepsilon > 0, \delta$ 如绝对连续性定义决定, 则存在开集 $G \supset N, m(G) < \delta$. 不妨设 $G \subset (a,b)$, 故

$$N \subset \sum_{k \geqslant 1}(a_k, b_k) \subset (a,b),$$

且 $\displaystyle\sum_{k \geqslant 1}(b_k - a_k) = m(G) < \delta$. 选取 $c_k, d_k \in [a_k, b_k]$ 分别为 f 在 $[a_k, b_k]$ 上的最小和最大点, 则

$$f([a_k, b_k]) \subset [f(c_k), f(d_k)].$$

由于 $\displaystyle\sum_{k=1}^{j}|d_k - c_k| \leqslant \sum_{k=1}^{j}(b_k - a_k) < \delta$, 则

$$\sum_{k=1}^{j}|f(d_k) - f(c_k)| < \varepsilon.$$

由 j 的任意性,

$$\sum_{k \geqslant 1}|f(d_k) - f(c_k)| \leqslant \varepsilon.$$

因此

$$f(N) \subset \bigcup_{k \geqslant 1}f((a_k, b_k)) \subset \bigcup_{k \geqslant 1}[f(c_k), f(d_k)],$$

从而

$$m^*(f(N)) \leqslant \sum_{k \geqslant 1}|f(d_k) - f(c_k)| \leqslant \varepsilon.$$

由 ε 的任意性, $m^*(f(N)) = 0$, $f(N)$ 为零测集.

AC3) 的证明是直接的, 仅需注意, 若 $\alpha \geqslant 1$,

$$||f(y)|^\alpha - |f(x)|^\alpha| \leqslant \alpha M^{\alpha-1}|f(y) - f(x)|.$$

AC4) 由积分的绝对连续性得到.   □

思考题   证明, 在绝对连续函数定义中, 若去掉 "区间两两不交" 条件, 实际上蕴涵了函数的 Lipschitz 性.

思考题   设 $f : \mathbb{R}^n \to \mathbb{R}^m$, 满足 Stepanov 型条件:

$$\limsup_{y \to x}\frac{|f(y) - f(x)|}{|y - x|} < \infty$$

对任意 $x \in \mathbb{R}^n$ 成立. 证明, 存在开集 $U \subset \mathbb{R}^n$ 使得 $f|_U$ 为 Lipschitz 函数.

引理 6.15   设 $f : [a,b] \to \mathbb{R}$ 绝对连续, 且 $f' = 0$, a.e., 则 f 为常数.

证明

$$A = \{x \in (a,b) : f'(x) = 0\}.$$

由假设, $[a,b] \setminus A$ 为零测集, 故由 AC2), $f([a,b] \setminus A)$ 亦为零测集. 另一方面由定理 5.20 (Sard 引理), $f(A)$ 亦为零测集. 这表明 $f([a,b])$ 为零测集. 因为 f 连续, 故 $f([a,b])$ 为一 (可能退化的) 区间, 从而为单点集. □

定理 6.16 (微积分基本定理) 设 $f : [a,b] \to \mathbb{R}$, $f \in AC$ 当且仅当存在 $h \in L^1([a,b])$ 使得

$$f(x) = f(a) + \int_a^x h(t) \, \mathrm{d}t, \quad x \in [a,b],$$

从而 $h = f'$, a.e.

证明 由 AC3) 和 AC4), 对

$$g(x) = f(x) - \int_a^x f'(t) \, \mathrm{d}t,$$

$g \in AC$, 且由前面 Lebesgue 微分定理的应用, $g' = 0$, a.e. 则由引理 6.15, g 为常值函数, 即 $g(x) = f(a)$, $x \in [a,b]$. 因此

$$f(x) = f(a) + \int_a^x f'(t) \, \mathrm{d}t.$$

证毕. □

推论 6.17 设 $f \in BV([a,b])$, 则 $f \in AC([a,b])$ 当且仅当 $V_f(a, \cdot) \in AC([a,b])$.

证明 f 作为向量值函数, f 的绝对连续性是指其每一分量函数是绝对连续的. 因此不妨假设 $n = 1$.

首先假设 $V_f(a, \cdot) \in AC$, 对分划: $a \leqslant x_1 < y_1 \leqslant x_2 < y_2 \leqslant \cdots \leqslant x_m < y_m \leqslant b$, 由 BV3),

$$|f(y_i) - f(x_i)| \leqslant V_f(a, y_i) - V_f(a, x_i).$$

故

$$\sum_{i=1}^m |f(y_i) - f(x_i)| \leqslant \sum_{i=1}^m (V_f(a, y_i) - V_f(a, x_i)).$$

从而 $f \in AC$.

反之, 若 $f \in AC$, $f(x) = f(a) + \int_a^x f'(t) \, \mathrm{d}t$. 故

$$|f(x_i) - f(x_{i-1})| \leqslant \int_{x_{i-1}}^{x_i} |f'(t)| \, \mathrm{d}t.$$

从而 $V_f(a, x) = \int_a^x |f'(t)| \, \mathrm{d}t$, $V_f(a, \cdot) \in AC$. □

推论 6.18 $f : [a,b] \to \mathbb{R}$ 有界变差, 则 $f \in AC$ 当且仅当

$$V_f(a,b) = \int_a^b |f'(x)|\ \mathrm{d}x. \tag{6.12}$$

证明   假设(6.12)成立, 由于 $|f'(x)| = V_f'(a,x)$, a.e., 故

$$V_f(a,b) = \int_a^b V_f'(a,x)\ \mathrm{d}x,$$

从而 $V_f(a,\cdot) \in AC$, $f \in AC$. 反之是显而易见的.   □

定义 6.5

(1) 函数 $f : [a,b] \to \mathbb{R}$ 称作**奇异连续**函数, 若 f 连续且 $f' = 0$, a.e.

(2) 函数 s 称为**跳跃函数**, 如果 s 可以表示为两个递增跳跃函数之差, 即

$$s(x) = \sum_{k \geqslant 1} \sigma_k(x)$$

绝对收敛, σ_k 为基本递增 (或递减) 跳跃函数.

综合前面的讨论, 我们给出如下有界变差函数的结构定理.

定理 6.19 (BV 函数结构定理)   设 $f : [a,b] \to \mathbb{R}$ 有界变差, 则 f 可表示为

$$f = F + g + s,$$

其中 F 为绝对连续函数, g 奇异连续函数, s 为跳跃函数, 并且在相差一个常数的意义下是唯一的.

定理 6.20   设 $f : [a,b] \to \mathbb{R}$, 则 f 绝对连续当且仅当下面的条件成立:

(1) f 连续;

(2) f' 几乎处处存在;

(3) $f' \in L^1([a,b])$;

(4) f 将零测集映射为零测集.

证明   假设 f 满足 (1)—(4), 任给 $\varepsilon > 0$, 及分划 $a \leqslant x_1 < y_1 \leqslant x_2 < y_2 \leqslant \cdots \leqslant x_m < y_m = b$, 且

$$\sum_{i=1}^m (y_i - x_i) < \delta,$$

则由积分的绝对连续性,

$$\sum_{i=1}^m \int_{[x_i, y_i]} |f'(x)|\ \mathrm{d}x < \varepsilon.$$

设 $A = \{x \in [a,b] : f'(x) \text{ 存在 }\}$, 则 $[a,b] \setminus A$ 为零测集, 故 $f([a,b] \setminus A)$ 亦为零测集, 因此

$$\sum_{i=1}^{m} |f(y_i) - f(x_i)| \leqslant \sum_{i=1}^{m} m(f([x_i, y_i]))$$

$$= \sum_{i=1}^{m} m(f([x_i, y_i] \cap A))$$

$$\leqslant \sum_{i=1}^{m} \int_{[x_i, y_i] \cap A} |f'(x)| \, \mathrm{d}x$$

$$= \sum_{i=1}^{m} \int_{[x_i, y_i]} |f'(x)| \, \mathrm{d}x$$

$$< \varepsilon.$$

故 f 绝对连续. 注意, 上面的不等式用到了定理 5.20. □

推论 6.21   设 $f : [a,b] \to \mathbb{R}$ 为连续的有界变差函数, 则 f 绝对连续当且仅当 f 将零测集映射到零测集.

推论 6.22   设 $f : [a,b] \to \mathbb{R}$ 处处可微, $f' \in L^1([a,b])$, 则

$$f(x) = f(a) + \int_a^x f'(t) \, \mathrm{d}t.$$

证明   定理 6.20 的条件 (1)—(3) 成立, 再由推论 5.21, (4) 成立. □

注 6.2   推论 6.22 的一个直接证明可参见文献 [40, Theorem 7.21].

最后给出关于绝对连续函数的变量代换公式和分部积分公式, 它们的证明留作习题.

定理 6.23 (变量代换公式)   设 $f \in L^1([u(a), u(b)])$, u 为 $[a,b]$ 上单调递增绝对连续函数, 则 $(f \circ u) \cdot u' \in L^1([a,b])$, 且

$$\int_{u(a)}^{u(b)} f(y) \, \mathrm{d}y = \int_a^b f(u(x)) u'(x) \, \mathrm{d}x.$$

定理 6.24 (分部积分公式)   设 $f, g : [a,b] \to \mathbb{R}$ 绝对连续, 则

$$\int_a^b f g' \, \mathrm{d}x = f(x) g(x) \Big|_a^b - \int_a^b f' g \, \mathrm{d}x.$$

思考题   构造 $f : [a,b] \to \mathbb{R}$ 使得 f 在 $[a,b]$ 上处处可微 (端点处单边可微), 但 $f \notin L^1$.

思考题   证明, 对于 $[0,1]$ 上正测 Cantor 集 C (如第一章构造), 其对应的 Lebesgue-Cantor 函数 f 是 Lipschitz 函数. 进一步说明

$$f(x) = \frac{m(C \cap [0, x])}{m(C)}, \qquad x \in [0, 1].$$

思考题   设 $f : [a, b] \to \mathbb{R}^n$ 为一条可求长曲线, 其长度 $V_f([a, b]) = L$, 证明, 存在唯一 $\phi : [0, L] \to \mathbb{R}^n$ 使得

$$f(t) = \phi(s(t)), \qquad t \in [a, b],$$

其中 $s(t) = V_f([a, t])$. 这里 ϕ 称作 f 由弧长决定的参数化.

思考题   接上题, 证明: 任给 $s \in [0, L]$, $V_\phi([0, s]) = s$, 且 $|\phi'(s)| = 1$, a.e.

6.4   关于 BV 函数的历史注记

有界变差函数的思想有几何与分析方面的不同来源. 从经典分析角度, BV 函数的概念是为了控制其可能的振动以确保相应 Fourier 级数的收敛. 几何方面对应的是所谓可求长曲线, 即一条连续参数的曲线且具有有限长度. 对于多元函数的变差, 历史上也有一些尝试, 这里涉及其函数图像的面积的有限性, 是不容描述的. 后来, 主流的推广借助了 Schwartz 的分布理论, 将 BV 函数描述成其分布导数为 (有界变差) 测度. 在一元情形, BV 函数与有界变差测度联系的一个重要纽带是关于 BV 函数的 Stieltjes 积分, 这对于理解现代意义下 BV 函数理论是很有帮助的 (参见附录). 下面我们对 BV 函数的历史做一个简单回顾.

$\mathbb{R}$ 上的 BV 函数最早由 C. Jordan 于 1881 年在研究 Fourier 级数收敛的 Dirichlet 判别法时引入. Jordan 首先给出了关于 BV 函数可以分解成两个单调递增函数之差的结论. 1905 年, G. Vitali 引入一元函数的绝对连续性, 并且首次指出标准 Lebesgue-Cantor 函数是 BV 函数但不是绝对连续函数. 进而, 对于二元函数引入绝对连续性的概念. 设 $u : \Omega \subset \mathbb{R}^2 \to \mathbb{R}$, 对于任意矩形 $R \subset \Omega$ (其中 R 的顶点为 $P_{ij} = (x_i, y_j)$, $x_1 < x_2$, $y_1 < y_2$), 令

$$dV(u, R) = u(P_{11}) - u(P_{12}) - u(P_{21}) + u(P_{22}),$$

且定义 u 在 Ω 上的 (双) 变差为

$$dV(u, \Omega) = \sup \left\{ \sum_{i=1}^n dV(u, R_i) : R_i \subset \Omega \text{且两两互不相交} \right\}.$$

Tonelli 称 u 为 Ω 上的 BV 函数, 若 $dV(u, \Omega) < \infty$; 且 u 称作 Ω 上的绝对连续函数, 若任给 $\varepsilon > 0$, 存在 $\delta > 0$, 使得

$$\{R_i\} \text{两两不交且} \sum_i \mathscr{L}^2(R_i) < \delta \qquad \Rightarrow \qquad \sum_i^n dV(u, R_i) < \varepsilon.$$

Lebesgue 和 de la Vallée-Poussin 给出了同样的定义. 并且 Lebesgue 将此绝对连续性与集合函数 $E \to dV(u, E)$ 关于 E 的 Lebesgue 测度导数存在性联系起来.

Tonelli 在研究可求长曲线中已经使用了 BV 函数. 他意识到上面对于二元函数的双变差不是一元函数变差的合适推广. 因为计算双变差牵涉到 u 的图像的某种 "曲率", 它是一个二阶量. 因此一个更合理的与一维变差相似的变差, 至少对连续函数, 应为度量 u 的图像在 y 轴上投影的 "长度" (计算重数). 对于连续函数 $u: \Omega \subset \mathbb{R}^2 \to \mathbb{R}$, Tonelli 称 u 为 BV 函数, 若其图像在 y 轴上投影的 "长度" (计算重数) 有限. 对 $\Omega = (0, 1)^2$, 记 $u_x(\cdot) = u(x, \cdot)$, $u_y(\cdot) = u(\cdot, y)$, 则要求

$$\int_0^1 V_{u_x}((0, 1)) \, \mathrm{d}x < \infty, \qquad \int_0^1 V_{u_y}((0, 1)) \, \mathrm{d}y < \infty.$$

人们指出, 虽然这个定义对连续函数是合理的, 但对不连续函数 u, 上面的定义依赖于坐标轴的选取. 后来, L. Cesari 修正了这个定义, 只需存在一个函数 $v = u$, a.e. 于 Ω, 使得上面的积分有限条件成立. 此时定义不依赖于坐标轴的选取. 这个定义通常称作 Tonelli-Cesari 意义下的 BV 函数. 这个定义还导致了 G. C. Evans 以及 Tonelli 给出的二元绝对连续函数的定义: $u(x, y)$ 称作绝对连续, 若几乎所有的截面 u_x 和 u_y 均为绝对连续. 这个定义的思想并不是全新的, 早在 1906 年, B. Levi 在试图给出 Dirichlet 原理一个严格证明过程中, 引入了一类其一维截面为绝对连续且平方可积函数. 而且, 这可以看成现代弱导数和 Sobolev 空间理论的起点.

G. Fichera 和 E. deGiorgi 首先将 BV 函数理论与分布理论联系起来. 考虑连续函数 $u: \Omega \subset \mathbb{R}^N \to \mathbb{R}$, 对特殊矩体 $Q \subset \Omega$, Fichera 定义

$$T_i u(Q) = \int_{\partial Q} u \nu_i \, \mathrm{d}\mathscr{L}^{N-1}, \qquad i = 1, 2, \cdots, N,$$

其中 ν_i 为 ∂Q 的外法单位向量的第 i 个分量. 若每一集合函数 $T_i u$ 有有限的全变差, 则称 u 为 BV 函数. u 的绝对连续性由 $T_i u$ 关于 Lebesgue 测度的绝对连续性决定. Fichera 还证明了这个定义与 Evans 以及 Tonelli 的等价. 上面定义表明, 若 u 分布意义下的偏导数为有界变差测度, 则 u 为 BV 函数.

Giorgi 给出了另一类函数, 其分布导数为有界变差测度. 设 $u \in L^\infty(\mathbb{R}^N)$, 任给 $\lambda > 0$ 定义 $\phi_\lambda(x) = (\pi\lambda)^{-N/2} \mathrm{e}^{-|x|^2/\lambda}$. Giorgi 证明下面极限存在

$$I(u) = \lim_{\lambda \to 0^+} \int_{\mathbb{R}^N} |\nabla(u * \phi_\lambda)| \, \mathrm{d}x,$$

且 $I(u)$ 有限当且仅当 u 的分布梯度为 $\mathbb{R}^N$ 值测度, 记作 Du, 具有有限的全变差 $|Du|(R^N)$. 此时 $I(u) = |Du|(\mathbb{R}^N)$. 进一步, 若 $u = \mathbf{1}_E$, E 可测, 则 $I(u)$ 恰为 Caccioppoli 意义下 E 的周长 $P(E)$, 即

$$P(E) = \inf\{\liminf_{h \to \infty} P(E_h) : P_h \text{为多面体}, \lim_{h \to \infty} \mathscr{L}^N(E_h \triangle E) = 0\},$$

其中 $P(E_h)$ 为通常多面体的 "周长". 后来, C. Y. Pauc 证明了 Fichera 和 Giorgi 的定义在连续函数情形是等价的.

与此同时 L. C. Young 和 W. H. Fleming 发展了他们的广义曲线和曲面理论, 相应的给出了称作曲面痕迹 (track) 的向量值测度. Krickeberg 和 Fleming 独立证明了, 闭广义曲面的痕迹等价于一个函数梯度的向量值测度. Krickeberg 还证明了 Tonelli-Cesari 意义下的 BV 函数其分布梯度为一向量值测度. 从而表明与 Giorgi 的定义是相同的. 1966—1967 年, H. Federer 和 A. I. Vol'pert 独立得到了 BV 函数的主要精细性质. Federer 的工作还体现了与 de Rham current 理论的联系,

BV 函数理论是几何测度论的核心内容, 其重要方面是为了建立测度论意义下关于一般集合的 Stokes 公式, 以及分部积分公式等. 关于这个课题, 进一步阅读可以参见文献 [17,2](分析方面) 或 [20,42](几何方面). 本节的主要部分节选自专著 [2].

习题

1. 在有界变差函数定义中, 如果修改 $f \in BV([a,b])$ 在一点处的函数值, $V_f([a,b])$ 一般会改变. 为此, 定义

$$\|f\|_{BV} = \inf\{V_g([a,b]) : g \in BV([a,b]) \text{ 且 } f = g, \text{a.e.}\}.$$

我们称 $\|f\|_{BV} < \infty$ 的函数为**本性有界变差函数**.

(1) 设 $\{f_n\} \subset BV([a,b])$, 且存在常数 $C > 0$ 使得 $\sup\limits_{n \in \mathbb{N}} V_{f_n}(a,b) \leqslant C$. 证明, 若对某 $f \in L^1([a,b])$, $\lim\limits_{n \to \infty} \|f_n - f\|_1 = 0$, 则 f 与某有界变差函数几乎处处相等.

(2) 设 $f \in BV([a,b])$, g 为 $\mathbb{R}$ 上非负可测函数, 且 $\int_{\mathbb{R}} g(x) \, \mathrm{d}x = 1$. 证明 $f * g \in BV(\mathbb{R})$ 且 $V_{f * g}(\mathbb{R}) \leqslant V_f([a,b])$. 这里当 $x < a$ 时定义 $f(x) = f(a)$, 当 $x > b$ 时定义 $f(x) = f(b)$, 此时可以将 f 理解成 $\mathbb{R}$ 上的有界变差函数.

(3) 证明 $[a,b]$ 上的可测函数为本性有界变差, 如果

$$\text{ess } V_f([a,b]) = \sup \left\{ \sum_{i=0}^{m} |f(x_{i+1} - f(x_i)| \right\} < \infty,$$

其中 $a = x_0 < x_1 < \cdots < x_m < x_{m+1} = b$, $m \in \mathbb{N}$, 每一 $x_i(i = 1, 2, \cdots, m)$ 均为 f 的近似连续点.

2. (Banach indicatrix) 考虑下面相关问题.

(1) 对区间 $I = [a,b]$ 上的连续实函数 f, 设 $\omega(f, I) = \max\limits_{x \in I} f(x) - \min\limits_{x \in I} f(x)$ 为 f 在

I 上的振幅函数. 证明 f 在 I 上全变差

$$V_f([a,b]) = \lim_{|\mathcal{P}| \to 0^+} \sum_{i=1}^{n} \omega(f, I_i),$$

其中 $\mathcal{P} = \{I_i\}$ 为区间 I 的有限分划, $|\mathcal{P}|$ 为 $\mathcal{P}$ 中最大区间长度.

(2) 对 $[a,b]$ 上的连续实函数 f, 定义 f 的 Banach indicatrix 为

$$N_f(y) = \text{card}(\{x \in [a,b] : f(x) = y\}).$$

证明, 若 f 仅有有限个极大值点和极小值点, 则

$$V_f([a,b]) = \int_{-\infty}^{\infty} N_f(y) \, \mathrm{d}y.$$

(3) 证明上面的等式对 $[a,b]$ 上的连续实函数 f 成立.

(4) 说明上面的等式对 $[a,b]$ 上的不连续实函数 f 不成立. 修改上面的函数 N_f 为 N_f^*, 使得

$$V_f([a,b]) = \int_{-\infty}^{\infty} N_f^*(y) \, \mathrm{d}y$$

对 $[a,b]$ 上所有有界变差函数 f 均成立, 无论 f 连续与否.

(5) 对 $[a,b]$ 上的连续实函数 f, 证明, $f \in BV([a,b])$ 当且仅当 $N_f \in L^1(\mathbb{R})$.

(6) 设 $f \in BV([a,b])$ 连续. 证明, f 取值无穷次的 y 的集合必为 Lebesgue 零测集.

3. 设 $f \in L^1([a,b])$, 当 $x < a$ 时 $f(x) = f(a)$, 当 $x > b$ 时 $f(x) = f(b)$.

(1) 证明, f 几乎处处等于某 $[a,b]$ 上的有界变差函数当且仅当

$$\int_a^b |f(x+h) - f(x)| \, \mathrm{d}x = O(h), \quad h \to 0.$$

(2) 证明, 若

$$\int_a^b |f(x+h) - f(x)| \, \mathrm{d}x = o(h), \quad h \to 0,$$

则 f 几乎处处为常数.

4. 证明下面关于 BV 函数 Helly 定理.

(1) 设 $\{f_n\} \subset BV([a,b])$, $BV_{f_n}([a,b])$ 一致有界且 f_n 逐点收敛于函数 $f(x)$. 证明 $f \in BV([a,b])$ 且

$$\lim_{n \to \infty} \int_a^b \phi(x) \, \mathrm{d}f_n(x) = \int_a^b \phi(x) \, \mathrm{d}f(x), \qquad \forall \phi \in C([a,b]).$$

上述等式两边的积分均为关于 BV 函数的 Stieltjes 积分.

(2) 设 $\mathscr{F} \subset BV([a,b])$ 满足以下条件: 存在常数 $C, K > 0$ 使得

$$\max_{x \in [a,b]} |f(x)| \leqslant C, \qquad V_f([a,b]) \leqslant K, \qquad \forall f \in \mathscr{F}.$$

证明, $\mathscr{F}$ 中任意序列均存在收敛子列逐点收敛于某 $[a,b]$ 上的函数.

5. 设 f 为 $[a,b]$ 上左连续、单调递增、有界函数. 证明, 存在 $[a,b]$ 上的 (非负)Borel 测度 μ 使得

$$f(x) - f(a) = \mu([a,x)), \qquad \forall x \in [a,b].$$

如果 f 绝对连续, 请进一步刻画该测度.

6. 设 f 为 $[0,1]$ 上的绝对连续函数, 且对几乎所有的 $x \in [0,1]$, $f'(x) > 0$. 证明, f 严格单调且其反函数 f^{-1} 在 $[f(0), f(1)]$ 上绝对连续.

7. 设 f 为 $[a,b]$ 上的单调递增函数, $A \subset [a,b]$ 为 Lebesgue 可测集, $E = \{x \in A : f'(x) \text{ 存在}\}$. 证明

$$\int_A f'(x)\mathrm{d}x = m^*(f(E)) \leqslant m^*(f(A)),$$

并且, 若进一步 f 绝对连续, 则上式等号成立.

8. 假设 $f : \mathbb{R} \to \mathbb{R}$ 处处可微, 证明 f' 的连续点集包含一稠密子集. 但存在在 $\mathbb{R}$ 上处处可微的函数 f, f' 的连续点集为零测集.

9. 设 f 为 $[a,b]$ 上严格递增连续函数.

(1) 证明, f 绝对连续当且仅当 f 将集合 $\{x : f'(x) = +\infty\}$ 映射为零测集.

(2) 设 g 为 f 的反函数, 证明 g 绝对连续当且仅当集合 $\{x : f'(x) = 0\}$ 为零测集.

10. 构造两个绝对连续函数 $f, g : [0,1] \to [0,1]$ 使得 $f \circ g$ 非绝对连续.

11. 设 $f \in AC([a,b])$ 单调, $\phi \in AC([c,d])$, $f([a,b]) \subset [c,d]$, 证明 $\phi \circ f \in AC([a,b])$.

12. 设 F 为 $[a,b]$ 上的实函数满足以下条件: 对任意绝对连续函数 f, f 值域包含于 $[a,b]$, $F \circ f$ 绝对连续. 证明 F 为 Lipschitz 函数.

13. 设 $f \in AC([a,b])$, $\phi \in AC([c,d])$, $f([a,b]) \subset [c,d]$, $\phi \circ f \in AC([a,b])$ 当且仅当 $\phi \circ f \in BV([a,b])$.

14. 构造一个 $\mathbb{R}$ 上的 (局部) 绝对连续函数 ϕ, 以及一个 $[0,1]$ 上的无穷次可微函数 f, 使得 $\phi \circ f$ 不是 $[0,1]$ 上的绝对连续函数.

15. 设 $f \in L^1([0,1])$, $\phi : [0,1] \to [0,1]$ 连续可微, 试问函数 $(f \circ \phi)\phi' \in L^1([0,1])$?

附录A

Carathéodory构造
与Lebesgue测度

本附录将解释正文中关于 Lebesgue 测度的构造与一般由外测度出发的 Carathéodory 构造之间的联系. 这不仅对于理解 Lebesgue 测度十分重要. 也是研究 Hausdorff 测度 (参见 3.3 节)、覆盖维数、熵等重要概念的基础.

A.1   Carathéodory 构造

定义 A.1   设 X 为一非空集合. $\mu^* : \mathscr{P}(X) \to [0, +\infty]$ 称作 X 上的**外测度**, 若
(1) $\mu^*(\varnothing) = 0$;
(2) 若 $A \subset B$, 则 $\mu^*(A) \leqslant \mu^*(B)$;
(3) $\mu^*\left(\bigcup\limits_{k \in \mathbb{N}} A_k\right) \leqslant \sum\limits_{k \in \mathbb{N}} \mu^*(A_k)$.

Carathéodory 给出了外测度一种十分一般的构造.

命题 A.1   设 $\mathscr{E}$ 为 X 的子集类包含了 $\varnothing$ 和 X, 映射 $\rho : \mathscr{E} \to [0, +\infty]$ 满足 $\rho(\varnothing) = 0$. 则

$$\mu^*(A) = \inf\left\{\sum_{j \in \mathbb{N}} \rho(E_j) : E_j \in \mathscr{E}, A \subset \bigcup_{j \in \mathbb{N}} E_j\right\}, \quad A \in \mathscr{P}(X),$$

定义了 X 上的一个外测度.

证明   对任意 $A \subset X$, 若对所有的 j 取 $E_j = X$, 则 $A \subset \bigcup\limits_{j \in \mathbb{N}} E_j$, 从而 μ^* 是有意义的. 若对所有的 j 取 $E_j = \varnothing$, 则得到 $\mu^*(\varnothing) = 0$. 外测度定义中的 (2) 由 μ^* 的定义得到. 事实上, 若 $A \subset B$, 则覆盖 B 的 $\{E_j\}$ 集合族比覆盖 A 的 $\{E_j\}$ 集合族小. 最后我们验证次可加性. 设 $\{A_j\}_{j \in \mathbb{N}} \subset \mathscr{P}(X)$ 且 $A = \bigcup\limits_{j \in \mathbb{N}} A_j$. 不妨设每一 $\mu^*(A_j) < \infty$, 否则平凡. 任给 $\varepsilon > 0$, 对每一 j 存在 $\{E_j^k\}_{k \in \mathbb{N}} \subset \mathscr{E}$ 使得 $A_j \subset \bigcup\limits_{k \in \mathbb{N}} E_j^k$ 且 $\sum\limits_{k \in \mathbb{N}} \rho(E_j^k) < \mu^*(A_j) + 2^{-j}\varepsilon$. 因此 $A \subset \bigcup\limits_{j,k \in \mathbb{N}} E_j^k$ 且 $\sum\limits_{j,k \in \mathbb{N}} \rho(E_j^k) < \sum\limits_{j \in \mathbb{N}} \mu^*(A_j) + \varepsilon$, 以及 $\mu^*(A) < \sum\limits_{j \in \mathbb{N}} \mu^*(A_j) + \varepsilon$. 由 ε 的任意性, 得证. □

定义 A.2   若 μ^* 为 X 上的外测度, 集合 $A \subset X$ 称作 μ^* **可测**, 若满足下面的 **Carathéodory 判据**:

$$\mu^*(E) = \mu^*(E \cap A) + \mu^*(E \cap A^c), \quad \forall E \in \mathscr{P}(X).$$

由外测度的次可加性, 验证 Carathéodory 判据仅需验证

$$\mu^*(E) \geqslant \mu^*(E \cap A) + \mu^*(E \cap A^c), \quad \forall E \in \mathscr{P}(X), \mu^*(E) < \infty.$$

定理 **A.1** (Carathéodory)　若 μ^* 为 X 上的外测度, 则 μ^* 可测集类 $\mathfrak{M}^*$ 构成一个 σ-代数, 并且 μ^* 限制在 $\mathfrak{M}^*$ 上为完备测度.

证明　首先注意到, 容易看出 $A \in \mathfrak{M}^*$ 可以推出 $A^c \in \mathfrak{M}^*$. 这可以从 Carathéodory 判据直接看出. $\varnothing \in \mathfrak{M}^*$ 且 $\mu^*(\varnothing) = 0$ 也是平凡的. 因此 $X \in \mathfrak{M}^*$. 余下证明可列可加性.

我们先证明有限可加性. 假设 $A, B \in \mathfrak{M}^*$, $E \subset X$. 则由 Carathéodory 判据

$$\mu^*(E) = \mu^*(E \cap A) + \mu^*(E \cap A^c)$$

$$= \mu^*(E \cap A \cap B) + \mu^*(E \cap A \cap B^c) + \mu^*(E \cap A^c \cap B) + \mu^*(E \cap A^c \cap B^c).$$

由等式 $A \cup B = (A \cap B) \cup (A \cap B^c) \cup (B \cap A^c)$ 及次可加性

$$\mu^*(E \cap A \cap B) + \mu^*(E \cap A \cap B^c) + \mu^*(E \cap A^c \cap B) \geqslant \mu^*(E \cap (A \cup B)),$$

故

$$\mu^*(E) \geqslant \mu^*(E \cap A^c \cap B^c) + \mu^*(E \cap (A \cup B))$$

$$= \mu^*(E \cap (A \cup B)^c) + \mu^*(E \cap (A \cup B))$$

因此 $A \cup B \in \mathfrak{M}^*$. 若 $A, B \in \mathfrak{M}^*$ 且 $A \cap B = \varnothing$, 则

$$\mu^*(A \cup B) = \mu^*((A \cup B) \cap A) + \mu^*((A \cup B) \cap A^c) = \mu^*(A) + \mu^*(B).$$

这就证明了有限可加性.

欲证明 $\mathfrak{M}^*$ 为 σ-代数, 只需证明可列可加性. 假设 $\{A_j\}$ 为一列两两不交的 μ^* 可测集. 定义 $B_n = \bigcup_{j=1}^{n} A_j$ 和 $B = \bigcup_{j=1}^{\infty} A_j$. 任给 $E \subset X$,

$$\mu^*(E \cap B_n) = \mu^*(E \cap B_n \cap A_n) + \mu^*(E \cap B_n \cap A_n^c)$$

$$= \mu^*(E \cap A_n) + \mu^*(E \cap B_{n-1}).$$

由简单的归纳法得 $\mu^*(E \cap B_n) = \sum_{j=1}^{n} \mu^*(E \cap A_j)$. 因此

$$\mu^*(E) = \mu^*(E \cap B_n) + \mu^*(E \cap B_n^c) \geqslant \sum_{j=1}^{n} \mu^*(E \cap A_j) + \mu^*(E \cap B^c).$$

令 $n \to \infty$ 我们有

$$\mu^*(E) \geqslant \sum_{j=1}^{\infty} \mu^*(E \cap A_j) + \mu^*(E \cap B^c) \geqslant \mu^* \left(\bigcup_{j=1}^{\infty} (E \cap A_j) \right) + \mu^*(E \cap B^c)$$

$$= \mu^*(E \cap B) + \mu^*(E \cap B^c) = \mu^*(E)$$

因此上式为等式, 从而 $B \in \mathfrak{M}^*$ 且满足可列可加性.

最后验证 $(X, \mathfrak{M}^*, \mu^*)$ 是完备测度空间. 若 $\mu^*(A) = 0$, 任给 $E \subset X$,

$$\mu^*(E) \leqslant \mu^*(E \cap A) + \mu^*(E \cap A^c) = \mu^*(E \cap A^c) \leqslant \mu^*(E).$$

因此 $A \in \mathfrak{M}^*$, 从而完成了证明. □

作为上述 Carathéodory 定理的应用, 我们讨论如何将一个 "测度" 从集合代数扩张至 σ-代数上.

定义 A.3 假设 $\mathscr{A} \subset \mathscr{P}(X)$ 为集合代数. $\mu_0 : \mathscr{A} \to [0, \infty]$ 称作**预测度**, 若

(1) $\mu_0(\varnothing) = 0$;

(2) 若 $\{A_j\}_{j \in \mathbb{N}} \subset \mathscr{A}$ 两两不交且 $A = \bigcup\limits_{j \in \mathbb{N}} A_j \in \mathscr{A}$, 则 $\mu_0(A) = \sum\limits_{j \in \mathbb{N}} \mu_0(A_j)$.

若 $\mathscr{A}$ 为 X 上的集合代数, μ_0 为 $\mathscr{A}$ 上的预测度, 仿照前面 Carathéodory 构造, 可以定义外测度

$$\mu^*(E) = \inf \left\{ \sum_{j \in \mathbb{N}} \mu_0(A_j) : A_j \in \mathscr{A}, E \subset \bigcup_{j \in \mathbb{N}} A_j \right\}. \tag{A.1}$$

定理 A.2 若 $\mathscr{A}$ 为 X 上的集合代数, μ_0 为 $\mathscr{A}$ 上的预测度, μ^* 如(A.1)定义, 则 μ^* 限制在 $\mathscr{A}$ 上与 μ_0 相容, 且 $\mathscr{A}$ 中元均 μ^*-可测.

证明 假设 $E \in \mathscr{A}$. 若 $\{A_j\} \subset \mathscr{A}$ 且 $E \subset \bigcup\limits_{j \in \mathbb{N}} A_j$, 令 $B_1 = E \cap A_1$, $B_n = E \cap \left(A_n \setminus \bigcup\limits_{j=1}^{n-1} A_j \right) (n \geqslant 2)$. 则 $\{B_n\}$ 两两不交且 $E = \bigcup\limits_{j \in \mathbb{N}} B_j$. 故

$$\mu_0(E) = \sum_{j \in \mathbb{N}} \mu_0(B_j) \leqslant \sum_{j \in \mathbb{N}} \mu_0(A_j).$$

从而 $\mu_0(E) \leqslant \mu^*(E)$. 相反的不等号是平凡的. 因为只要选取 $A_1 = E$ 以及 $A_j = \varnothing (j \geqslant 2)$. 综上可得 $\mu_0(E) = \mu^*(E)$.

假设 $A \in \mathscr{A}$, $E \subset X$. 任给 $\varepsilon > 0$, 存在 $\{B_j\} \subset \mathscr{A}$, $E \subset \bigcup\limits_{j \in \mathbb{N}} B_j$ 使得 $\sum\limits_{j \in \mathbb{N}} \mu_0(B_j) < \mu^*(E) + \varepsilon$. 因为预测度 μ_0 满足有限可加性, 故

$$\mu^*(E) + \varepsilon > \sum_{j \in \mathbb{N}} \mu_0(B_j) = \sum_{j \in \mathbb{N}} \mu_0(B_j \cap A) + \sum_{j \in \mathbb{N}} \mu_0(B_j \cap A^c)$$

$$\geqslant \mu^*(E \cap A) + \mu^*(E \cap A^c).$$

由 ε 的任意性, $\mu^*(E) \geqslant \mu^*(E \cap A) + \mu^*(E \cap A^c)$. 因此 A 满足 Carathéodory 判据, 从而 A 为 μ^*-可测. 证毕. □

定理 A.3 (Carathéodory 扩张定理)　设 μ_0 为集合代数 $\mathscr{A} \subset \mathscr{P}(X)$ 上的预测度, $\mathfrak{M}$ 为 $\mathscr{A}$ 生成的 σ-代数. 则存在测度 μ 为 μ_0 从 $\mathscr{A}$ 到 $\mathfrak{M}$ 的扩张. 确切地说, 若 μ^* 为(A.1)所决定, 则测度 μ 为外测度 μ^* 在 $\mathfrak{M}$ 上的限制.

若 ν 为另一个 $\mathfrak{M}$ 上的测度且为 μ_0 的扩张, 则 $\nu \leqslant \mu$, 并且等号对满足 $\mu(E) < \infty$ 的 E 成立. 若 μ_0 为 σ-有限, 则上述扩张唯一.

证明　由引理 A.2, 所有 μ^*-可测集 $\mathfrak{M}^*$ 构成的 σ-代数包含 $\mathscr{A}$, 从而包含 $\mathfrak{M}$. 设 μ 为 μ^* 在 $\mathfrak{M}$ 上的限制, 由定理 A.1, μ 为 $\mathfrak{M}$ 上的测度. 再由引理 A.2, μ 限制在 $\mathscr{A}$ 上与 μ_0 相容. 这证明了定理的第一部分.

现假设 ν 为另一个 $\mathfrak{M}$ 上的测度且为 μ_0 的扩张. 若 $E \in \mathfrak{M}$, $\{A_j\} \subset \mathscr{A}$ 使得 $E \subset \bigcup_{j \in \mathbb{N}} A_j$, 则 $\nu(E) \leqslant \sum_{j \in \mathbb{N}} \nu(A_j) = \sum_{j \in \mathbb{N}} \mu_0(A_j)$. 因此 $\nu(E) \leqslant \mu(E)$. 特别地, 对任意 $\{A_j\} \subset \mathscr{A}$, 设 $A = \bigcup_{j \in \mathbb{N}} A_j$, 则 $A \in \mathfrak{M}$,

$$\nu(A) = \lim_{n \to \infty} \nu\left(\bigcup_{j=1}^n A_j\right) = \lim_{n \to \infty} \mu\left(\bigcup_{j=1}^n A_j\right) = \mu(A).$$

若 $\mu(E) < \infty$, 任给 $\varepsilon > 0$, 存在 $\{A_j\} \subset \mathscr{A}$, $E \subset A = \bigcup_{j \in \mathbb{N}} A_j$ 使得 $\mu(A) < \mu(E) + \varepsilon$. 因此 $\mu(A \setminus E) < \varepsilon$,

$$\mu(E) \leqslant \mu(A) = \nu(A) = \nu(E) + \nu(A \setminus E) \leqslant \nu(E) + \mu(A \setminus E) \leqslant \nu(E) + \varepsilon.$$

由 ε 的任意性, 并结合前面的不等式, $\nu(E) = \mu(E)$.

最后, 因为 μ_0 为 σ-有限, 则存在 $\{A_j\} \subset \mathscr{A}$, $\mu_0(A_j) < \infty (j \in \mathbb{N})$ 使得 $X = \bigcup_{j \in \mathbb{N}} A_j$. 不失一般性, 假设 $\{A_j\}$ 两两不交. 因此

$$\mu(E) = \sum_{j \in \mathbb{N}} \mu(E \cap A_j) = \sum_{j \in \mathbb{N}} \nu(E \cap A_j) = \nu(E).$$

这就证明了唯一性.　□

注 A.1　定理 A.3 的证明实际上蕴含了更多信息, 即 μ_0 可以扩张到所有 μ^*-可测集的 σ-代数 $\mathfrak{M}^*$ 上.

定理 A.4　设 $\mathscr{A} \subset \mathscr{P}(X)$ 为集合代数, μ_0 为 $\mathscr{A}$ 上的预测度, μ^* 为(A.1)决定的外测度. 记 $\mathscr{A}_\sigma$ 为 $\mathscr{A}$ 中集合可数并组成的集合族, $\mathscr{A}_{\sigma\delta}$ 为 $\mathscr{A}_\sigma$ 中元的可数交组成的集合族.

(1) 任给 $E \subset X$ 和 $\varepsilon > 0$, 存在 $A \in \mathscr{A}_\sigma$, $E \subset A$, 使得 $\mu^*(A) \leqslant \mu^*(E) + \varepsilon$;

(2) 若 $\mu^*(E) < \infty$, 则 E 为 μ^* 可测当且仅当存在 $B \in \mathscr{A}_{\sigma\delta}$ 使得 $E \subset B$ 且 $\mu^*(B \setminus E) = 0$;

(3) 若 μ_0 为 σ-有限, 结论(2)去掉 $\mu^*(E) < \infty$ 的条件亦成立.

证明   设 $\mathfrak{M}^*$ 为所有 μ^* 可测集构成的 σ-代数, 由注 A.1, 记 μ 为定理 A.3 中 μ_0 到 $\mathfrak{M}^*$ 上的扩张测度.

不失一般性, 假设 $\mu^*(E) < \infty$. 任给 $E \subset X$ 和 $\varepsilon > 0$, 存在 $A = \bigcup\limits_{j \in \mathbb{N}} A_j \in \mathscr{A}_\sigma$(可设 $\{A_j\}$ 两两不交), $E \subset A$ 使得

$$\mu^*(E) + \varepsilon > \sum_{j \in \mathbb{N}} \mu_0(A_j) = \sum_{j \in \mathbb{N}} \mu(A_j) = \mu(A) = \mu^*(A).$$

这就证明了 (1).

下面证明 (2). 若存在 $B \in \mathscr{A}_{\sigma\delta}$ 使得 $E \subset B$ 且 $\mu^*(B \setminus E) = 0$, 由定理 A.1, $B \setminus E \in \mathfrak{M}^*$. 因此 $E = B \cup (B \setminus E) \in \mathfrak{M}^*$. 反之, 假设 $E \in \mathfrak{M}^*$ 且 $\mu^*(E) < \infty$, 由 (1), 存在 $A_j \in \mathscr{A}_\sigma$, $E \subset A_j$ 使得

$$\mu(A_j) = \mu^*(A_j) < \mu^*(E) + \frac{1}{j}, \quad j \in \mathbb{N}.$$

定义 $B = \bigcap\limits_{j \in \mathbb{N}} A_j$, 则 $B \in \mathscr{A}_{\sigma\delta}$ 且 $E \subset B$,

$$\mu^*(B \setminus E) = \mu(B \setminus E) = \mu(B) - \mu(E) \leqslant \mu(A_j) - \mu^*(E) < \frac{1}{j}, \quad j \in \mathbb{N}.$$

由 j 的任意性, $\mu^*(B \setminus E) = 0$.

最后, 若 μ_0 为 σ-有限. 存在 $\{A_j\} \in \mathscr{A}$, $\mu_0(A_j) < \infty$(可设 $\{A_j\}$ 两两不交) 使得 $X = \bigcup\limits_{j \in \mathbb{N}} A_j$. 对每一 $E_j = E \cap A_j$ 运用 (2) 得到相应的 B_j, 再令 $B = \bigcup\limits_{j \in \mathbb{N}} B_j$ 即可. $\quad\square$

类似如前面 Lebesgue 测度的构造, 我们也可以引入内测度.

定义 A.4   设 μ_0 为集合代数 $\mathscr{A} \subset \mathscr{P}(X)$ 上的预测度且 $\mu_0(X) < \infty$. 设 μ^* 为(A.1)决定的外测度, 则定义集合 $E \subset X$ 的**内测度**为

$$\mu_*(E) = \mu_0(X) - \mu^*(E^c).$$

命题 A.2   设 μ_0 为集合代数 $\mathscr{A} \subset \mathscr{P}(X)$ 上的预测度且 $\mu_0(X) < \infty$, μ^* 为(A.1)决定的外测度, 则 $\mu_* \leqslant \mu^*$, 并且 E 为 μ^* 可测当且仅当 $\mu^*(E) = \mu_*(E)$.

证明   由内测度的定义及外测度的次可加性, $\mu_* \leqslant \mu^*$. 设 $\mathfrak{M}^*$ 为所有 μ^* 可测集构成的 σ-代数, 由注 A.1, 设 μ 为定理 A.3 决定的 μ_0 到 $\mathfrak{M}^*$ 上的扩张测度.

若 E 为 μ^* 可测, 存在 $A, B \in \mathscr{A}_{\sigma\delta}$, $A \supset E^c$, $B \supset E$ 使得 $\mu^*(A \setminus E^c) = \mu^*(B \setminus E) = 0$.

因此

$$\mu^*(E) \leqslant \mu^*(B) = \mu(B) = \mu(A^c) + \mu(B \setminus A^c)$$

$$\leqslant \mu(A^c) + \mu^*(B \setminus E) = \mu(X) - \mu^*(A)$$

$$\leqslant \mu(X) - \mu^*(E^c) = \mu_*(E).$$

故 $\mu^*(E) = \mu_*(E)$.

反之, 假设 $\mu^*(E) = \mu_*(E)$. 由定理 A.4 (1), 存在 $A_j, B_j \in \mathscr{A}_\sigma$, $A_j \supset E^c$, $B_j \supset E$, 使得

$$\mu(A_j) < \mu^*(E^c) + \frac{1}{2j}, \quad \mu(B_j) < \mu^*(E) + \frac{1}{2j},$$

因此

$$\mu(B_j \setminus E) \leqslant \mu(B_j \setminus A_j^c) = \mu(B_j) - \mu(A_j^c) = \mu(B_j) - (\mu(X) - \mu(A_j))$$

$$\leqslant \mu^*(E) + \frac{1}{2j} - \mu(X) + \mu^*(E^c) + \frac{1}{2j}$$

$$\leqslant \frac{1}{j}.$$

令 $B = \bigcap_{j \in \mathbb{N}} B_j$, 则 $\mu(B \setminus E) \leqslant \frac{1}{j}$. 由 j 的任意性, $\mu(B \setminus E) = 0$. 定理 A.4 (2) 表明 E 为 μ^* 可测. $\qquad \square$

下面我们来解释, 定理 A.1 中的测度是定理 A.3 中的测度完备化.

定理 A.5   设 $(X, \mathfrak{M}, \mu)$ 为测度空间. μ^* 为(A.1)决定的外测度, $\mathfrak{M}^*$ 为 μ^* 可测集的 σ-代数, 测度 $\bar{\mu}$ 为 μ^* 在 $\mathfrak{M}^*$ 上的限制. 若 μ 为 σ-有限, 则 $(X, \mathfrak{M}^*, \bar{\mu})$ 为 $(X, \mathfrak{M}, \mu)$ 的完备化.

证明   分别对 E 和 E^c 运用定理 A.4 的 (3). $\qquad \square$

A.2   Carathéodory 构造与 Lebesgue 测度

我们回忆前面在 Euclid 空间 $\mathbb{R}^n$ 上构造 Lebesgue 测度 m 的过程.

(1) 首先对每一特殊矩体 $I = \prod_{i=1}^{n}[a_i, b_i]$, 定义 $m(I) = \text{vol}\,(I) = \prod_{i=1}^{n}(b_i - a_i)$ 使得我们构造的 $m(I)$ 与几何体 I 的体积 $\text{vol}(I)$ 相容. 这一点是十分自然的. 对于有限个特殊矩体之并构成的特殊多面体亦然.

(2) 因为任意开集 $G \subset \mathbb{R}^n$ 均可写成内部不交的可数个特殊矩体 I_k 之并, 即 $\mathbb{R}^n = \bigcup_{k \in \mathbb{N}} I_k$, 因此开集 G 的 "测度" $m(G)$ 已经可以理解为这些特殊矩体的体积之和. 从这个意义上, 开集的测度也是与其几何意义下的体积相容的. 至于紧集 K, 当然也可以通过有界开集 $G \supset K$ 的补集 $G \setminus K$(为开集) 来理解 $m(K)$. 这实际上是用内测度 $m_*(K)$ 来处理的.

(3) 接下来, 考虑 $\mathbb{R}^n$ 上的拓扑 τ, 因为 τ 中元在 (可数) 并运算下封闭, 因此实际上是按照 Carathéodory 构造定义了外测度 m^*. 如果直接利用定理 A.1, 我们就得到 m^*-可测集类 $\mathfrak{M}^*$, 而且 m^* 限制在 $\mathfrak{M}^*$ 上为完备测度, 即 Lebesgue 测度. 不过我们接下来详细解释了这一过程.

(4) 在下一步, 我们将沿用命题 A.2 的表述来定义上 m^*-可测集类 $\mathscr{L}_0$, 它为集合代数. 因此现在说明了 m 为 $\mathscr{L}_0$ 上的预测度.

(5) 最后一步, 我们运用 Carathéodory 扩张定理验证 m 可以扩张到 $\mathscr{L}$ 成为 Lebesgue 测度. 这个过程需要运用逼近性质定理 A.4, 注意, 这里使用了条件 "预测度 m 为 σ-有限", 因为 m 在紧集上有限且 $\mathbb{R}^n$ 为 σ-紧.

利用 Carathéodory 扩张定理, 我们还可以看出, 从包含 τ 的最小集合代数 $\mathscr{A}(\tau)$ 出发, 可以将 m 扩张成 $\mathscr{A}(\tau)$ 上的一个预测度, 再扩张到 Borel 集类 $\mathscr{B}(\mathbb{R}^n)$ 上, 使得 $(\mathbb{R}^n, \mathscr{B}(\mathbb{R}^n), m)$ 为 Borel 测度空间. 而 $(\mathbb{R}^n, \mathscr{L}, m)$ 为 $(\mathbb{R}^n, \mathscr{B}(\mathbb{R}^n), m)$ 的完备化.

补充材料

B.1　Rademacher 定理及其证明

本小节将给出 Rademacher 定理的一个详尽证明. 我们采纳的是文献 [36] 中的方法. 对于一维情形 Rademacher 定理不依赖于 Lebesgue 单调函数微分定理以及覆盖定理的证明可参见文献 [51]. 另外一个类似的详尽证明可参见文献 [17, Theorem 3.2]. 一个本质上基于 Sobolev 嵌入定理的证明可参见文献 [25, Theorem 6.15].

1. Lipschitz 函数

定义 B.1　*函数 $f: E \subset \mathbb{R}^n \to \mathbb{R}^m$ 称作K-**Lipschitz**, 若存在 $K > 0$ 使得*

$$|f(x) - f(y)| \leqslant K|x - y|, \quad \forall x, y \in E.$$

定理 B.1 (Rademacher)　*设 $f: \mathbb{R}^n \to \mathbb{R}^m$ 为 Lipschitz 函数, 则 f 几乎处处可微.*

回忆一下 Lipschitz 函数一些基本事实:

(1) 若 $\mathscr{F}$ 为一族 $E \subset \mathbb{R}^n$ 上 K-Lipschitz 函数且 $s(x) = \sup\{f(x) : f \in \mathscr{F}\}$ 处处有限, 则 s 亦为 K-Lipschitz 函数;

(2) 若 $\{f_k\}$ 为 $E \subset \mathbb{R}^n$ 上 K-Lipschitz 函数序列, 且 $\lim\limits_{k \to \infty} f_k(x) = f(x)$ 处处存在且有限, 则 f 亦为 K-Lipschitz 函数;

(3) 若 f 为 $\mathbb{R}^n$ 上的 K-Lipschitz 函数, $a \in \mathbb{R}^n$, $c, t \in \mathbb{R}$ 且 $t \neq 0$, 则函数

$$x \mapsto f(x) + c, \ x \mapsto f(a + x), \ x \mapsto f(tx)/t, \quad x \in \mathbb{R}^n$$

均为 K-Lipschitz 函数;

(4) 设 $E \subset \mathbb{R}^n$ 为紧集, $\{f_\tau\}_{\tau > 0}$ 为一族 E 上的 K-Lipschitz 函数, 并且关于 τ 单调递增 (即 $\tau_1 \leqslant \tau_2$ 意味着 $f_{\tau_1} \leqslant f_{\tau_2}$). 若 $g(x) = \lim\limits_{\tau \to 0^+} f_\tau(x)$ 处处存在并有限, 则 g 为 E 上的 K-Lipschitz 函数且 f_τ 一致收敛于 g.

上述结论 (1), (2) 和 (3) 证明是不难的. (4) 的证明借助 (2) 以及关于连续函数序列单调收敛的 Dini 引理.

2. Rademacher 定理的证明

固定 $x \in \mathbb{R}^n$. 任给 $v \in \mathbb{R}^n$, 定义 f 在 x 处的 (沿 v 的) 方向导数

$$D_v f(x) = \lim_{t \to 0} \frac{f(x + tv) - f(x)}{t}, \quad x \in \mathbb{R}^n, \tag{B.1}$$

若上述极限存在, 定义 Dini 方向导数

$$\overline{D}_v f(x) = \limsup_{t \to 0} \frac{f(x + tv) - f(x)}{t},$$

$$\underline{D}_v f(x) = \liminf_{t \to 0} \frac{f(x+tv) - f(x)}{t}.$$

很明显 $D_v f(x)$ 存在当且仅当 $\overline{D}_v f(x) = \underline{D}_v f(x)$. 若任给 $v \in \mathbb{R}^n$, $D_v f(x)$ 存在并且映射 $v \mapsto D_v f(x)$ 为线性, 则函数 $f : \mathbb{R}^n \to \mathbb{R}^m$ 称作在 x 处 Gâteaux 可微. 下面的结论是已知的: f 在 x 处 (Frèchet) 可微当且仅当 f 在 x 处 Gâteaux 可微, 且(B.1)中极限对 $v \in S = \{v : |v| = 1\}$ 是一致的.

命题 B.1 设 $f : \mathbb{R}^n \to \mathbb{R}^m$ 为 Lipschitz 函数, 若 f 在 x 处 Gâteaux 可微, 则 f 在 x 处 Frèchet 可微.

命题 B.2 设 $f : \mathbb{R}^n \to \mathbb{R}^m$ 为 Lipschitz 函数, 则 f 在 $\mathbb{R}^n$ 上几乎处处 Gâteaux 可微.

不难看出, Rademacher 定理的证明由上述两个命题直接得到.

3. Gâteaux 可微蕴涵了 Frèchet 可微

命题 B.1 的证明 对任意 $\tau > 0$ 定义

$$\overline{g}_\tau^x(v) = \sup\left\{ \frac{f(x+tv) - f(x)}{t} : t \in (-\tau, \tau) \setminus \{0\} \right\},$$

$$\underline{g}_\tau^x(v) = \inf\left\{ \frac{f(x+tv) - f(x)}{t} : t \in (-\tau, \tau) \setminus \{0\} \right\}.$$

由 (3), 对任意 $t \in (-\tau, \tau) \setminus \{0\}$, 映射 $v \mapsto \dfrac{f(x+tv) - f(x)}{t}$ 为 K-Lipschitz. 因此, 由 (1) 我们知道 $\overline{g}_\tau^x$ 和 $\underline{g}_\tau^x$ 均为 K-Lipschitz. 则任给 $0 < \tau < \tau'$,

$$\underline{g}_{\tau'}^x(v) \leqslant \underline{g}_\tau^x(v) \leqslant \frac{f(x+\tau v) - f(x)}{\tau} \leqslant \overline{g}_\tau^x(v) \leqslant \overline{g}_{\tau'}^x(v) \tag{B.2}$$

且

$$\lim_{\tau \to 0^+} \underline{g}_\tau^x(v) = \underline{D}_v f(x), \quad \lim_{\tau \to 0^+} \overline{g}_\tau^x(v) = \overline{D}_v f(x). \tag{B.3}$$

由 (4), (B.3)中的收敛对单位球面 S 是一致的. f 在 x 处 Gâteaux 可微表明 $\underline{D}_v f(x) = \overline{D}_v f(x) = D_v f(x)$, 从而(B.1)中的收敛性对 S 是一致的. 这就证明了 f 在 x 处 Frèchet 可微. $\qquad\square$

4. f 几乎处处 Gâteaux 可微

命题 B.2 的证明 因为 f 连续, 且注意到

$$\overline{D}_v f(x) = \lim_{k \to \infty} \sup_{|t| \in (0,1/k) \cap \mathbb{Q}} \frac{f(x+tv) - f(x)}{t},$$

故 $\overline{D}_v f(x)$ 为 Borel 可测. 类似 $\underline{D}_v f(x)$ 亦为 Borel 可测. 对任意 $v \in S$, 定义 $A_v = \{x \in \mathbb{R}^n : \underline{D}_v f(x) < \overline{D}_v f(x)\}$, 则 A_v 为 Borel 可测. 定义函数 $\phi : \mathbb{R} \to \mathbb{R}$, $\phi(t) = f(x+tv)$,

$t \in \mathbb{R}$, 则 ϕ 为 K-Lipschitz, 从而绝对连续, 因此 ϕ 为 $\mathcal{L}^1$-几乎处处可微. 故对任意平行于 v 的直线 L, $\mathcal{L}^1(A_v \cap L) = 0$. 则由 Fubini 定理, $\mathcal{L}^n(A_v) = 0$.

设 $A = \cup\{A_v : v \in \mathbb{R}^n\}$, 则 $A = \cup\{A_v : v \in C\}$, 其中 C 为 $\mathbb{R}^n$ 的任意稠密子集. 事实上, 若 $x \notin \cup\{A_v : v \in C\}$, 则对 $v \in C$ 有 $\underline{D}_v f(x) = \overline{D}_v f(x)$. 由 (2) 和 (B.3), 映射 $v \mapsto \underline{D}_v f(x)$ 和 $v \mapsto \overline{D}_v f(x)$ 均为 Lipschitz, 从而对任意 $v \in \mathbb{R}^n$ 有 $\underline{D}_v f(x) = \overline{D}_v f(x)$, 即 $x \notin A$. 故结合前面的讨论, $\mathcal{L}^n(A) = 0$.

设 $G = \{x : f$ 在 x 处非 Gâteaux 可微$\}$, 我们证明 $G \setminus A$ 为零测集. 首先注意到, 若 $x \in G \setminus A$, 则函数 $v \mapsto D_v f(x)$ 有定义, 1 次齐次, 但非线性. 也就是说存在 $v_1, v_2 \in \mathbb{R}^n$, 使得 $D_{v_1} f(x) + D_{v_2} f(x) - D_{v_1+v_2} f(x) \neq 0$. 由 $v \mapsto D_v f(x)$ 的连续性, 则存在 $w_1, w_2 \in C$ 使得 $D_{w_1} f(x) + D_{w_2} f(x) - D_{w_1+w_2} f(x) \neq 0$. 为此, 对 $r_1, r_2 \in \mathbb{R}$ 及 $v_1, v_2 \in \mathbb{R}^n$, 定义

$$B^+(v_1, v_2, r_1, r_2) = \{x \notin A : D_{v_1} f(x) > r_1, D_{v_2} f(x) > r_2, D_{v_1+v_2} f(x) < r_1 + r_2\},$$

$$B^-(v_1, v_2, r_1, r_2) = \{x \notin A : D_{v_1} f(x) < r_1, D_{v_2} f(x) < r_2, D_{v_1+v_2} f(x) > r_1 + r_2\}.$$

则容易看出

$$G \setminus A = \bigcup_{v_1, v_2 \in C, r_1, r_2 \in \mathbb{Q}} (B^+(v_1, v_2, r_1, r_2) \cup B^-(v_1, v_2, r_1, r_2)).$$

因此只需证明对固定的 v_1, v_2, r_1, r_2, $B^{\pm}(v_1, v_2, r_1, r_2)$ 是零测集.

对 $v_1, v_2 \in \mathbb{R}^n, r_1, r_2 \in \mathbb{R}$ 和 $m \in \mathbb{N}$ 引入集合 $B(v_1, v_2, r_1, r_2, m)$ 为所有 $x \in \mathbb{R}^n$ 的全体: 在 x 处满足

$$\underline{g}^x_{\frac{1}{m}}(v_1) = \inf\left\{\frac{f(x + tv_1) - f(x)}{t} : 0 < |t| < \frac{1}{m}\right\} > r_1,$$

$$\underline{g}^x_{\frac{1}{m}}(v_2) = \inf\left\{\frac{f(x + tv_2) - f(x)}{t} : 0 < |t| < \frac{1}{m}\right\} > r_2,$$

$$\overline{g}^x_{\frac{1}{m}}(v_1 + v_2) = \sup\left\{\frac{f(x + t(v_1 + v_2)) - f(x)}{t} : 0 < |t| < \frac{1}{m}\right\} < r_1 + r_2.$$

则集合 $B(v_1, v_2, r_1, r_2, m)$ 为 Borel 可测, 且

$$B^+(v_1, v_2, r_1, r_2) \subset \bigcup_{m \in \mathbb{N}} B(v_1, v_2, r_1, r_2, m).$$

从而只需对固定的 m, 证明集合 $B(v_1, v_2, r_1, r_2, m)$ 为零测集. 同样的, 可考虑集合 $B^-(v_1, v_2, r_1, r_2)$.

类似于前面讨论, 由 Fubini 定理我们只需证明对任意平行于 $v_1 + v_2$ 的直线 L, $T = B(v_1, v_2, r_1, r_2, m) \cap L$ 为零测集. 注意, 这里假设 $v_1 + v_2 \neq 0$, 否则 $B(v_1, v_2, r_1, r_2)$ 为空集. 下面将证明 T 甚至是可数的.

为此, 只需证明任给 $x, y \in T$, $x \neq y$, $|x-y| \geqslant |v_1 + v_2|/m$. 否则假设存在 $x, y \in T$, $x \neq y$, 但 $|x-y| < |v_1 + v_2|/m$. 不失一般性, 假设 $y = x + t(v_1 + v_2)$, $0 < t < 1/m$. 由于 $x \in B(v_1, v_2, r_1, r_2, m)$, 故

$$\frac{f(x+tv_1) - f(x)}{t} > r_1,$$

$$\frac{f(y) - f(x)}{t} = \frac{f(x + t(v_1 + v_2)) - f(x)}{t} < r_1 + r_2.$$

又 $y \in B(v_1, v_2, r_1, r_2, m)$, 故

$$-\frac{f(x+tv_1) - f(y)}{t} = \frac{f(y + (-t)v_2) - f(y)}{-t} > r_2.$$

上面的不等式意味着

$$f(x+tv_1) - f(x) > r_1 t,$$

$$f(y) - f(x) < (r_1 + r_2)t,$$

$$f(x+tv_1) - f(y) < -r_2 t.$$

这产生了矛盾. $\qquad\square$

B.2 凸分析初步

从某种意义上凸函数是最简单和最重要的一类非线性、非光滑函数. 它具有丰富的分析、代数和几何结构, 无论是理论还是应用上, 凸性都是极为重要的研究对象. 本附录将简单回顾凸分析中一些基本内容.

1. 凸集和凸函数

我们仅考虑 d 维 Euclid 空间 $\mathbb{R}^d$ 上的凸分析 $(d \in \mathbb{N})$.

定义 B.2 (1) 集合 $C \subset \mathbb{R}^d$ 称作**凸集**, 若

$$\lambda \in (0,1), \ x, y \in C \implies \lambda x + (1-\lambda)y \in C.$$

(2) 若 $C \subset \mathbb{R}^d$ 为凸集, $f: C \to \mathbb{R}$ 称作**凸函数**, 若

$$f(\lambda x + (1-\lambda)y) \leqslant \lambda f(x) + (1-\lambda)f(y), \qquad \forall x, y \in C, \lambda \in [0,1]. \tag{B.4}$$

(3) 对于实函数 $f: \mathbb{R}^d \to (-\infty, +\infty]$, 其定义域 $\{x \in \mathbb{R}^d : f(x) < +\infty\}$ 记作 $\mathrm{dom}(f)$, 若 f 在 $\mathrm{dom}(f)$ 上满足(B.4), 则 f 称作凸函数.

设函数 $f : \mathbb{R}^d \to [-\infty, +\infty]$, $\alpha \in \mathbb{R}$, 我们称 $\{x \in \mathbb{R}^d : f(x) \leqslant \alpha\}$ 为函数 f 的α-次水平集. 函数 f 的上图为

$$\operatorname{epi} f = \{(x,t) \in \mathbb{R}^d \times \mathbb{R} : f(x) \leqslant t\}.$$

若函数 f 上图 $\operatorname{epi} f$ 为 $\mathbb{R}^d \times \mathbb{R}$ 中的闭集, 则 f 称作**闭**的. 由定理 1.7, f 闭当且仅当 f 为下半连续. 容易证明, 对定理 1.7 中的下半连续包函数 $\underline{f}$, $\operatorname{epi} f$ 的闭包也是函数 $\underline{f}$ 的上图, 即 $\operatorname{epi} \underline{f} = \overline{\operatorname{epi} f}$. 函数 f 为凸函数当且仅当其上图 $\operatorname{epi} f$ 为凸集. 这是凸函数一个十分直观的几何解释. 一个集合 $S \subset \mathbb{R}^d$ 的**凸包**$\operatorname{co} S$ 为所有包含 S 的凸集之交. 同样, 可定义函数 f 的**凸包**, 记 $\operatorname{co} f$, 为

$$\operatorname{co} f(x) = \inf\{t : (x,t) \in \operatorname{co} \operatorname{epi} f\},$$

(为什么?) 不难验证 $\operatorname{co} f$ 为不超过 f 的最大凸函数. 通常, 函数 $f : \mathbb{R}^d \to (-\infty, +\infty]$ 称作常态 (proper), 若 $\operatorname{dom}(f) \neq \varnothing$. 函数 $f(x) = -|x|$ 的凸包 $\operatorname{co} f \equiv -\infty$, 因此它不是常态的.

例 B.1　下面是一些常见的凸集和凸函数.

(1) 若 $\forall t \geqslant 0$, $tK \subset K$, 则 K 称作**锥**. 所有锥均为凸集.

(2) $\Delta^d = \{x \in \mathbb{R}^d_+ : \sum x_i \leqslant 1\}$ 称作 $\mathbb{R}^d$ 中的 d 维**单纯形**. Δ^d 为紧凸集.

(3) 对子集 $D \subset \mathbb{R}^d$, 设

$$\chi_D(x) = \begin{cases} 0, & x \in D, \\ +\infty & x \notin D. \end{cases}$$

若 D 为凸集, 则 χ_D 为凸函数.

(4) 函数 $f(x) = \dfrac{1}{p}|x|^p$, $p \geqslant 1$, 为凸函数.

(5) 若 $C \subset \mathbb{R}^d$ 为非空闭凸集, 则距离函数 d_C 为凸函数.

(6) 函数 $f(x) = x \log x$ 为 $(0, \infty)$ 上的凸函数. 函数 $f(x) = \mathrm{e}^x$ 为 $\mathbb{R}$ 上的凸函数.

函数 $f : \mathbb{R}^d \to \mathbb{R}^{d'}$ 称作**仿射**, 若

$$f(\lambda x + (1-\lambda)y) = \lambda f(x) + (1-\lambda)f(y), \qquad \lambda \in \mathbb{R}, \ x, y \in \mathbb{R}^d.$$

容易知道, f 为仿射当且仅当 $f = y_0 + T$, 其中 $y_0 \in \mathbb{R}^{d'}$ 且 $T : \mathbb{R}^d \to \mathbb{R}^{d'}$ 为线性映射.

思考题　证明关于凸函数的如下基本性质:

(1) 若 $\{f_\alpha\}$ 为一族 $\mathbb{R}^d$ 上的凸函数, 则 $f = \sup\limits_\alpha f_\alpha$ 亦为凸函数;

(2) f 为凸函数当且仅当 $\operatorname{epi} f$ 为凸集, 当且仅当 $\chi_{\operatorname{epi} f}$ 为凸函数;

(3) 若 α 为仿射且 f 为凸函数, 则 $f \circ \alpha$ 为凸函数;

(4) 若 $f : \mathbb{R}^d \to (-\infty, +\infty]$ 为凸函数, $g : (-\infty, +\infty] \to (-\infty, +\infty]$ 为单调递增凸函数, 则 $f \circ g$ 为凸函数;

(5) 任给 $t > 0$, f 为凸函数当且仅当函数 $(t, x) \mapsto tf(x/t)$ 为凸函数.

2. 凸函数的连续性和可微性

我们从一维情形开始讨论.

定理 B.2　设 $f : \mathbb{R} \to (-\infty, +\infty]$ 为凸函数且 $x < y < z$, 则

$$\frac{f(y) - f(x)}{y - x} \leqslant \frac{f(z) - f(x)}{z - x} \leqslant \frac{f(z) - f(y)}{z - y}, \qquad \forall x, y, z \in \mathrm{dom}\,(f).$$

证明　观察到

$$y = \frac{z - y}{z - x} \cdot x + \frac{y - x}{z - x} \cdot z.$$

因此 f 的凸性表明

$$f(y) \leqslant \frac{z - y}{z - x} \cdot f(x) + \frac{y - x}{z - x} \cdot f(z).$$

所需不等式由上面不等式容易得到. □

下面的一维凸函数分析性质是基本的.

定理 B.3　设 $I \subset \mathbb{R}$ 为开区间, $f : I \to \mathbb{R}$ 为凸函数. 记 $f'_-(x)$ 和 $f'_+(x)$ 分别为 f 在 x 处的左导数和右导数, 则下面的结论成立:

(1) $f'_-(x)$ 和 $f'_+(x)$ 对任意 $x \in I$ 存在且有限;

(2) f'_- 和 f'_+ 均为 I 上的单调递增函数;

(3) 对任意 $x, y \in I$, $x < y$, $f'_+(x) \leqslant f'_-(y) \leqslant f'_+(y)$;

(4) 除去至多可数个点, f 在 I 上可微;

(5) 若 $[a, b] \subset I$ 且 $M = \max\{|f'_+(a)|, |f'_-(b)|\}$, 则

$$|f(x) - f(y)| \leqslant M|x - y|, \qquad \forall x, y \in [a, b];$$

(6) f 局部 Lipschitz.

证明　性质 (1)—(3) 直接由定理(B.2)得到. 为证明 (4), 假设 $x_0 \in I$ 为单调函数 f'_+ 的连续点, 则由 (3) 和连续性

$$f'_+(x_0) = \lim_{x \to x_0^-} f'+(x) \leqslant f'_-(x_0) \leqslant f'_+(x_0).$$

从而由单调函数 f'_+ 的不连续点至多可数知 (4) 成立. (5) 实际上也是定理(B.2)的直接推论. 最后, (6) 为 (5) 的推论. □

定理 B.3 的一个直接推论是: 凸函数的单边导数必存在并且有限. 这个结果可以参照例 1.14.

下面我们来讨论凸函数局部性质.

引理 B.4　设 $f: \mathbb{R}^d \to (-\infty, +\infty]$ 为凸函数. 若存在 $m < M$ 及 $\delta > 0$ 使得

$$m \leqslant f(x) \leqslant M, \qquad x \in B(x_0, 2\delta),$$

则 f 在 $B(x_0, \delta)$ 上 Lipschitz. 确切地说, 任给 $y, y' \in B(x_0, \delta)$

$$|f(y) - f(y')| \leqslant \frac{M - m}{\delta} |y - y'|.$$

注 B.1　事实上, 引理 B.4 中 f 的下有界可以由上有界及凸性得到. 假设 f 在 $B(x_0, 2\delta)$ 上有上界 M. 任给 $h \in B(0, 2\delta)$, 则 $f(x_0) \leqslant \frac{1}{2} f(x_0 + h) + \frac{1}{2} f(x_0 - h)$. 从而

$$f(x_0 + h) \geqslant 2f(x_0) - f(x_0 - h) \geqslant 2f(x_0) - M = m.$$

证明　任给互异 $y, y' \in B(x_0, \delta)$, 设

$$y'' = y' + \delta \frac{y' - y}{|y' - y|} \in B(x_0, 2\delta),$$

则 y' 落在线段 $[y, y'']$ 上, 即

$$y' = \frac{|y' - y|}{\delta + |y' - y|} y'' + \frac{\delta}{\delta + |y' - y|} y.$$

由 f 的凸性与有界性,

$$f(y') - f(y) \leqslant \frac{|y' - y|}{\delta + |y' - y|} [f(y'') - f(y)] \leqslant \frac{1}{\delta} |y' - y|(M - m).$$

交换 y, y' 位置, 定理得证. □

思考题　设 Δ 为单纯形. 证明, 若 $f: \Delta \to \mathbb{R}$ 为凸函数, 则 f 在 Δ 的上方有界且在 Δ 的内部 (局部 Lipschitz) 连续.

定理 B.5　设 $f: \mathbb{R}^d \to \mathbb{R}$ 为凸函数, 则

(1) f 为局部 Lipschitz, 从而几乎处处可微;

(2) (Aleksandroff) f 的二阶导数几乎处处存在. 确切地说, 对几乎所有的 x, 当 $y \to x$ 时,

$$|f(y) - f(x) - \langle Df(x), y - x \rangle - \langle D^2 f(x)(y - x), y - x \rangle| = o(|y - x|^2).$$

证明　引理 B.4 和上面习题表明 f 为局部 Lipschitz, 从而由 Rademacher 定理, f 几乎处处可微. 这就证明了 (1). (2) 的证明过于技术性, 可参见文献 [17] 中定理 6.9 及其证明. □

在测度意义下, 若 $f: \mathbb{R}^d \to \mathbb{R}$ 为凸函数, 则在分布意义下 $Df \in [\mathrm{BV}_{\mathrm{loc}}(\mathbb{R}^d)]^d$.

3. 次导数

<u>定义 B.3</u>　设 $f : \mathbb{R}^d \to \mathbb{R}$ 为凸函数.

(1) 对 $0 \neq \theta \in \mathbb{R}^d$, 定义 f 在 x 处沿 θ 方向的 (单边) 方向导数为

$$f'(x, \theta) = \lim_{t \to 0^+} \frac{f(x + t\theta) - f(x)}{t}.$$

(2) 定义 f 在 x 处的次导数为集合

$$\partial f(x) = \{p \in \mathbb{R}^d : f(y) \geqslant f(x) + \langle p, y - x \rangle, \forall y \in \mathbb{R}^d\}.$$

固定 $x \in \mathbb{R}^d$, $0 \neq \theta \in \mathbb{R}^d$, 设

$$q(t) = \frac{f(x + t\theta) - f(x)}{t}.$$

由例 1.15, 函数 $q(\cdot)$ 单调递增且在 0 点附近有解. 从而 $f'(x, \theta)$ 总是存在且有限. 并且由于 f 局部 Lipschitz, 则

$$|f(x + t\theta) - f(x)| \leqslant C|\theta|t, \qquad 0 < t \ll 1.$$

因此 $|f'(x, \theta)| \leqslant C|\theta|$, $\forall \theta \in \mathbb{R}^d$. 我们称 $f'(x, \cdot)$ 为次线性.

凸函数的方向导数与次导数有以下关系.

定理 B.6　设 $f : \mathbb{R}^d \to \mathbb{R}$ 为凸函数, 则 $p \in \partial f(x)$ 当且仅当

$$\langle p, \theta \rangle \leqslant f'(x, \theta), \qquad \forall \theta \in \mathbb{R}^d. \tag{B.5}$$

证明　因为 $f'(x, \theta) = \inf\{q(t) : t > 0\}$, 故(B.5)等价于

$$\langle p, \theta \rangle \leqslant \frac{f(x + t\theta) - f(x)}{t}, \qquad \forall \theta \in \mathbb{R}^d, t > 0.$$

由 $\theta \in \mathbb{R}^d$ 和 $t > 0$ 的任意性, 故上式等价于 $p \in \partial f(x)$. □

很容易验证, 对凸函数 $f : \mathbb{R}^d \to \mathbb{R}$, 在任意 x 处其次导数 $\partial f(x)$ 为非空紧凸集. 上面的定理也给出了凸函数方向导数的公式

$$f'(x, \theta) = \max\{\langle p, \theta \rangle : p \in \partial f(x)\}.$$

4. 凸对偶

我们仅讨论十分重要的 Fenchel-Legendre 对偶. 对凸函数 f, 定义其凸分析意义下的对偶

$$f^*(y) = \sup\{\langle x, y \rangle - f(x) : x \in \text{dom} f\}.$$

为了使得上述 f^* 有定义, 通常需要条件: $f \not\equiv \infty$ 且存在仿射函数 $g \leqslant f$. 因为 f^* 为一族仿射函数的上确界, 因此 f^* 亦为凸函数. 在很多应用中, 我们更喜欢采用以下条件: f 为超线性增长, 即 $\lim\limits_{x \to \infty} f(x)/|x| = +\infty$. 如果假设凸函数 $f : \mathbb{R}^d \to \mathbb{R}$ 为超线性, 则 f^* 处处有限. 此时, 如果 f 为 C^1 函数, 则 f^* 为严格凸; 如果 f 为严格凸, 则 f^* 为 C^1 函数. 这些性质留作习题.

凸函数 f 与其对偶函数 f^* 满足 Fenchel-Young 不等式

$$f^*(y) + f(x) \geqslant \langle x, y \rangle, \qquad \forall x, y \in \mathbb{R}^d.$$

上面不等式成立的充分必要条件是

$$x \in \partial f^*(y) \qquad \Longleftrightarrow \qquad y \in \partial f(x).$$

这个结论也留作习题.

B.3 BV 函数与 Stieltjes 积分

考虑区间 $[a, b]$ 及其有限分划 $a = x_0 < x_1 < \cdots < x_{n-1} < x_n = b$. 记分划点集为 $\mathcal{P} = \{x_i\}_{i=1}^n$.

$$f(x) = \sum_{i=1}^n c_i \mathbf{1}_{(x_{i-1}, x_i)}(x)$$

为阶梯函数, 其中 $c_i \in \mathbb{R}$. 在分划点 $x \in \mathcal{P}$ 上, 定义 $f(x) = 0$. 记所有 $[a, b]$ 上阶梯函数全体为 $S[a, b]$. $f, g \in S[a, b]$, 若它们仅在一有限集上不相等, 则称 f 和 g 等价.

思考题 $S[a, b]$ 为实线性空间、向量格.

在讨论 Riemann-Stieltjes 和 Lebesgue-Stieltjes 积分之前, 我们先来讨论 Darboux 积分和 Darboux-Stieltjes 积分. 这对于理解 Riemann 积分和 Riemann-Stieltjes 是有益的.

对于阶梯函数 $f = \sum\limits_{i=1}^n c_i \mathbf{1}_{(x_{i-1}, x_i)}$, 定义 f 在 $[a, b]$ 上的 Darboux 积分为

$$\int_a^b f(x) \, \mathrm{d}x = \sum_{i=1}^n c_i |I_i|,$$

其中 $|I_i|$ 表示区间 $I_i = (x_{i-1}, x_i)$ 的长度. 对于更一般的有界函数 $f : [a, b] \to \mathbb{R}$, 定义 Darboux 的下上积分分别为

$$L(f, [a, b]) = \sup \left\{ \int_a^b v(x) \, \mathrm{d}x : v \leqslant f, v \in S[a, b] \right\},$$

$$U(f, [a, b]) = \inf \left\{ \int_a^b u(x) \, \mathrm{d}x : u \geqslant f, v \in S[a, b] \right\}.$$

若 $L(f, [a, b]) = U(f, [a, b])$, 则 f 为 Darboux 可积且其 Darboux 积分为这个共同值. 记所有 Darboux 可积函数的全体为 $D[a, b]$. 此时可以理解为积分从 $S[a, b]$ 扩张到 $D[a, b]$ 上. 读者可参考 3.5 节, 并回忆数学分析中 Darboux 可积与 Riemann 可积对有界函数是等价的.

现在把类似的思想推广到 BV 函数的 Darboux-Stieltjes 积分上. 对 $\alpha \in BV([a, b])$ 以及一个区间 $I = (c, d) \subset [a, b]$, 定义区间 I 的 α-长度 $\alpha(I) = \alpha(d) - \alpha(c)$. 对阶梯函数 $f = \sum\limits_{i=1}^{n} c_i \mathbf{1}_{(x_{i-1}, x_i)}$, 定义其 Darboux-Stieltjes 积分为

$$\int_a^b f(x) \, \mathrm{d}\alpha = \sum_{i=1}^{n} c_i \alpha(I_i).$$

不难验证 Darboux-Stieltjes 积分 $\int_a^b f(x) \, \mathrm{d}\alpha$ 与阶梯函数在有限个分划点的值无关, 但与 α 在有限点的取值变化有关.

思考题　对 $\alpha, \beta \in I[a, b]$ 定义

$$\alpha = \mathbf{1}_{[0,1]}, \qquad \beta = \mathbf{1}_{(0,1]},$$

寻找一阶梯函数使得 $\int_a^b f(x) \, \mathrm{d}\alpha \neq \int_a^b f(x) \, \mathrm{d}\beta$.

记 $I[a, b]$ 为 $[a, b]$ 上单调递增函数全体. 我们先对 $\alpha \in I[a, b]$ 和一般有界函数 $f : [a, b] \to \mathbb{R}$, 定义 Stieltjes 下上积分为

$$L_\alpha(f, [a, b]) = \sup \left\{ \int_a^b v(x) \, \mathrm{d}\alpha : v \leqslant f, v \in S[a, b] \right\},$$

$$U_\alpha(f, [a, b]) = \inf \left\{ \int_a^b u(x) \, \mathrm{d}\alpha : u \geqslant f, v \in S[a, b] \right\}.$$

若 $L_\alpha(f, [a, b]) = U_\alpha(f, [a, b])$, 称 f 关于单调函数 α 为 Darboux-Stieltjes 可积且其 Darboux-Stieltjes 积分为这个共同值. 记关于单调函数 α 的 Darboux-Stieltjes 可积函数全体为 $DS_\alpha[a, b]$. 与 Darboux 积分类似, 我们有以下的判据, 证明留作习题.

定理 B.7 (Darboux-Stieltjes 判据)　若 $\alpha \in I[a, b]$, 则 $[a, b]$ 上的有界函数 $f \in DS_\alpha[a, b]$ 当且仅当任给 $\varepsilon > 0$, 存在阶梯函数 u, v, $v \leqslant f \leqslant u$, 使得

$$\int_a^b u(x) - v(x) \, \mathrm{d}\alpha < \varepsilon.$$

定义 B.4　设 $\alpha \in BV([a, b])$, f 为 $[a, b]$ 上的有界函数. 若存在 $\alpha^+, \alpha^- \in I[a, b]$ 使得 $\alpha = \alpha^+ - \alpha^-$, 且 $f \in DS_{\alpha^\pm}[a, b]$, 则定义 f 关于 α 的 Darboux-Stieltjes 积分为

$$\int_a^b f(x) \, \mathrm{d}\alpha = \int_a^b f(x) \, \mathrm{d}\alpha^+ - \int_a^b f(x) \, \mathrm{d}\alpha^-.$$

记关于 BV 函数 α 的 f 的 Darboux-Stieltjes 积分全体仍为 $DS_\alpha[a,b]$.

上述定义中, 若存在 α 的另一个单调分解 $\alpha = \beta^+ - \beta^-$, $\beta^+, \beta^- \in I[a,b]$, 且 $f \in DS_{\beta^\pm}[a,b]$, 则关于不同的分解 $\alpha^\pm$ 和 $\beta^\pm$ 定义的 Stieltjes 积分相等. (为什么?) 但是, 存在这样的 $f \in DS_\alpha^\pm[a,b]$, 但对不同的分解 $\beta^\pm$, $f \notin DS_\beta^\pm[a,b]$.

思考题   设 $\alpha \in BV([a,b])$, $P\alpha$ 与 $N\alpha$ 为 α 的典则分解, 即它们分别为 α 的正负变差函数, 满足 $\alpha = P\alpha - N\alpha$. 若对任意 $\alpha^+, \alpha^- \in I[a,b]$, $\alpha = \alpha^+ - \alpha^-$, $f \in DS_{\alpha^\pm}[a,b]$(即 $f \in DS_\alpha[a,b]$), 则 $f \in DS_{P\alpha}[a,b]$, $f \in DS_{N\alpha}[a,b]$ 且

$$\int_a^b f(x)\, \mathrm{d}\alpha = \int_a^b f(x)\, \mathrm{d}P\alpha - \int_a^b f(x)\, \mathrm{d}N\alpha.$$

反之, 若 $f \in DS_{P\alpha}[a,b]$, $f \in DS_{N\alpha}[a,b]$, 则 $f \in DS_\alpha[a,b]$.

定理 B.8   对 $\alpha \in BV([a,b])$, 若 $f \in C([a,b])$, 则 $f \in DS_\alpha[a,b]$.

证明   首先假设 $\alpha \in I[a,b]$, 若 $\alpha([a,b]) = 0$, 则 α 为常数. 此时容易验证 $f \in DS_\alpha[a,b]$. 下面假设 $\alpha([a,b]) > 0$. 为证 $f \in DS_\alpha[a,b]$ 需要运用 Darboux-Stieltjes 判据. 任给 $\varepsilon > 0$, f 在 $[a,b]$ 上连续从而一致连续, 故存在 $\delta > 0$, 若 $x,y \in [a,b]$, $|x-y| < \delta$, 则 $|f(x) - f(y)| < \dfrac{\varepsilon}{\alpha([a,b])}$. 固定 $n \in \mathbb{N}$ 使得 $(b-a)/\delta < n$. 设 $\mathcal{P}_n = \left\{a + \dfrac{b-a}{n}i\right\}_{i=1}^n$ 决定 $[a,b]$ 的一个分划 $\{I_i\}$, 定义

$$M_i = \sup\{f(x) : x \in I_i\}, \qquad m_i = \inf\{f(x) : x \in I_i\},$$

及

$$\hat{u}(x) = \sum_i M_i \mathbf{1}_{I_i}, \qquad \hat{v}(x) = \sum_i m_i \mathbf{1}_{I_i}.$$

则

$$\hat{u}(x) - \hat{v}(x) < \frac{\varepsilon}{\alpha([a,b])}.$$

因此

$$\int_a^b \hat{u}(x) - \hat{v}(x)\, \mathrm{d}\alpha < \int_a^b \frac{\varepsilon}{\alpha([a,b])}\, \mathrm{d}\alpha = \varepsilon.$$

由 ε 的任意性, $f \in DS_\alpha[a,b]$.

对一般 $\alpha \in BV([a,b])$ 的情况, 可利用分解 $\alpha = P\alpha - N\alpha$ 得到. $\square$

思考题   若 $\alpha \in BV([a,b]) \cap C([a,b])$, $f \in BV([a,b])$, 则 $f \in DS_\alpha[a,b]$.

思考题   若 $\alpha \in BV([a,b])$, $f \in BV([a,b])$, 则 $f \in DS_\alpha[a,b]$.

类似于 3.5 节中关于 Darboux(Riemann) 可积函数不连续点为 Lebesgue 零测集的刻画, 关于 Darboux-Stieltjes 可积性我们有以下的结论. 证明与 3.5 节中讨论略有区别, 但基本思想类似, 留作习题.

定理 B.9 设 $\alpha \in I[a,b]$, f 为 $[a,b]$ 上的可积函数, 则 $f \in DS_\alpha[a,b]$ 当且仅当如下条件成立:

(1) f 的不连续点集为 $G\alpha$-零测集[①], 其中 $G\alpha$ 为单调函数 α 分解中连续部分;

(2) 若 $\{x_i\}_{i=1}^n$ 为 α 的不连续点集, 则 α 在每一 x_i 处均为左、右连续.

Riemann-Stieltjes 积分是 Riemann 积分的一种推广. 在通常意义下, 假设 f 为 $[a,b]$ 上的有界函数, $\alpha \in BV([a,b])$. 给定 $[a,b]$ 的一个有限分划 $\mathcal{P}$, 关于该分划的 Riemann-Stieltjes 和为

$$\sum_i^n f(x_i^*)\alpha(I_i),$$

其中 $x_i^* \in I_i$. 所谓 Riemann-Stieltjes 积分是上面 Riemann-Stieltjes 积分和当分划大小区域 0 时的极限 (如果存在). 记 $[a,b]$ 上关于 α 的 Riemann-Stieltjes 可积函数全体为 $RS_\alpha[a,b]$. 一般而言, Darboux-Stieltjes 可积与 Riemann-Stieltjes 可积并不等价. 我们不加证明陈述下面重要的事实.

定理 B.10 对 $\alpha \in BV([a,b])$, 函数 $f \in RS_\alpha[a,b]$ 当且仅当 $f \in DS_\alpha[a,b]$ 且 f 与 α 没有公共的不连续点. 此时, 若 $f \in RS_\alpha[a,b]$, 则其 Riemann-Stieltjes 积分为

$$(\text{RS})\int_a^b f(x)\,\mathrm{d}\alpha = \int_a^b f(x)\,\mathrm{d}\alpha.$$

定理 B.8 表明 $C([a,b]) \subset DS_\alpha[a,b]$. 对 $\alpha \in I[a,b]$, 考虑泛函

$$T_\alpha(f) = \int_a^b f(x)\,\mathrm{d}\alpha, \qquad f \in C([a,b]). \tag{B.6}$$

定理 B.11 T_α 为 $C([a,b])$ 上的有界线性泛函, 且

$$\|T_\alpha\| \leqslant \|f\|_{C[a,b]} V_f([a,b]).$$

证明 T_α 为线性泛函, 由 Darboux-Stieltjes 积分的线性得到. 为得到 T_α 的有界性, 有

$$|T_\alpha f| = \left|\int_a^b f(x)\,\mathrm{d}\alpha\right| \leqslant \int_a^b |f(x)|\,\mathrm{d}V\alpha$$

$$\leqslant \|f\|_{C[a,b]}\int_a^b 1\,\mathrm{d}V\alpha = \|f\|_{C[a,b]} V_f([a,b]).$$

这里 $V\alpha(x) = V_f([a,x])$, 若 $x > a$, 且 $V\alpha(a) = 0$. (上面第一个不等式为什么成立？) $\quad\square$

---

① 对 $\alpha \in I[a,b]$, 一个集合 $E \subset [a,b]$ 称作 α 零测集, 若任给 $\varepsilon > 0$, 存在开区间列 $\{I_i\}$ 使得 $E \subset \sum I_i$ 且 $\sum \alpha(I_i) < \varepsilon$.

最后我们来阐述一些与 BV 函数相关的事实, 但略过详细证明.

定理 B.12 (BV 函数与 Riesz 表示定理)   任给 $C([a,b])$ 上的有界线性泛函 T, 必存在 $\alpha \in BV([a,b])$ 使得

$$Tf = \int_a^b f(x) \, \mathrm{d}\alpha = T_\alpha, \qquad \forall f \in C([a,b]).$$

并且 $\|T\|_{C([a,b])^*} = V_\alpha([a,b])$.

从泛函分析角度, Riesz 定理表明 $BV([a,b]) \simeq C([a,b])^*$, 其中 $C([a,b])^*$ 为 $C([a,b])$ 上有界线性泛函的全体, 称作 $C([a,b])$ 的对偶空间. 若赋予 $BV([a,b])$ 合适的范数, 还可以做到二者是等距同构. 另一方面, 由一般有界线性泛函的 Riesz 表示定理, 泛函 T_α 能唯一确定一 (有界变差)Radon 测度 μ_α, 使得

$$T_\alpha f = \int_a^b f \, \mathrm{d}\mu_\alpha.$$

此时测度 μ_α 称作 BV 函数 α 对应的 Lebesgue-Stieltjes 测度. 如果限制在概率测度的范畴, 由泛函分析中著名的 Banach-Alaoglu 定理, $C([a,b])^*$ 中的范数闭单位球为弱 $*$ 紧集. 因此我们也可以借此刻画 BV 函数中的紧集. 这是一种弱紧性. 关于其他意义下的紧性, 有著名的 Helly 选择原理 (可参见文献 [22]). 另外, 关于在概率论中的应用, 参见文献 [6].

参考文献

术语索引

图书在版编目（CIP）数据

实变函数 / 程伟，吕勇，尹会成编著． -- 北京：
高等教育出版社，2024.8. -- ISBN 978-7-04-063030-5

Ⅰ．O174.1

中国国家版本馆 CIP 数据核字第 2024QQ3074 号

Shibian Hanshu

策划编辑	李 蕊	出版发行	高等教育出版社
责任编辑	张晓丽	社　　址	北京市西城区德外大街4号
封面设计	贺雅馨	邮政编码	100120
版式设计	徐艳妮	购书热线	010-58581118
责任绘图	裴一丹	咨询电话	400-810-0598
责任校对	刘丽娴	网　　址	http://www.hep.edu.cn
责任印制	赵义民		http://www.hep.com.cn
		网上订购	http://www.hepmall.com.cn
			http://www.hepmall.com
			http://www.hepmall.cn

印　　刷	北京盛通印刷股份有限公司
开　　本	787mm×1092mm　1/16
印　　张	14.75
字　　数	290千字
版　　次	2024年8月第1版
印　　次	2024年8月第1次印刷
定　　价	39.80元

数学"101 计划"已出版教材目录